ANCIENT REMAINS in SPACE: The Best

NASA50周年──月、火星をはじめとするその惑星探査は、科学の発展において多大な貢献を果たしてきた。だが、そこで報告されてきた美しく壮大な宇宙の姿に息を飲む一方で、われわれは多くの異常をも目にすることになる。月面にそびえる尖塔状の構造物、顔の形をした火星の地形、エジプトのピラミッドを思わせる丘陵や人工物らしき物体……。

異常構造物や場違いな遺物と呼ばれるこれらのミステリーは「光と影のいたずら」であると否定されながらも、われわれにある問いを抱かせる──地球以外にもかつて文明が存在したのではないか、あるいはいまも人類が数万年の時を超えて生きているのではないか、と。そしてもしかすると、現在・過去において地球外生命体が存在しているのかもしれぬ、とも。その痕跡は月にとどまらず火星をはじめとする惑星やその衛星など、人類の手が及ぶかぎりの場所に散見されるのだ。

これが惑星探査史におけるただの神話であるのか、それとも地球外にもかつて生命が存在した、またはいまも存在する証拠であるのかは、本書をご覧になって考えていただくよりほかない。あるいは、異常構造物が何であるかはさほど重要ではないのかもしれない。ただ人類が知らない解くべき謎がそこにあることだけは確かなのだ。

Gakken

解明された「赤い惑星」の真実

空は青かった!?

2004年1月、ついに火星の真の姿が解明されるチャンスが訪れた。NASAの2機の探査機「スピリット」と「オポチュニティ」が相次いで火星軟着陸に成功し、NASAの公式サイトには連日最新画像がアップロードされたからだ。

公式に発表された画像は相変わらず赤茶けた画像だったが、今回はきわめて重要な情報が公開されていたのだ。それはフィルターの情報である。

探査機のカメラが送ってくる画像は、われわれがカメラで撮影するようなカラー写真ではない。

探査機は左右2台のカメラに異なるフィルターを使用し（5ページ参照）、それを通して得られたモノクロ画像を送ってくる。このモノクロ画像のデータから正しいカラー画像が得られるのは、光の3原色である赤（R）、緑（G）、青（B）のフィルターデータの組み合わせだけである。

このとき、NASAの公式サイトには、

火星の3原色合成カラー。火星の空が青いということは、青い光の分散を起こすほど大気が濃いという証拠でもある。

火星の

この3原色のモノクロ画像がアップロードされていたのだ。正しい組み合わせのモノクロ画像を合成して得られるカラー写真は、バイキング以来、NASAがひた隠しにしてきた火星の真の色を示すものなのである。

これに対し、NASAが公開するカラー写真は、旧態依然とした一様に茶色がかったものである。当然、このような画像は正しい3原色のデータから作ったものではない。

そこには間違いなく色の情報操作が加えられているのである。

NASAが公開するカラー写真。全体に赤茶け、空はベタで修正されているため、自然なグラデーションを失っている。

フィルター画像は差し替えられていた
情報操作の証拠を発見!

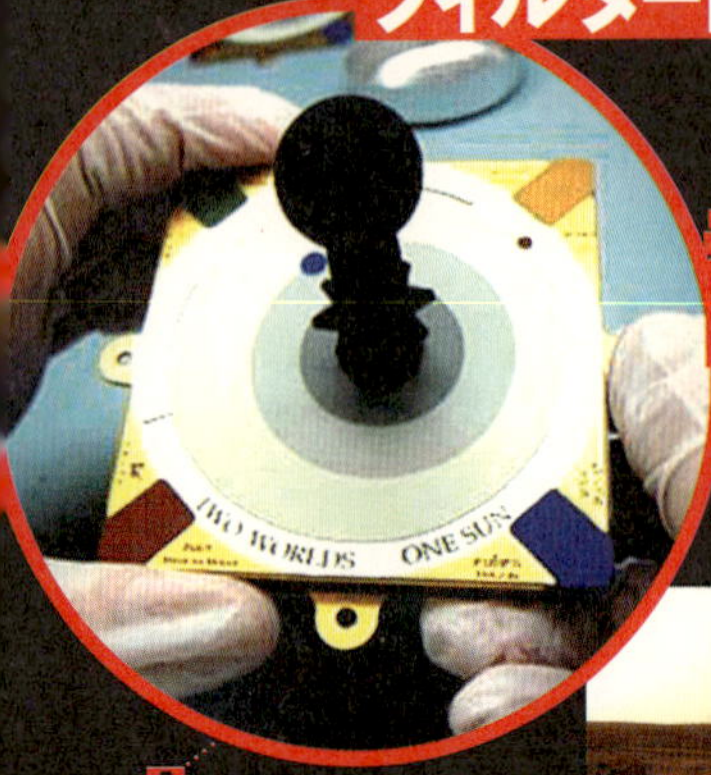

A
⬆地球上で撮影されたサン・ダイヤル。四隅に赤、青、黄、緑のカラーチャートを持つ。

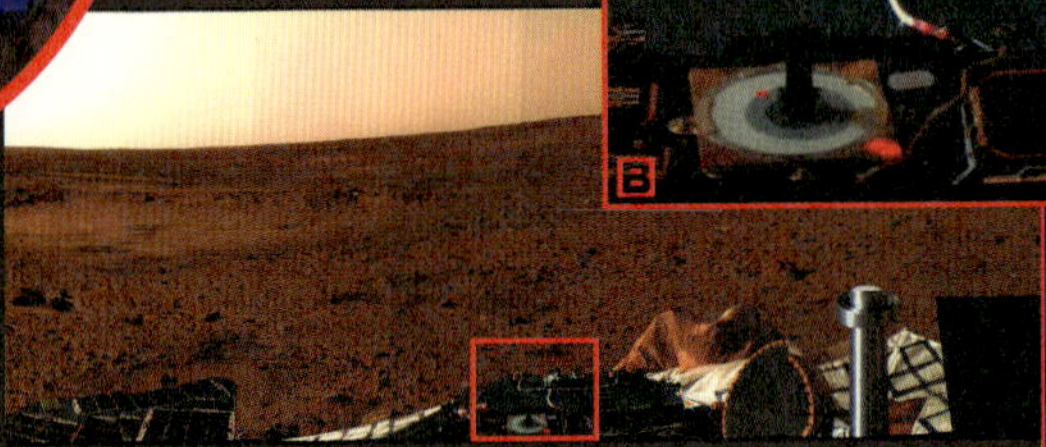

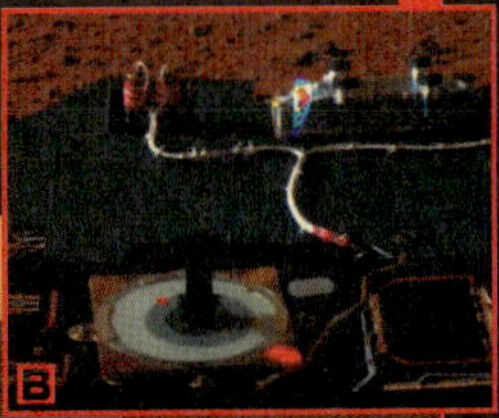

B
⬇スピリットが撮影したパノラマ画像。写真中央下部の白い枠内にサン・ダイヤル(写真B)が設置されている。

青が赤に、緑が黄土色に!

過去、ヴァイキングのカラー写真が科学者の異論で赤一色に変えられて以来、火星の画像は生命の存在を拒むかのように赤い世界を写しだしてきた。

火星には本当に赤以外の色は存在しないのか?

その答えを見つける鍵は、2台の探査機に搭載された「サン・ダイヤル」と呼ばれるパーツにあった。このパーツは、四隅に赤、緑、黄、青のカラーチャートを持つ日時計を兼ねたものである(写真A)。

さて、そこで、地球上で撮影されたサン・ダイヤルと、NASAが公表した火星上のそれを比較してみてほしい。四隅のカラーチャートは明らかに色が変わっている(写真B)。

火星上の赤い環境では地上で見る色と異なるのではないかという考えもあるかと思うが、それはありえない。たとえば、本来のチャートのダイヤル右下のカラーチャートが青く見えるということは、その物質の表面が青い波長の光のみを反射する性質を持つということであり、仮に青い光がない環境では反射する波長がなく黒く見えるはずなのだ。可視光で見る限り、火星上のチャートのように赤く輝くことはないのである。

NASA自身、別の画像では正しい色のサン・ダイヤルを示して「カラーチャートの色は地球上での色と同じであり、画像の色が正しいことを示すものだ」と発表している。

ではなぜ、スピリットのパノラマ画像に写されたカラーチャートは、本来の色とは似ても似つかないものに変わってしまったのか。

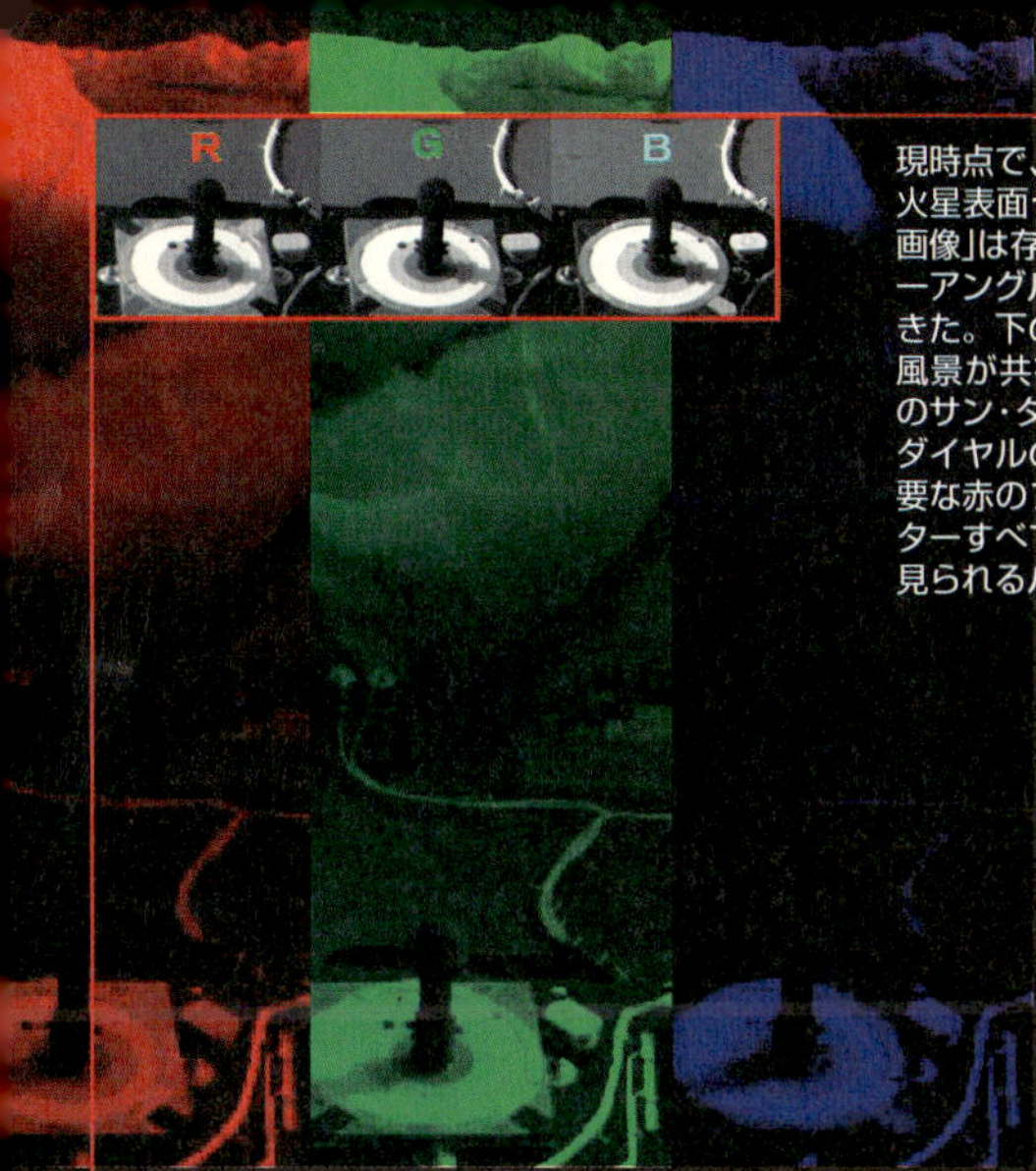

現時点で、NASAのサイトに、サン・ダイヤルと火星表面や空が共存する正しい3原色の「カラー画像」は存在しない。だが、3原色に分離された同一アングルの「モノクロ画像」を発見することができた。下の３枚の写真はサン・ダイヤルと一部の風景が共存するRGBのモノクロ画像。この画像のサン・ダイヤル部分を、上に示した正しいサン・ダイヤルのモノクロ画像と比較した結果、最も重要な赤のフィルター画像を含め、緑、青のフィルターすべてが、正しく再現されたモノクロ原画に見られるパターンと一致していることがわかった。

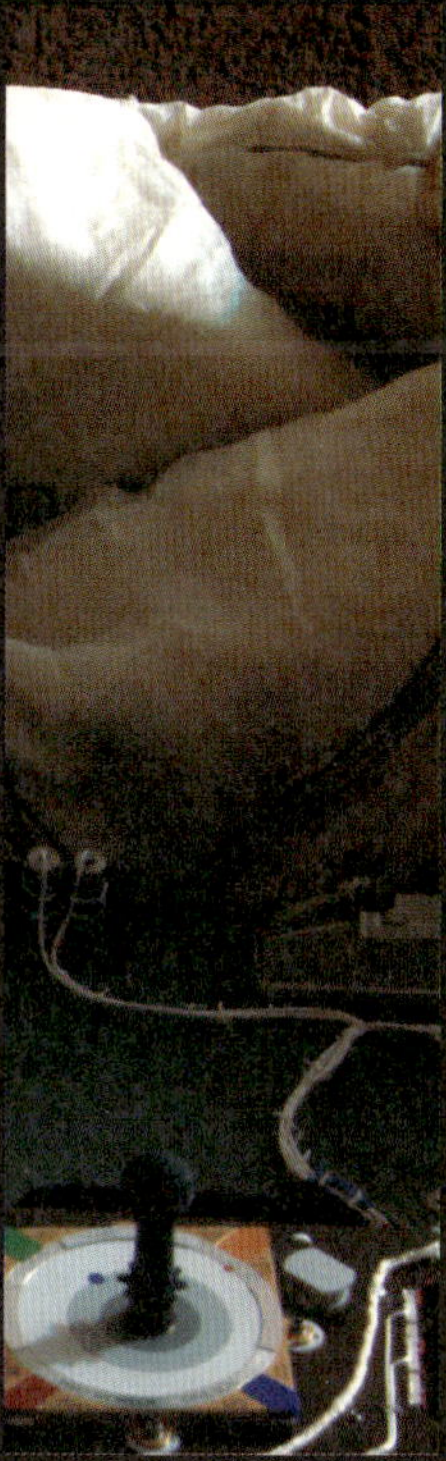

合成画像。左上の３原色のモノクロ画像を使って、正しい画像の合成を試みた。すると、写真上部に広がる繊維の柔らかい質感や、有機的な土の色が再現されたのだ。赤みがかった部分はどこにも見当たらない。カラーチャートはもちろん、青いパーツの色も表現され、非常に自然な印象である。これが火星の真実の色なのだ。

赤の色情報は別のものだった

では、色の操作はどのように行われているのだろうか？

火星のカラー画像は、フィルターによって、光の3原色である赤、緑、青それぞれに分離されたモノクロ画像を、地上で合成することによって再現されている。色操作をする場合、原色となる画像を別のフィルターの画像に差し替える方法が考えられるのだ。

だが、はたしてそんなことが可能なのか？

NASAの公開サイトでサン・ダイヤルのモノクロ画像を探すと、まったく同じアングルでカラーチャートの明暗パターンが異なる7種類の画像が存在することがわかった。

試しに7種から3枚の画像を選び、合成してみることにした。すると、正しい色のカラーチャートと、変色したカラーチャートをそれぞれ作りだすことに成功したのである。

これでもう間違いはないだろう。火星の画像はNASAによる色の情報操作を受けている！

次々と浮上する人工天体説！

「宇宙のミステリー」最新画像

SPACE MYSTERY

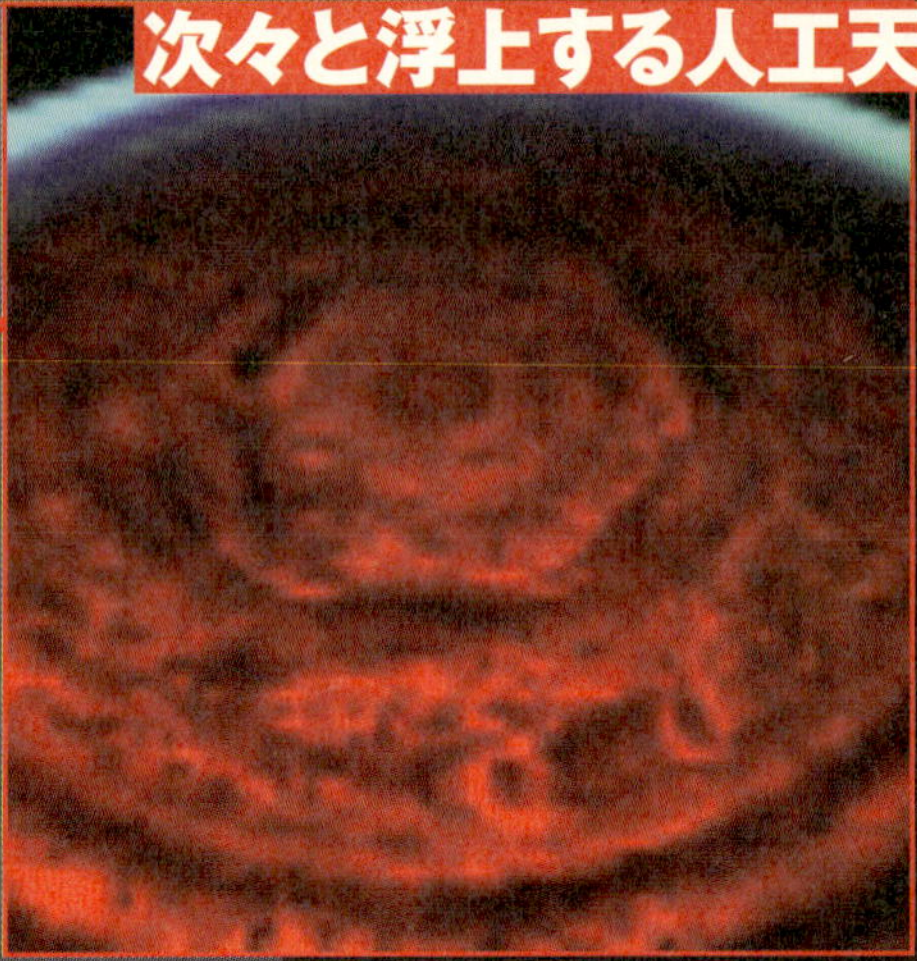

土星の極冠に六角形が発見された。幾何学構造が自然に形成されることなどあるのだろうか？

P.180

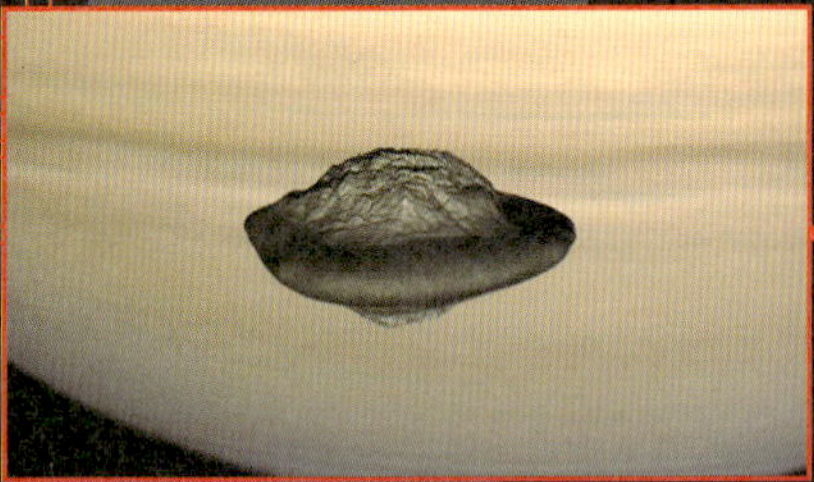

土星の衛星アトラス。円盤に似た形状は、人工説がある「土星のリング」とも関係があるらしい。

P.185

SPACE MYSTERY

赤道上に走る巨大壁状構造が特徴の、土星の衛星イアペタス。映画『スターウォーズ』に登場するデススターに似た人工天体であるとの指摘も……。

P.185

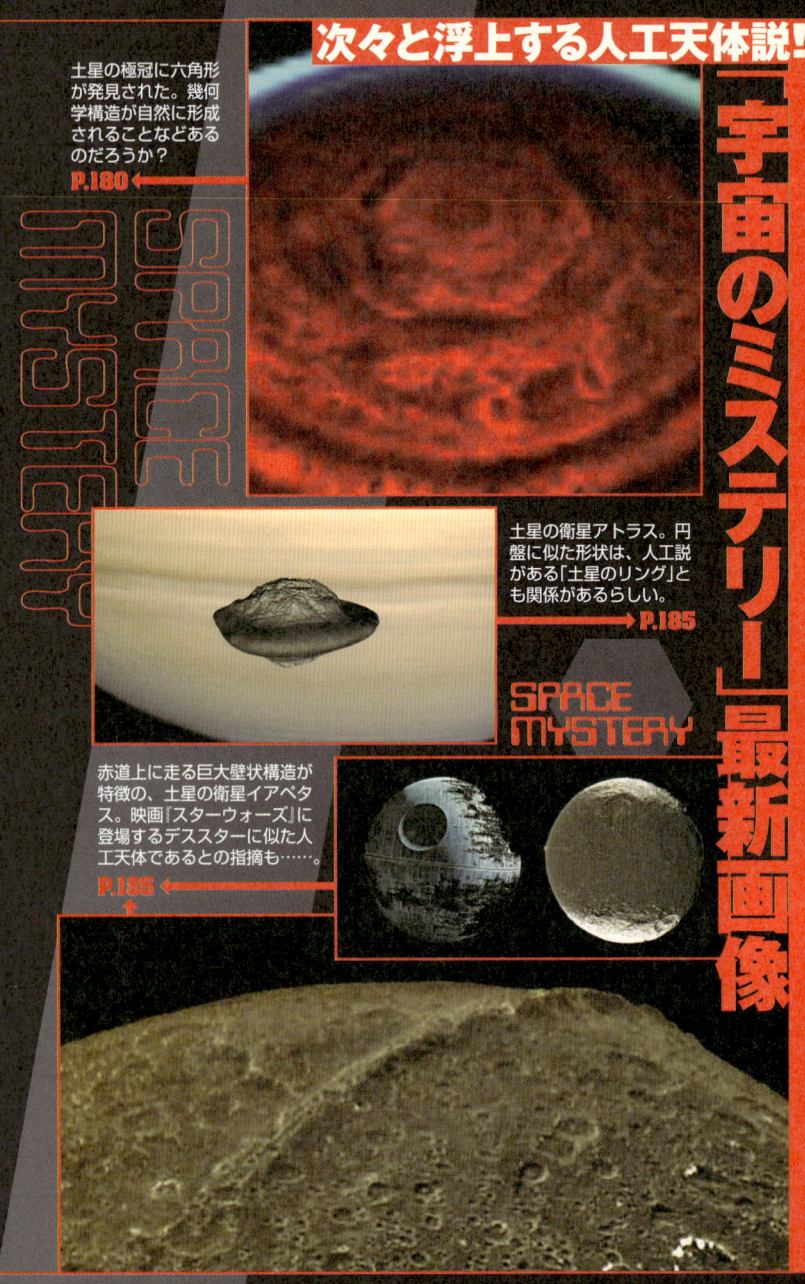

「月の古代遺跡」の真実

画像修正の痕跡を発見!

月の裏側を撮影した画像に発見された謎のボカシ。都合の悪い何かが写っていたのだろうか？

P.116

月面の背後に広がる暗闇には何があるのだろうか？　光が届かないそこにはひょっとしたら、月面文明の痕跡が秘されているのかもしれない。

P.246

月に文明が存在した？

MOON ANOMALY

MOON ANOMALY

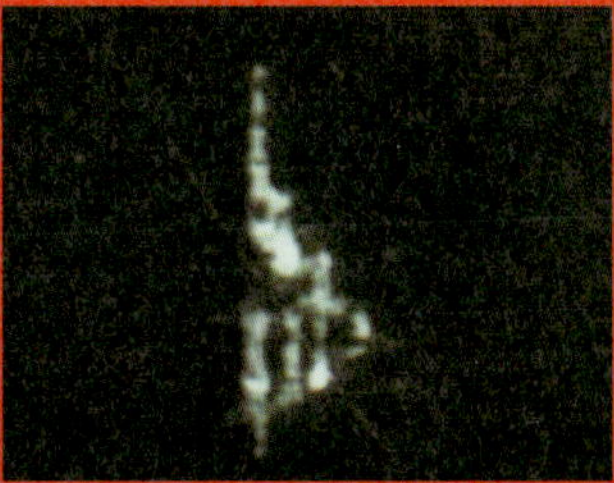

月面に人工構造物らしきものが数多く撮影されている。これは月面にそびえ立つというガラスの宮殿「キャッスル」。

P.118

月面で見つかった頭蓋骨らしき物体は、古代人のものだろうか？

P.114

「火星の古代遺跡」の真実

火星に生命は存在する！

火星で発見された
謎の「人影」。実は
この画像に驚愕の
事実が発覚した！ P.022

MARS
ANOMARY

火星では生物の化石らしきも
のも発見されている。やはり
古代の火星には生命豊かな世
界が広がっていたのか？

P.026

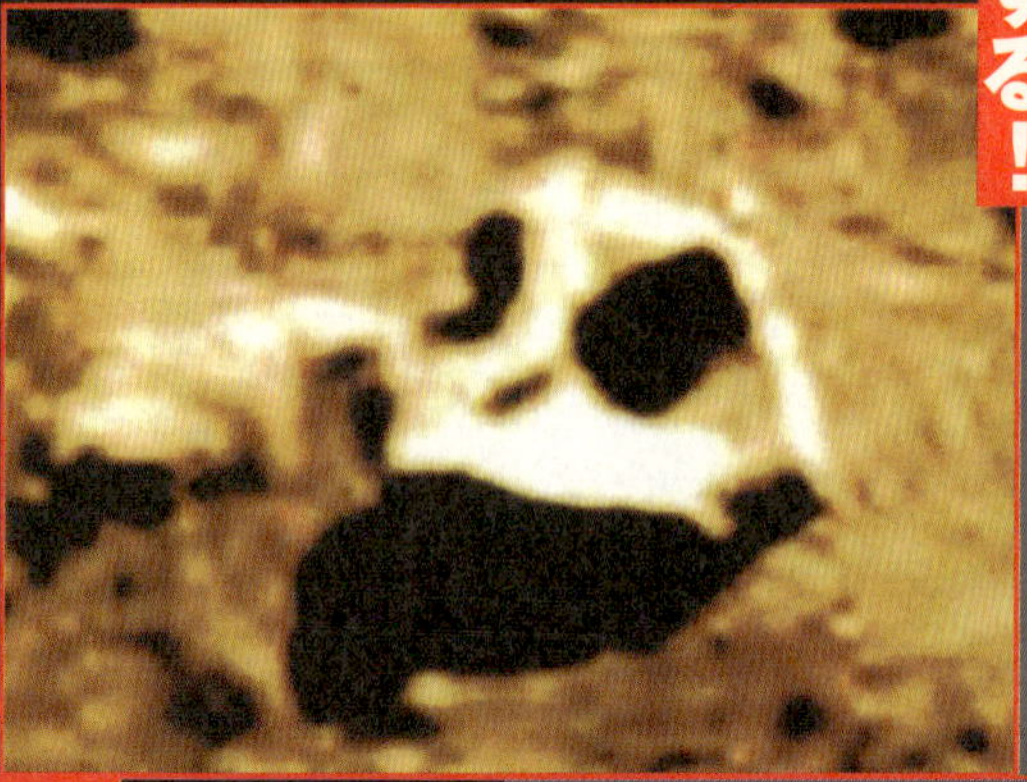

火星の表面には、岩石
にまじってさまざまな
“異物”が見つかる。こ
れはどう見ても鳥類の
頭骨に似ている！

P.016

Candor Tetrahedron
Custom HiRise Color Image PSP_002841_1740
Keith Laney Space Imaging

火星では幾何学構造をもった地形がたびたび見つかっている。はるか古代の遺物なのだろうか？

CHAPTER2

火星のシドニア地区にある通称「D＆Mピラミッド」。なんと、ダ・ヴィンチの「ウィトルウィウス的人間」と同じ幾何学構造をもっていた！

P.070

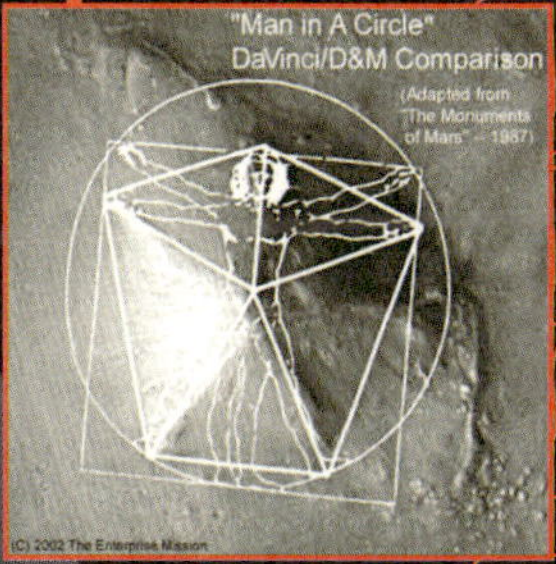

古代火星文明の痕跡か!?

MARS ANOMARY

有名な火星の人面岩に、光を反射する特殊な素材でできている可能性が浮上！

P.064

火星の「ダーク・スポット」。もし火星に文明が実在するとすれば、彼らは地底世界に住んでいるのかもしれない……。

P.040

MGS

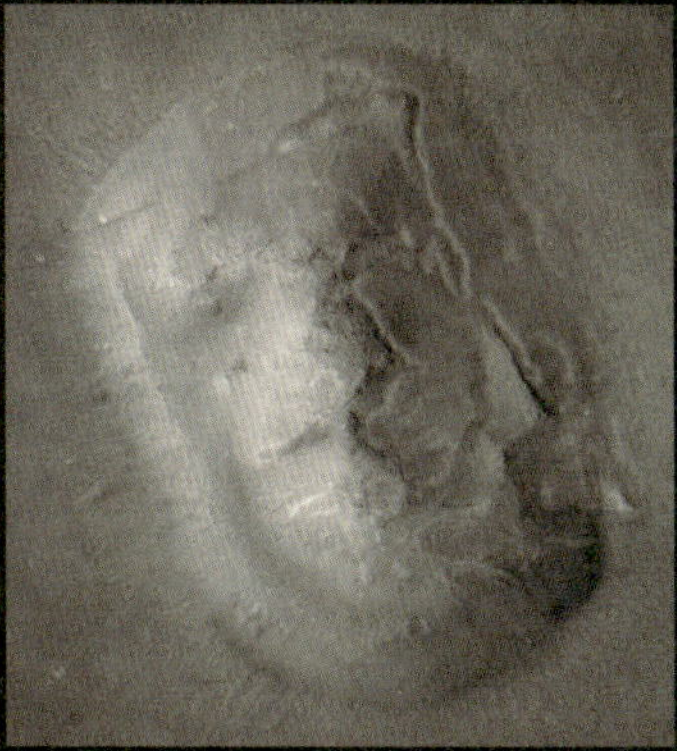

ODYSSEY

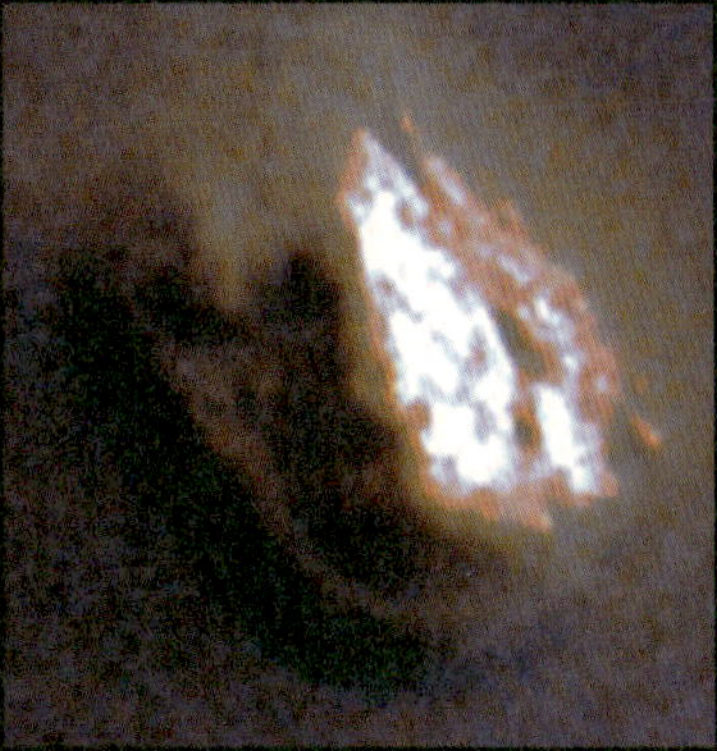

CONTENTS

巻頭特集
火星の空は青かった!?
P.002

第1章 火星のオーパーツ
P.015

Chapter I MARS ANOMALY

001 動物の頭蓋骨……016
002 火星人の頭蓋骨……018
003 ウサギ……020
004 空飛ぶ謎の飛行生物……021
005 火星の人影に怪現象……022
006 消えた火星のイモムシ……024
007 火星に生命はあった……026
008 奇妙なドクロ……028
009 水流跡のブルーベリー……029
010 火星の水……030
011 火星の緑……032
012 消えたオベリスクの謎……034
013 割れた皿……035
014 コブラフード……036
015 火星のドーム……037
016 火星の人工的立体物……038
017 ダークスポット……040
018 チューブ状構造……042
019 パイプライン……044
020 輝くパイプ……045
021 テラス構造……046
022 崖の下のビル……047
023 火星の巨大タワー……048
024 ストーンサークル……049
025 葉巻形UFO……050
026 ハッピー・フェイス……051
027 砂に埋もれたUFO……052
028 火星の超発光体……053
029 フォボスが捉えた都市構造……054
030 赤外線写真の都市構造……056
031 メイドゥムのピラミッド……058
032 失われた古代都市……059
033 ヘイルクレーターの幾何学構造……060
034 火星上空の謎の雲……061

035 インカ・シティ……062
036 光を反射する人面岩……064
037 火星人面岩の異相……066
038 断崖に刻まれた新・人面岩……068
039 火星の地下都市……069
040 D&Mピラミッド……070
041 トロス……071
042 火星のスフィンクス……072
043 密集ピラミッド……074
044 三角錐ピラミッド……076
045 溶解する火星の氷冠……078

COLUMN1 火星探査機 P.080

第2章 火星の超古代文明 P.081
Chapter 2 CYDONIA MYSTERY

火星人面岩の発見……082
人面岩には瞳や歯があった!……084
人面岩は火星のスフィンクスだ!……088
消え失せた人面岩の謎……090
変遷する人面岩画像……092
火星人面岩は人工構造物か……094
緻密な計画都市「シドニア地区」……096
五角形のD&Mピラミッド……098
シティは複合都市の遺構か!?……100
シティ周辺の謎の都市構造物……102
都市構造に秘められた神聖幾何学……104
イギリスで発見された縮小モデル……106
火星のオリオン・ミステリー……110

COLUMN2 月探査機 P.112

CONTENTS

第3章 月面のオーパーツ

Chapter 3 MOON ANOMALY

P.113

096 頭蓋骨とチューブ状構造……114
097 月の裏側の超巨大タワー……116
098 クレーター内の正三角形構造……117
099 月面のキャッスル……118
050 月面のシャード……119
051 センサー装置……120
052 謎のクローバーリーフ……121
053 パイプライン……122
054 パイプ状機械……123
055 アンテナ……124
056 ボーリング・ピン……125
057 テラス状構造……126
058 ブロック片……127
059 月には大気がある!?……128
060 月の大地、真の色……129
061 巨大な航空母艦……130
062 消された巨大工場……131
063 月面の巨大尖塔群……132
064 月面の古代都市……133
065 頭上のサーチライト……134
066 地球に群がるUFO……136
067 巨大な光体……137
068 ヘルメットの光体……138
069 ドーナツ状の光体……139
070 真空ではためく星条旗……140
071 Cと書かれた岩……141
072 太陽以外の光源……142
073 被写体背後のレゾマーク……143

COLUMN3 水星探査機 金星探査機 P.144

ANCIENT REMAINS in SPACE: The Best

第4章 NASAの陰謀

P.145

Chapter 4
NASA CONSPIRACY

PART 1 火星探査の謎

NASA設立の真相……146
マリナー計画……150
ヴァイキング計画……152
マーズ・オブザーバー……154
マーズ・パスファインダー&マーズ・グローバル・サーベイヤー……156
有人探査に秘められた陰謀……158
秘密の集団「オシリス・カルト」……162

PART 2 宇宙開発の目的

惑星探査データの矛盾……164
国家機密としての宇宙開発……166
クレーターこそ生物の住居だ！……168
豊富な核融合燃料の存在……170
やはり生命は存在する！……172
惑星のエネルギー資源独占！……174

COLUMN4
木星探査機
P.176

第5章 太陽系のオーパーツ

Chapter 5 SOLAR ANOMALY

P.177

074 謎の衛星イアペタス……178
075 土星の六角形……180
076 探査機カッシーニとUFO……181
077 衛星タイタンの地形……182
078 「土星の輪」の秘密……184
079 円盤形衛星アトラス……185
080 太陽面爆発とUFO……186
081 ソーラークルーザー……188
082 ディープ・インパクト!……189
083 衛星エウロパのパイプ構造……190
084 衛星カリストのタワー……191
085 フォボス2号とUFO……192
086 衛星フォボスのモノリス……193
087 金星の巨大ピラミッド……194
088 金星の地上絵……195
089 水星のドーム状基地……196
090 水星の鉤形タワー……197
091 水星のアンテナ群……198
092 水星上空のUFO……199
093 エロスに住人がいる!……200
094 エロスのモノリス……201
095 エロスの突き出た影……202
096 エロスの動くロボット……203
097 エロスの格納庫……204
098 エロスの回転式エンジン……205
099 エロスのイモムシ……206
100 エロスの垂直エンジン……207

COLUMN5 土星探査機 P.208

CONTENTS

第6章 宇宙のミステリー

Chapter 6 SPACE MYSTERY

P.205

1 月人工天体説……210
2 土星の衛星イアペタスの謎……220
3 探査機パイオニア減速の謎……236
4 フォトン・ベルトの謎……240
5 「アポロ疑惑」の真相……246
6 アポロ計画は20号まであった?……254
7 「惑星X」が発見される日……260

あとがき P.270

参考文献 P.271

ANCIENT REMAINS in SPACE: The Best

第1章 火星のオーパーツ

MARS ANOMALY

[No.001～045]
動物の頭蓋骨→溶解する火星の氷冠

FILE No.001

やはり高等生物が実在した!?
動物の頭蓋骨

かつて火星にも、水と大気が潤沢に存在した時期があり、その期間は30億年続いたともいわれている。だとすれば、はるかな昔、火星地表には知的生命体や動植物など、生命に満ち溢れる世界が存在していたのかもしれない。いや、事実存在したと思われる物体が見つかったという。

写真は火星地表の画像で、マーズ・スピリットのローバーが撮影したものだ。不思議な形の岩のようだが、火星の異常地形を研究しているジョゼフ・スキッパーは「火星地表に動物の化石を発見した証拠」だと主張している。

場所は火星のグセフ・クレーター付近。そこに特筆すべき大小3個の物体は存在する。それも見るからに化石化した地球上の動物の頭骨に酷似しているのだ。

まず右上。半分地中に埋まった奇妙な物体が見える。大きな目がふたつ、まるで耳のような形をした角。こ

⬇動物の頭蓋骨のような物体が、まとまって見つかったグセフ・クレーター付近の地形。

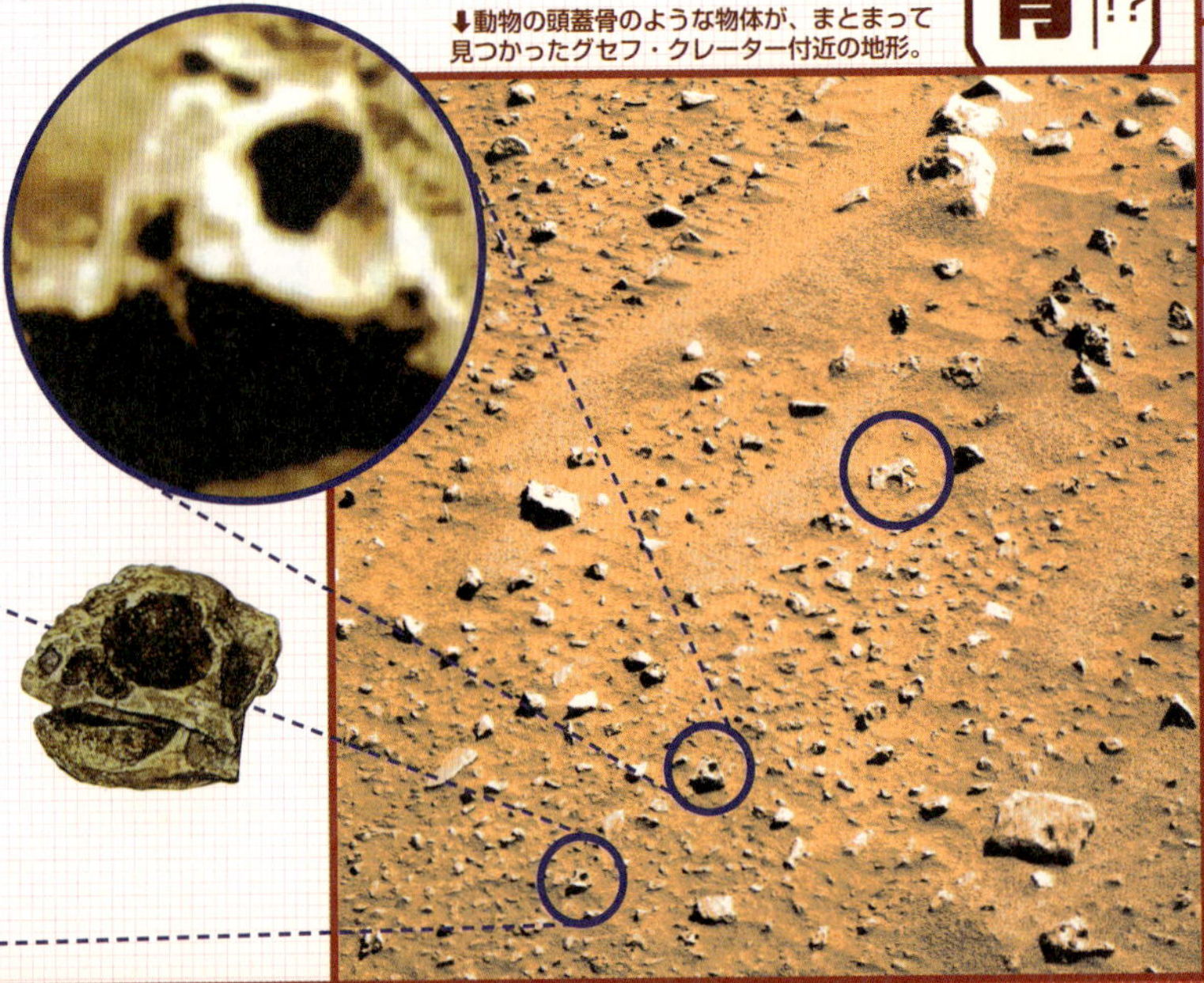

右上にある奇妙な物体の拡大。

れは何かしら生物の頭骨を連想させずにはおかない。

最初、スキッパーは写真左下にある小さい物体に目をひかれた。天然の岩石としては珍しい左右対称の形状をしているからだ。たしかに眼窩《がんか》とみられる大きなふたつのくぼみは左右に対をなしているように見える。

顎にあたる部分は影になっており、輪郭は定かではないが、鼻骨を中心にその周辺の見かけは、くちばしを持った鳥に似ている。これはいかにも動物の頭骨を思わせる。

「眼窩から鼻にかけてのラインは、鳥の頭蓋骨の特徴を示している」というスキッパーは、ジュラ紀の始祖鳥の頭骨化石、そして現代に生息するエミューとダチョウの頭骨を比較。まったく同一ではないが、部分的な類似性が認められると主張する。

その右上の大きい物体はどうなのか。スキッパーは当初、これは単なる岩かと思った。だが、部分拡大して観察し、ここに見えている大きな孔が眼窩だとした場合、これが反対側にもある可能性もあると考えた。つまり、頭の両側に目が位置しているとすれば、これもまた動物、それも恐竜のような特徴を示していることになるというわけだ。

スキッパーは、これを地球の恐竜の頭骨化石とチーターの頭骨と比較。眼窩と鼻孔の位置関係に類似点を見出している。

これらの物体が動物の頭骨化石だとしたら、火星と地球で似たような動物の進化が起こったことを示唆することになる。

↓➡スキッパーによる火星の物体と地上の生物の比較。

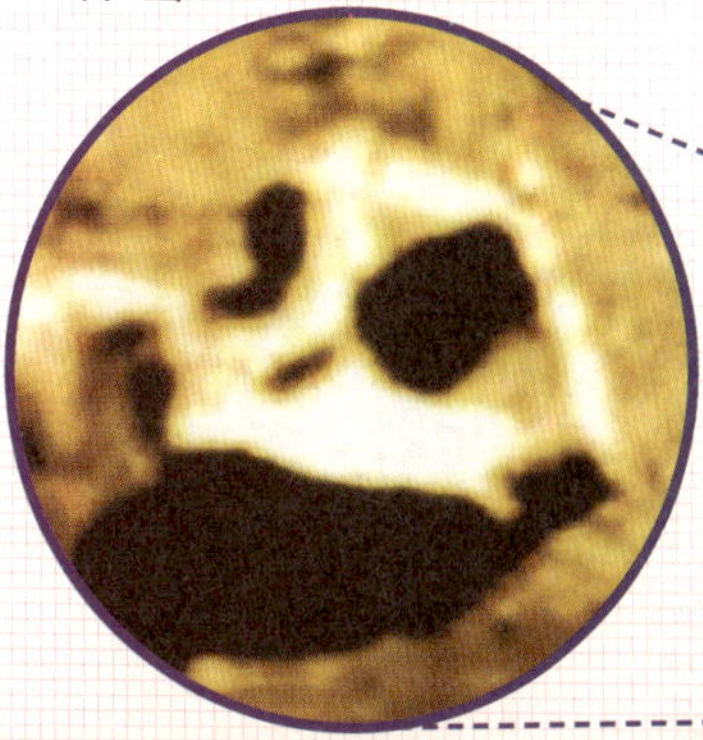

FILE No.002

太古、生命が存在した!?

火星人の頭蓋骨

2006年5月9日、火星の異常地形を研究しているジョゼフ・スキッパーが驚くべきものを発見した。探査機マーズ・スピリットが撮影した画像の中に人間、あるいは火星人の頭蓋骨とおぼしき物体があった!

写真をご覧のとおり、頭部から額、眼窩、そして鼻にいたるまでのディティールはまさしく人間の頭蓋骨そのものである。その明らかに異様な形状は、画像を見てすぐわかる類のものだったという。

だが、下あご部分は人間のそれとはほど遠い。これがただの岩石でなければ、そもそもこういう特徴をもった生き物であった可能性もある。つまりはるか古代の火星に棲息していた火星人の頭蓋骨かもしれないのだ!

頭蓋骨が発見された場所は、グセフ・クレーターの上方に位置する砂地の一角だという。グセフ・クレーターといえば、マーズ・スピリットによる高空からの画像で、植物が繁茂しているのではないかと、かねてから指摘さ

➡火星人の頭蓋骨とおぼしき謎の物体。

⬅遠目からでも異様な物体の存在がわかる。

れていた場所である。カラー画像ではその周囲一帯が緑色に見えることでも知られている。

　また発見されたのは、頭蓋骨ばかりではない。スキッパーは同じクレーター内の麓を撮影したパノラマ写真を詳しく分析し、貝殻状の物体も多数発見しているのだ。

　近辺の地域を写した画像をよく見るとわかるのだが、この砂地に散在しているのはただの石ころには見えない。そこには、薄くて丸い、明らかに貝殻としか見えない物体がいくつも見てとれるのだ。

　中には螺旋状のものさえある。これを地球の巻き貝と比較してみても、まったく違和感はない。

　見た目どおり、これが貝殻だとすれば、太古ここは海だった可能性もある。事実、地形分析の結果、ここ一帯には洪水跡が見られ、かつては海だった可能性が高いとされているのだ。

　つまり、なんらかの条件が整ったため、長い年月をへてもなお、生命の痕跡が失われずに残ったのではないか。そのようにも思えるのだ。

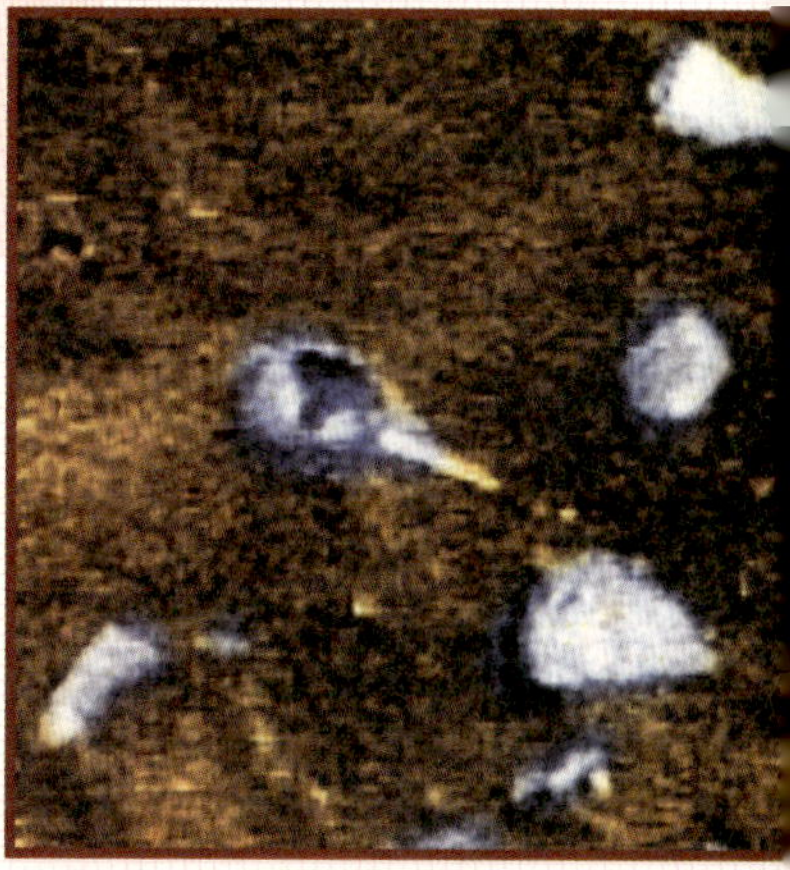

同じ地域で見つかった巻き貝のような物体。

FILE No.003

エアバックか、それとも……？

ウサギ

探査機オポチュニティが火星に降り立ってから最初のパノラマに写されていたのは「ウサギ」だった！　が、正確にいえば、このウサギのような物体だ。

ふたつの鋭く長い耳のようなものが、そそりたっているのが印象的だ。影が見えることから、立体的な存在であることがわかる。

「ウサギ」の拡大。

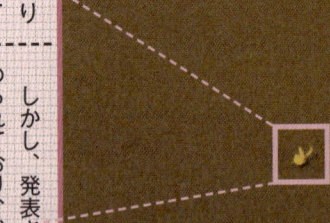

不自然にたたずむウサギのような物体。

NASAのジェフ・ジョンソンはすぐさま「明らかに宇宙船に付随するものである。着陸時に使用したエアバックか　それに類するゴミだろう」とコメント。だが、NASAはそういいながらも、連続写真やステレオ写真などで物体を詳細に観察していた。

しかし、発表された画像は異常にコントラストが高められており、残念ながら細部の立体的構造まではわからない。また、物体のサイズは、およそ5センチほどだという。

ウサギに似ているという理由だけで生物であるとはいえないが、もし地球由来の物質ではないとすれば、何かしら火星の知られざる要素をもった物体であることは間違いなさそうだ。

FILE No.004

ブーメラン状の生命か？

空飛ぶ謎の飛行生物

火星のグセフ・クレーターに着陸したNASAの探査機スピリットが送ってきた映像には、なにやら奇妙な「物体」が写りこんでいる。

パノラマ写真では、ともすると見落としてしまいそうなほど、それは目立たない。いや、たとえ気づいても、せいぜいゴミ程度にしか思えないほどの小さな点だ。

ところが――拡大したとたん、それはまったく違ったものになる。とてもゴミとは思えない、ブーメラン状の物体が姿を現すのである。

はたして、これは何なのか？

もしもレンズのゴミなら、どの写真にも写っているはずだし、その場合、もっとボケるはずである。また、被写界深度の関係で、これほどシャープに写ることはありえないのだ。

だから、この物体が火星にいたことは間違いない。

残念ながら、これ以上のことは、現時点ではわからない。地球上では、しばしば謎の未確認飛行生物と呼ばれる空飛ぶ未知生物が写真に撮られることがある。これもまたそうした類の存在なのだろうか？

←数枚のモザイクで構成された火星のパノラマ写真。

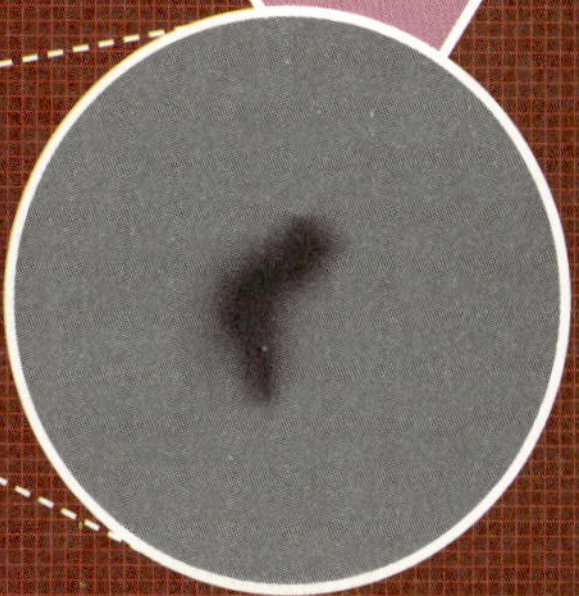

↑拡大写真。ブーメランのような形状をしている。

FILE No. 005

火星の人影に怪現象

手先が小刻みに動いている!?

「火星の人魚? 火星探査機からの衝撃画像!」

2008年1月、火星探査機スピリットが撮影した一枚の画像が突如世間の注目を集めた。問題の画像は、パノラマ写真の右隅に収められていた。そこには岩に腰かけ、右手を前に出したポーズを取る人間の姿が写されていたのだ!

この人物像の正体は何か。スピリットの左右のカメラによるステレオ画像(写真下)で、立体視を試みられたい。立体視の印象はやや肉厚が薄く手前に傾いているように見える。

よく見ると、輪郭のハッキリした体の部分とは異なり、右手の先はがぼやけて見える。カラー写真ではさらに右手がぼやけているが、スピリットのカラー写真は、フィルターを交換しながら一枚づつ撮影したものを合成するため、より多くの時間差が生じることになる。もしかするとこの部分は常に小刻みに動いているのではないだろうか。

もしも正面や反対側など別の角度から捉えた画像があれば、さらに時間的な変化や全体像を知ることができるのだが、残念ながらそのような画像は見つけることはできなかった。

この岩石的な質感は、どう見てもわれわれが想像す

立体視で見ると、謎の物体は動いているようだ。

ニュースになった火星の人影。腰から下は、岩石と一体化しているようにも見える。

るような生物には見えないが、いずれにしてもこの物体が「動いている」という怪現象を説明することはむずかしそうだ。

ところが、不思議な物体は、人物像だけではなかった。ここではご紹介できないが、他にも自然のものとは思えない数々の物体が、このパノラマ画像には含まれていたのだ。金属質の円盤、空中に浮いたような岩石、生物の化石を思わせる物体などである。

これらの異常な画像を見ていくと、人物のような画像の情報がタイムリーに流されたことは偶然ではないように思えてくる。例によって色修正されたカラーのパノラマ画像からはわかりづらいのだが、この一帯は鋭角状に突き刺さった薄い破片が非常に多い。そして、奇妙な物体が散乱していることは過去になんらかの事件があったことをにおわせるものだ。

ひょっとすると、ＮＡＳＡはわれわれに特別なメッセージを伝えるために意図的にこのパノラマ画像に注目させたのではないだろうか。そして、火星で起きている真の出来事を明かす機会をうかがっているのかもしれない。

FILE No.006

消えた火星のイモムシ

水の豊富な地で生息する?

2008年5月25日、火星探査機フェニックスが氷の豊富な火星の北極地域に着陸した。フェニックスの最大の目的は、近い過去に火星に液体の水が存在したこと、そして生命が存在したことを裏づける証拠を見つけることである。生命の調査を目的とした探査機としては、バイキング以来、実に32年ぶりだ。

NASAがこの計画にかける熱意は非常に大きく、研究機関への投資もかつてない規模となった。フェニックスからは、早くも永久凍土の特徴を示す着陸地点のパノラマ画像のほか、ロボットアームで地表を掘削して氷の層に到達した証拠の画像が送られてきている。

まさに想定どおり第一歩となる水の

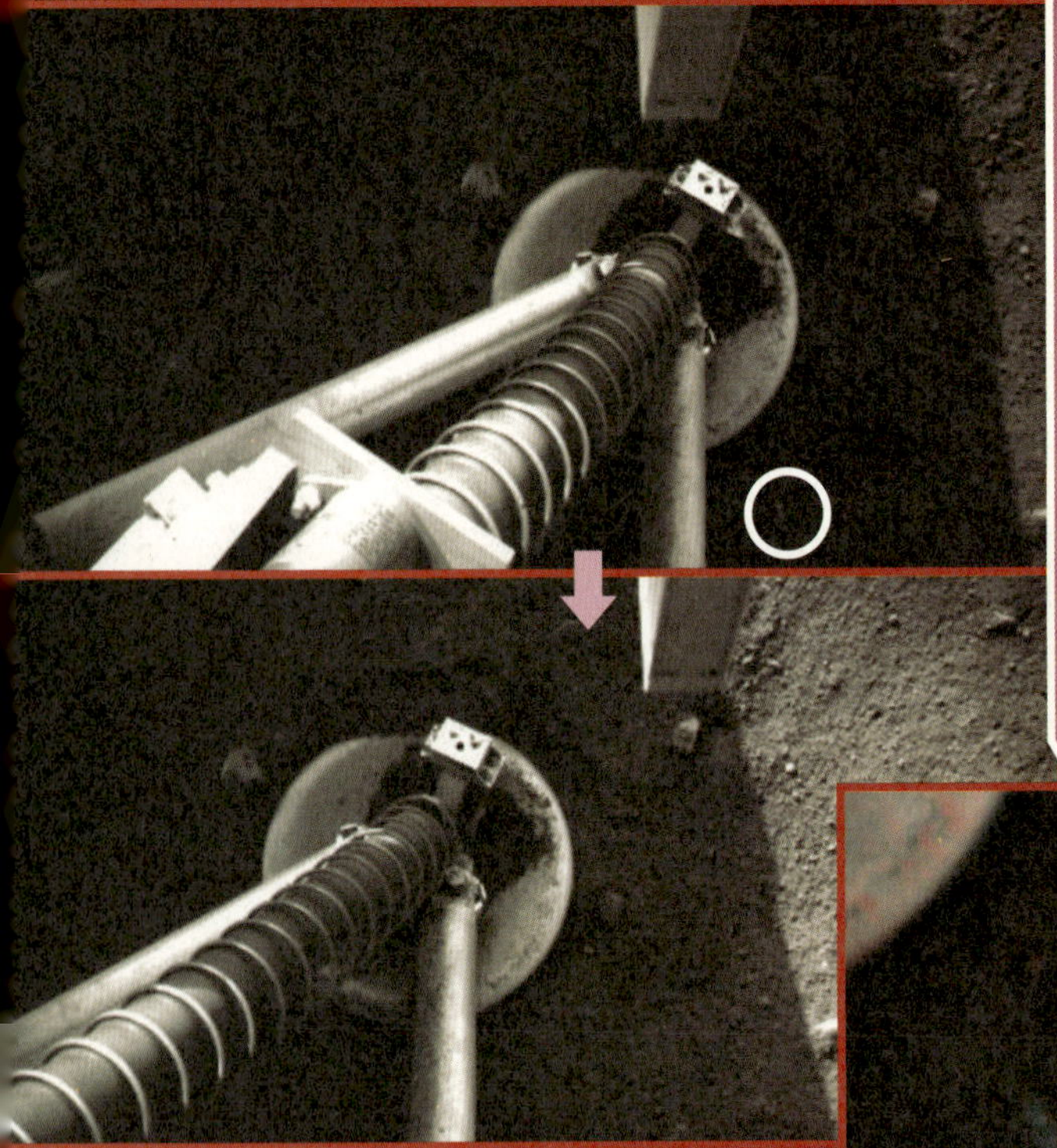

小型カメラが撮影した前後の画像(上)とイモムシ状物体の拡大(右)。

豊富な地域への着陸に成功した。生命に関しては公式の発表が待たれるところだが、それを待たずとも、フェニックスから送られてきた画像には生物らしきものが写されていたのだ。それは、着陸から6日目にフェニックスの着陸状態を確認するために撮影された脚の接地部分に写し出されていた。

時間を置いて撮影された2枚の画像を見比べていただきたい。ロボットアームに取り付けられた小型カメラによる撮影のため解像度は低いが、先に撮られた画像にはイモムシ状の物体が存在していることがわかる。

そして、後から撮られた下の画像からは、周辺の地形が変化していないにもかかわらず物体が消えてしまっている。これは、イモムシ状の物体が2枚の画像の撮影の間にフレームの外に移動したことを意味しており、こんな芸当ができるものは生物をおいてほかに考えられないのではないだろうか。

さらに着陸10日目にも生物らしき画像が存在する。これらは火星型の生物なのだろうか。砂漠に着陸した今までの探査機と異なり、水の氷の上に着陸した今回のフェニックスは今までで火星の生命に一番近いところにいることは確かである。ロボットアームによって採取された土壌のサンプルを元に、今後行われる予定の熱・発生気体分析装置（TEGA）による有機物の分析結果を待つ間、フェニックスが送りつづけてくる画像にも要注目である。

ロボットアームのテストで地上の石を移動させた様子（上）。石によって平らにならされた部分に、折り重なるようにして数本のイモムシ状の物体が見える。この後で撮影された画像（下）では、土に埋もれてしまい確認できなくなってしまった。

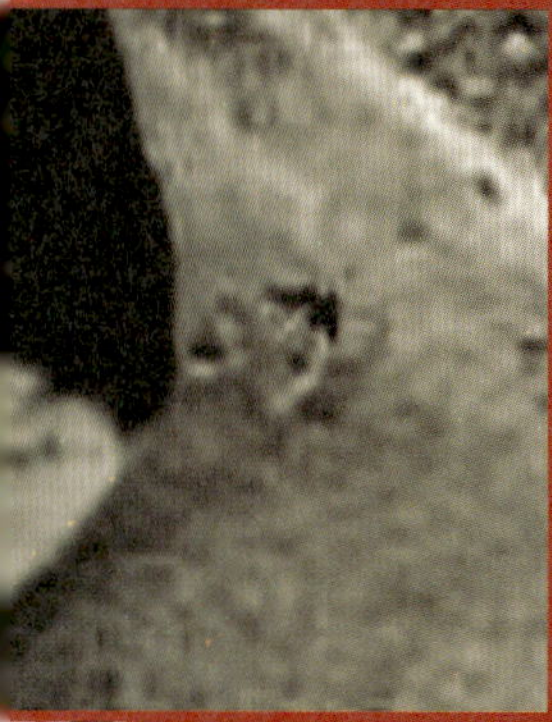

数本のイモムシ状の物体の拡大画像。

オポチュニティが撮影したウミユリらしき物質(右)。地球のウミユリと比較すると節をもった分岐する構造が似ている。

FILE No.007

次々と見つかる微小生物

火星に生命はあった

NASAの2機の火星探査機、スピリットとオポチュニティは、鉱物調査用のマイクロスコープカメラを搭載している。着陸当初、ブルーベリーと呼ばれる球形の物体のクローズアップが話題になったことは記憶に新しい（29ページ参照）。このカメラは、最大で10分の1ミリを識別する接写能力を持っており、必要があれば鉱物の表面をブラシやヤスリで磨いて観察する機能も備えている。

現在までに数千枚の接写画像が公開されているが、その中には、成長、相似といった生命の特徴をとらえたものが存在する。たとえばオポチュニティが撮影した画像には、地球のウミユリに似たものが写っている。ウミユリとは、5億7000万年前、地球の原始の海に出現した棘《きょく》皮《ひ》動物である。茎や枝のような節をつくり、海底に固着して生息していた。だが、その類似性にもかかわらず、NASAは沈黙している。

過去の火星に生命が存在した可能性については、1996年、NASAの研究チームによって衝撃的なニュースが公表されている。南極で採取した隕石

南極で発見された隕石「ALH84001」。
火星から飛来したと推測されている。

から、生命の痕跡を発見したというのである。1500万年前に火星から吹き飛ばされ、1万3000年前に地球に飛来したとされる。その生成は、40〜45億年前と推定されている。まるでミミズのような、両端が丸く細長いチューブ状の構造をした物体だ。さらに研究者らによれば、これは5億年以上昔から存在するシアノバクテリアによく似ているという。

NASAの一連の火星探査の結論として、現在の火星には生命は存在しないことが大前提とされているが、そのために見逃されてしまった生命の痕跡は数多いはずだ。また、火星の海は消失してはいない。現在、氷河期が終わりつつあるといわれる火星には、すでに海が甦りつつあるのかもしれない。電子顕微鏡に見られた生物や、氷に閉じこめられている生命が、再び繁栄する日は近いはずだ。

スピリットとオポチュニティによって撮影された菌類や微生物らしき物体の数々。

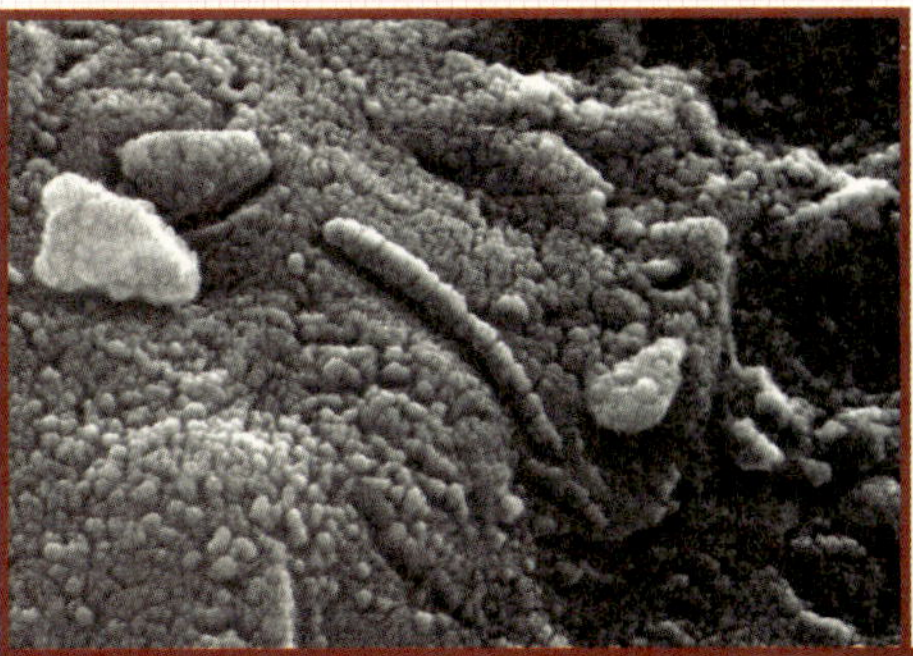

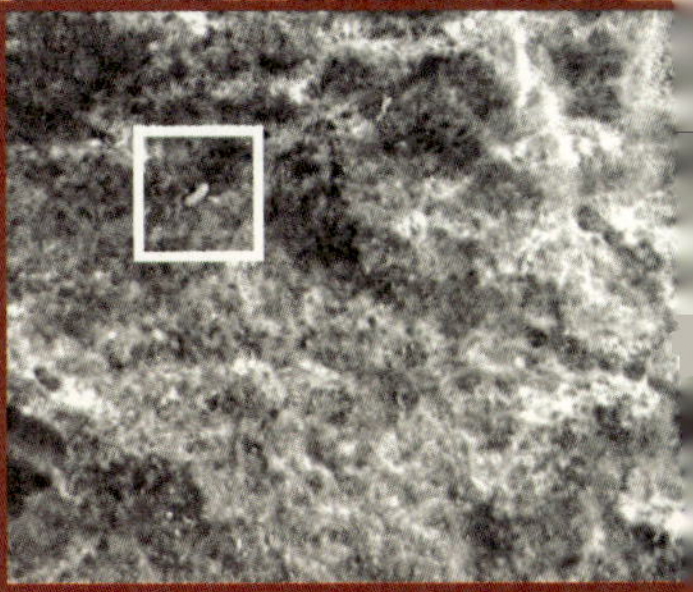

FILE No.008

無気味に白い謎の物体

奇妙なドクロ

グセフ・クレーター付近の丘に異物があった。

火星のグセフ・クレーター付近で、探査車スピリットが奇妙な物体を撮影していたことを、火星の異常地形を研究しているジョゼフ・スキッパーが公表している。写真の下方を見ると、かなり急な斜面に見える地形に不自然に白い物体がある。

左斜め上にも一直線に白い物体が並んでいる。これが何であるにせよ、周囲の地表に散乱する岩石と異質なのがすぐわかるだろう。というのも、岩石の影を見ると、それほど伸びていない。太陽は真上の位置から射していると考えられるのだ。かといって、白い物体よりも大きい岩石はそれほど反射していない。つまり、この白い物体が異質なのである。

スキッパーが、画像をさらに拡大してみたところ、地中に半分埋まった白い物体には、ふたつの穴のようなものが認められた。これは、まるで人間の頭蓋骨にそっくりだ。また、不鮮明ながらも周囲にも異常がありそうだ。拡大した画像をなめらかにする際、眼窩らしきものが丸くなってしまったという光のイタズラもありうるのだが……。

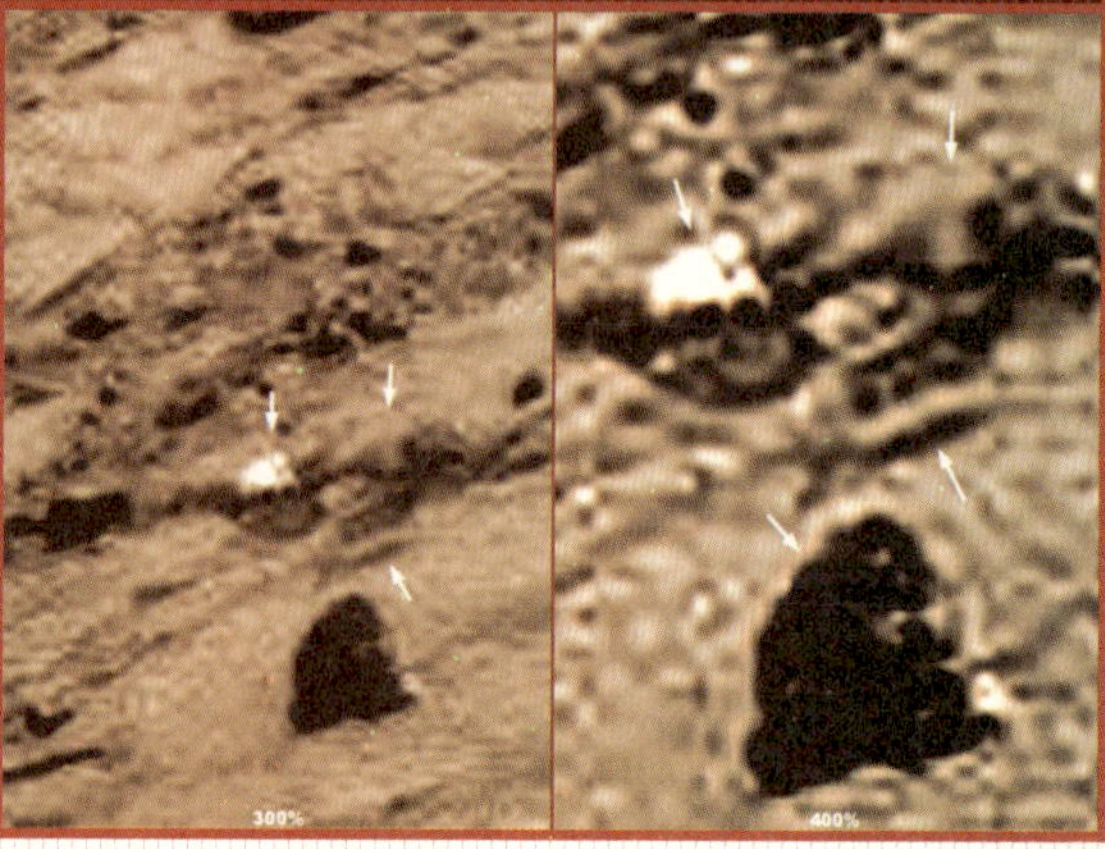

白い物体にあいたふたつの穴。まるでドクロのようだ。

かつて水が存在した痕跡が残るポイント。

FILE No. 009

火星の不思議な物体

水流跡のブルーベリー

2004年3月2日、1月に火星のメリディアニに着陸した火星探査機ローバー・オポチュニティの調査により、火星に水が存在した証拠が発見された。

それがこの青い球体がちらばる岩である。岩石の外観や裂け目、結晶が成長した跡から、過去大量の水があった痕跡であるというのだ。

では、通称「ブルーベリー」と呼ばれるこの青い球体は何か。オポチュニティの画像には、無数の青い球体が写っているものがある。その大半は地表面に敷き詰められているが、いくつかは岩に貼りついており、色の違いから、地表や岩とは別の物質でできていることがわかる。

火星特有の植物、あるいは海底だった時代の生命活動の産物か？ この画像は正しくRGB合成して得られているが、NASA発表のカラー画像では、地表も岩石も球体もすべて茶色一色であった。

近年の発表では、雨水で溶かし出された砂岩中の鉄分が沈殿したものだという。

いずれにせよこの時点で、火星に水が液体として存在したのは確実になった。その次に問題になるのは、当然「かつて火星に生命は存在したのか」になる。

「ブルーベリー」の拡大。

FILE No.010

火星の水

本当に氷だけの惑星なのか?

火星にかつて豊富な水が存在した証拠、さらに氷の存在は確かめられたが、現在、水が存在することまでは判明していない。かつての豊かな水は、いまもどこかに眠っているはずだ。

ところが、これまでに公表されてきた火星の大気圧データでは、水の沸点が氷点と等しくなるため、水は氷から直接水蒸気となってしまい、液体の状態では存在することができないとされている。

だが火星の地表に見られる壮大な浸食地形は、大洪水の結果作られたものとしか説明できないものだ。過去の火星に温暖な時期があり大量の水が存在できたとするならば、水が失われた原因は、蒸発か、地下にたくわえられたか、あるいはその両方ということになるだろう。

従来のNASAの探査機からは、水そのものを捉えたような画像は送られてきていない。だが、ESA（欧州宇宙機関）のマーズ・エクスプレスには、水の存在

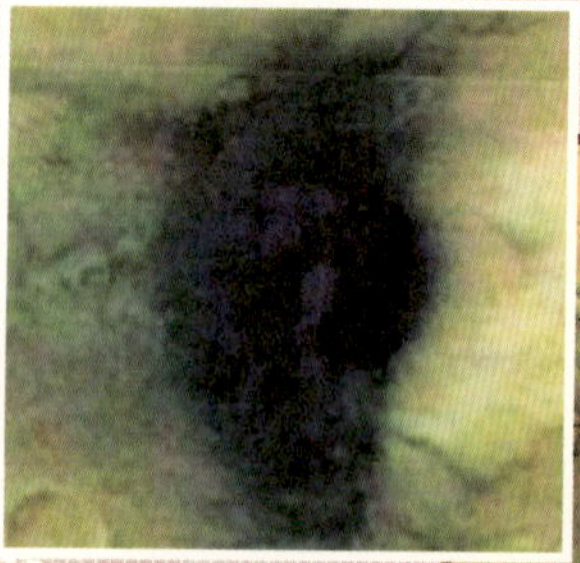

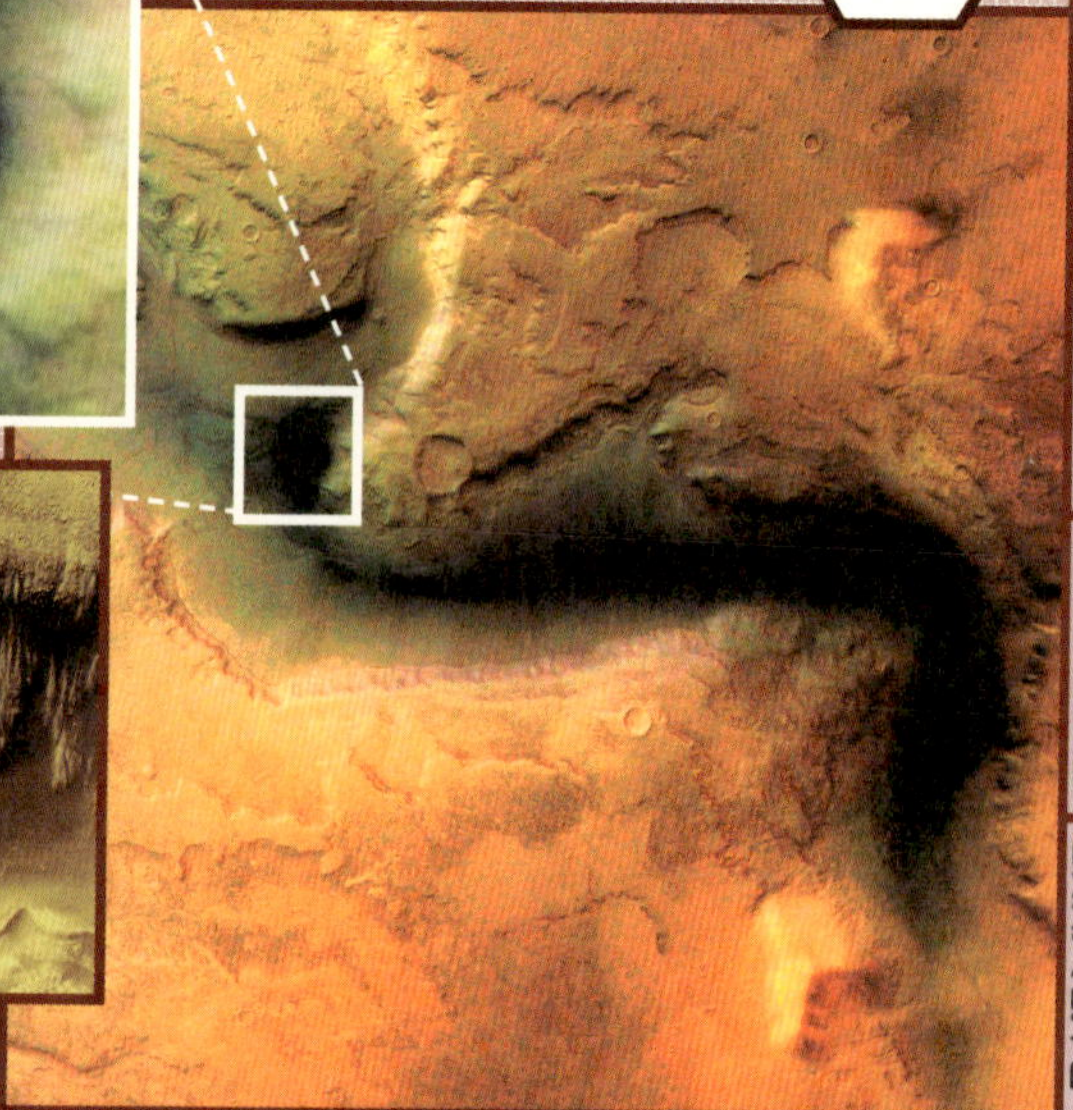

マーズ・エクスプレスがとらえた巨大な渓谷の画像とその液体の水らしき部分の拡大。

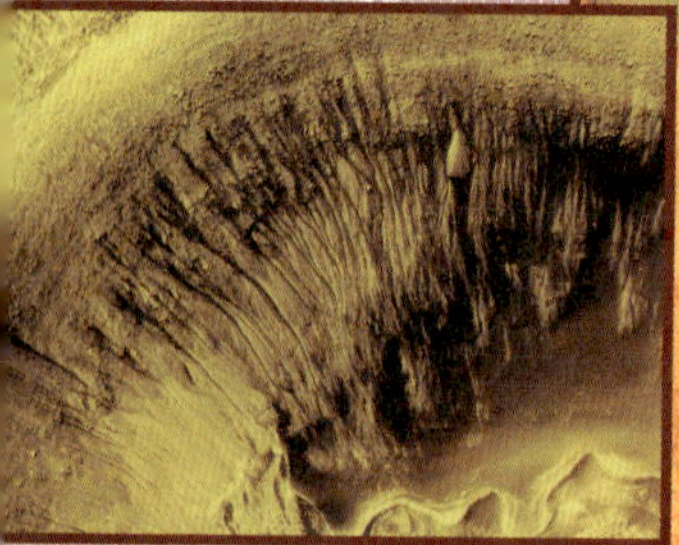

浸食地形をもつ網状渓谷を持つクレーター。

↓火星、極冠の氷。極冠には数千メートルの氷の層が存在するという。

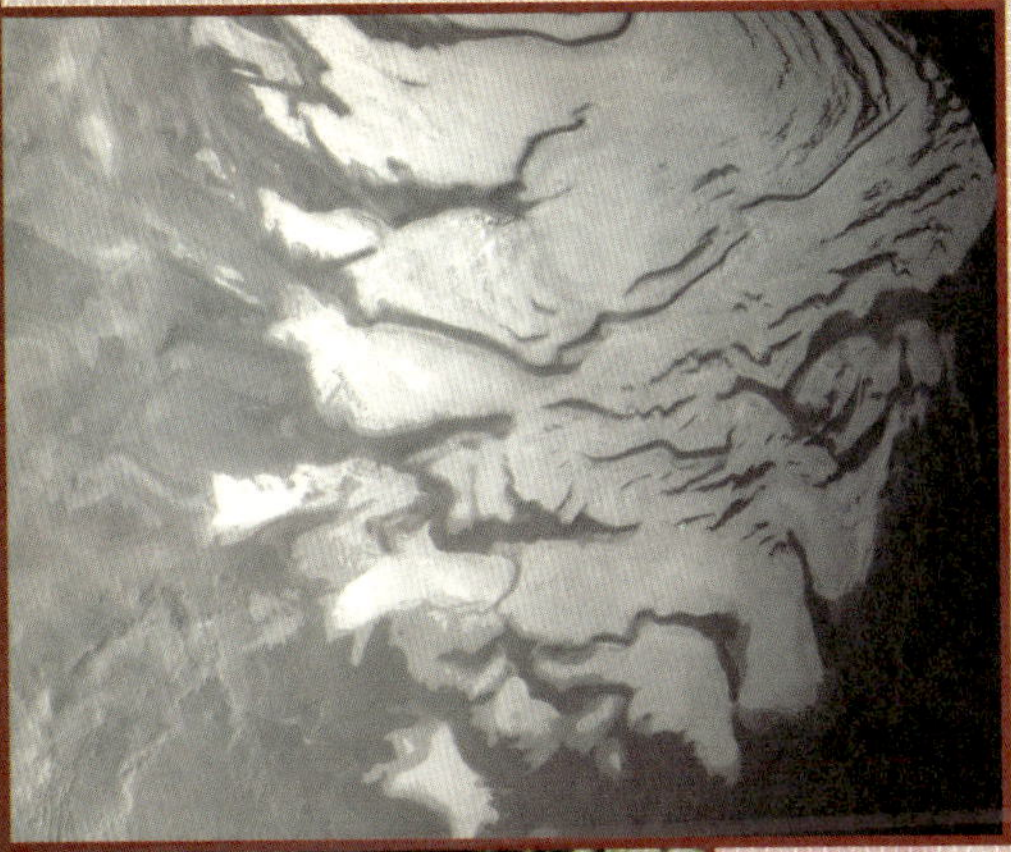

←マーズ・グローバル・サーベイヤーが撮影した火星の南極地方。水を満々とたたえた湖のような外観だ。

をにおわせる写真がいくつかある。

たとえば、大量の水が失われた過程でできたと思われる等高線のような侵食地形がいたる所に存在する。そして、それらは例外なく水面を思わせる暗い反射部を持っている。

マーズ・エクスプレスがとらえた巨大な渓谷の画像は「火星に水を発見した」と報じられたものである。底に暗い反射の領域が見られるが、3原色に分解して調べてみると、青の画像には暗い部分がほとんどないことから、大部分は青い光の反射であることがわかる。

これは色の面からも水の存在を証明するものだろう。下の写真は反射部分を拡大したもの。水をたたえた淵にも見える。

はたして、火星の真の姿はどうなっているのか。もし液体の水が存在するとすれば、必然的に生命の存在が取り沙汰されることになるはずだ。

FILE No.011

微妙に変わるNASAの態度
火星の緑

マーズ・エクスプレスがとらえたスピリットのランディングサイトは鮮やかな緑色だ。

火星の空は赤い――NASAは30年間そういいつづけてきた。だが、最近になってNASAの動きが変わりつつある。徐々にではあるが、火星の水の存在や生命の存在をわれわれの意識に植えつけはじめている。空が赤くないことが証明されたことにより、火星の大気圧や水蒸気の含有量も根本から考え直す必要性が出てきた。

NASAの方向転換は、世界各国が火星に探査機を送り込む技術を持った現在、もはやNASAだけが火星の真の姿を独占しつづけることがむずかしくなってきたことを物語るものかもしれない。

事実、ESA（欧州宇宙機関）のマーズ・エクスプレスでは、これまでのNASAの探査機では見ることのできなかった植物を思わせる緑の地帯や水を示す青い色が公表されはじめた。マーズ・エクスプレスは2003年6月にロシアのロケット「ソユーズFG」で打ち上げられ、30万キロ×1万キロの極周回軌道から、高分解能のカメラにより火星の立体地図の作成やレーダーによる水資源の探査を重要目的としていたのだ。

今まで、NASAの画像ではこげ茶色の領域と

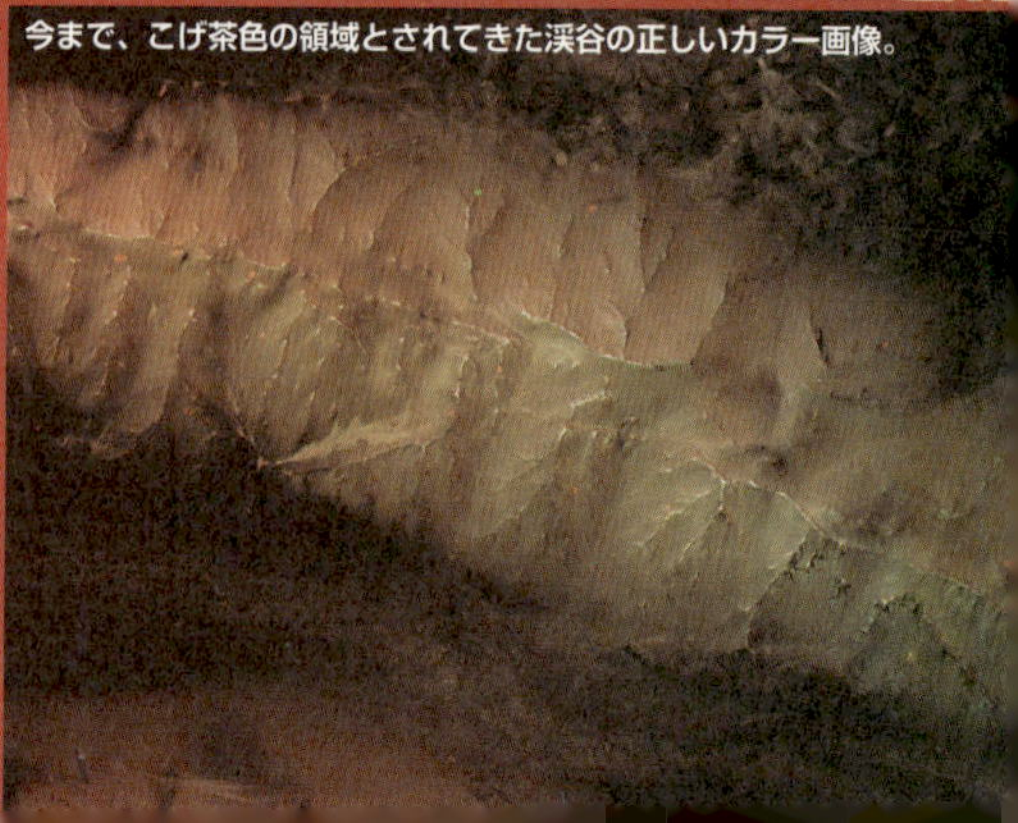
今まで、こげ茶色の領域とされてきた渓谷の正しいカラー画像。

されてきた渓谷が、マーズ・エクスプレスのカメラでは森林地帯を思わせるような緑色でとらえられている。NASAのマーズ・グローバル・サーベイヤーは、赤と青のフィルターしか持たないため、カラー画像を撮ることができない。公開されているカラー画像は、赤画像と青画像の中間値で緑画像を生成する擬似カラーである。したがって、火星上に森林地帯があったとしても、それを緑色に再現することはできなかった。

それに対して、カラーカメラを搭載したマーズ・エクスプレスでは、正しいカラー画像を撮影することができるのだ。

まだ植物が存在する証拠は見つかってはいない。だが、もし植生が存在するとすれば、NASAはその存在を知っているはずだ。火星は、かつての真っ赤な死の大地とは様相を異にしてきている。それは〝新しい事実〟が提示されるたび、今後も少しづつ変わりつづけていくはずだ。

2000年にマーズ・グローバル・サーベイヤーが撮影した南極。研究者によれば、太古の珊瑚礁だと考えられているが……。

FILE No.012

パラシュートではなかった!
消えたオベリスクの謎

2008年5月、最新の火星着陸船フェニックスからの第一報にはふたつの奇妙な物体が写されていた。まず目を引くのがオベリスクのような尖塔である。拡大画像によると、先端部分は露出オーバーによるノイズの可能性もあるが、本体が金属のような反射率の高い塔状のものであることは確かだ。

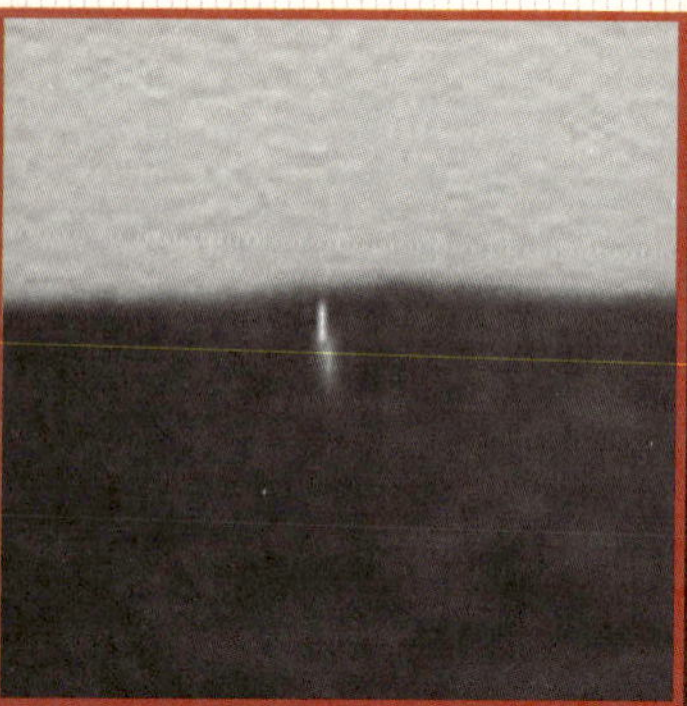

火星のオベリスクか？　後に公開されたマーズリコネイサンスの画像からは消えていた。

　そして、塔と反対側には、三角形の白い物体が写されていた。着陸船付近の人工物としては、切り離されたパラシュートや、大気圏突入の熱から探査機を保護するヒートスプレッダとバックシェルが考えられるのだが、直後に公開された火星周回機マーズリコネイサンスが捉えた着陸地点の俯瞰画像によってさらに謎が深まることになった。

　三角形の物体がパラシュートとバックシェルであることが確認できたが、塔に該当する場所には何も写されていなかったのだ。火星のオベリスクはいったいどこに消えてしまったのだろうか。

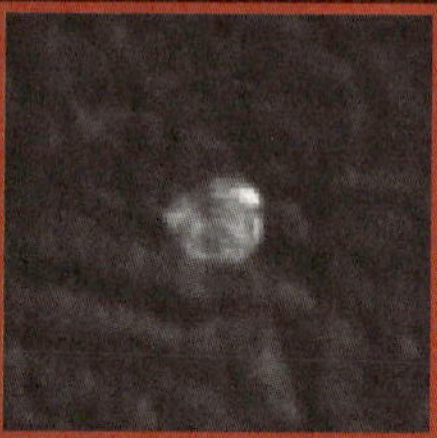

⬆マーズリコネイサンスが軌道上から撮影したパラシュートとバックシェル。

➡三角状の白い物体はパラシュートとバックシェルだった。

FILE No.013

古代火星人が使用した!?
割れた皿

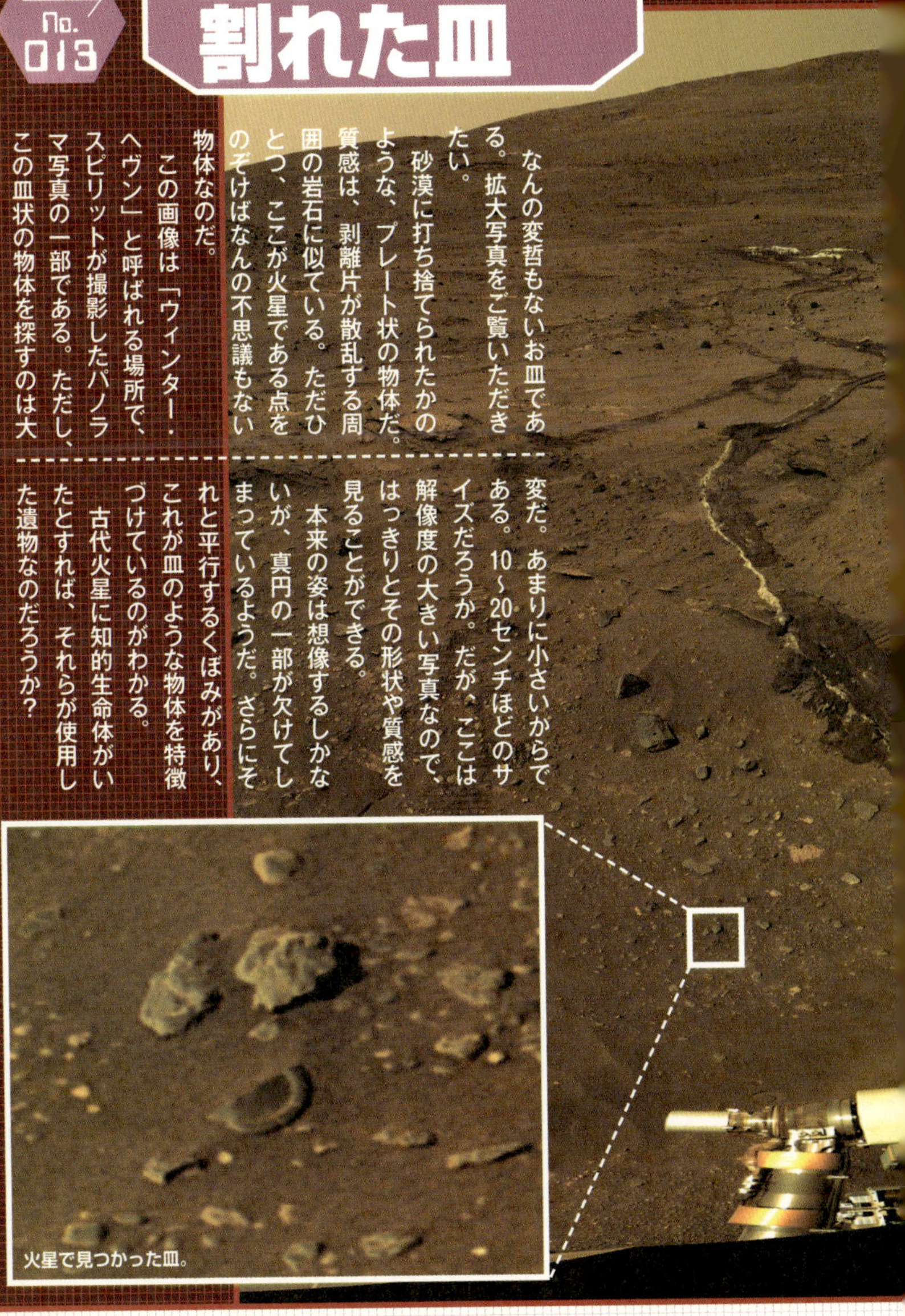

ウィンター・ヘヴン一帯のパノラマ写真(部分)。

なんの変哲もないお皿である。拡大写真をご覧いただきたい。

砂漠に打ち捨てられたかのような、プレート状の物体だ。質感は、剥離片が散乱する周囲の岩石に似ている。ただひとつ、ここが火星である点をのぞけばなんの不思議もない物体なのだ。

この画像は「ウィンター・ヘヴン」と呼ばれる場所で、スピリットが撮影したパノラマ写真の一部である。ただし、この皿状の物体を探すのは大変だ。あまりに小さいからである。10～20センチほどのサイズだろうか。だが、ここは解像度の大きい写真なので、はっきりとその形状や質感を見ることができる。

本来の姿は想像するしかないが、真円の一部が欠けてしまっているようだ。さらにそれと平行するくぼみがあり、これが皿のような物体を特徴づけているのがわかる。

古代火星に知的生命体がいたとすれば、それらが使用した遺物なのだろうか?

火星で見つかった皿。

FILE No. 019

NASAが注目する謎の物体 コブラフード

スピリット探査機とオポチュニティ探査機に搭載された2台のカメラは、火星の地表を立体写真でとらえることができる。そして、グセフ・カズマに着陸したスピリットは、着陸156日目に奇妙な物体と遭遇した。NASAがこの物体を「コブラフード」という固有名詞で呼んでいることからも注目度の高さがわかる。さらに「次回はこの物体を詳細に調査するだろう」という異例のコメントを出したのだ。

また、2日後の着陸158日目に別アングルの画像が公開された。しかし、その画像は、なぜか解像度が半分に落とされてしまっていたのだ。高解像度の画像には、いったいどのような重大な構造が写されていたのだろうか。

マーズ・グローバル・サーベイヤーが初めて人面岩の高解像度画像をとらえたときも、NASAは変形した画像を半分の解像度で公開した。撮影物体が一般に知られたくないものであった場合、ひとまず解像度を下げて公表し、世間の関心が薄れるのを待つということを、NASAはこれまでもたびたび行ってきたのである。

最初に撮影されたコブラフード。傾斜したフード状の薄い板が、下部のスクーターのような構造物に連結されている。

コブラフードの再現図。

2度目に撮影されたコブラフード。別のアングルからも傾いたフードがエンジンのような機械装置に連結されている様子が見える。

ドーム状構造物の想像画。

FILE No.015

消された人工的構造物

火星のドーム

上はその想像画。NASAはマーズ・パスファインダー着陸の2日後に下の画像を公開したが、その後に流された写真からはこの奇妙な構造物はきれいに消えていた。NASAの情報操作の可能性もささやかれるいわくつきの写真である。

1997年7月4日、アメリカの火星探査機マーズ・パスファインダーは火星のアレス峡谷に軟着陸したが、その2日後にNASAが公開したこの写真はすぐさま論争を呼び起こした。そこには人工構造物としか思えない奇妙な物体が数多く写り込んでいたからだ。

右手に見える丘はツインピークスの左側の丘である。この画像の中央の岩山の背後に3つ並んだドーム状構造物が認められる。周囲の岩石に比べ、形状が奇妙だ。いや、きわだって異常であるともいえる。自然の地形というにはほど遠い異常構造物ではないだろうか。

また写真ではわかりにくいかもしれないが、これはかなり相当な大きさなのだ。

ところが、その後、この地形に関してきわめて不可思議な事態が起こる。なんとこれ以降、公開された同じ場所の画像からは、ドーム状構造物はきれいさっぱり消滅しているのだ。NASAの情報操作の可能性がささやかれる謎の画像なのである。

ドームが実在するなら、いったいどんな用途なのだろうか？

後に画像から消えた謎のドーム。

中央にロボットのようなシャーク(A)、右奥には三角形のボックスシート(B)が見える。

FILE No. 016

異常な形状をした奇妙な物体

火星の人工的立体物

本書では、探査機から撮影された異常構造物や異常現象に焦点を当てているが、シドニア地区の人面岩などをのぞけば、意図的にその地域を撮影したものは限られている。だが、偶然フレームのなかに写り込んでしまった異常な物体が発見されることも多い。その異常さを際立たせているのは、自然界に存在しない特徴を備えていることである。たとえば、幾何学的な特徴。左右対称だったり、角が直角だったり、生物のような姿をしていたり……。ここでは、そのいくつかをご紹介しよう。

まず、探査車ソジャーナの活動中に撮られた上の画像をご覧いただこう。中央の岩(通称シャーク)は黒く、周囲の岩とは明らかに質感が違うことがわかる。

さらに見まわすと同じ質感の物体が左側に点在していることに気づく。このシャークは、まるで朽ち果てた人型ロボットではないか。折れた足の上に胴体が重

なり、岩石に左手をもたれるように倒れかかっている。もう一方の足はパイプのようなもので、かろうじて胴体とつながっている。

さらに、右奥には三角形の鋭角的な物体が存在する。薄い金属板の三角形が幅の広いベルトで結ばれたボックスシートのように見えるのだ。

朽ち果てたロボットとボックスシート。想像を広げれば、ロボットが操縦していた宇宙船がなんらかの原因でここに墜落し、周囲に焼け焦げた機械パーツを散乱させたとも思えてくる。

「穴あき石材」。断面のエッジがシャープで、明度を上げると、断面には正方形の穴が存在する。加工された石材の一種か。

のちにパノラマ写真として公開された画像では、残念ながらこれらの物体はすべて同じ質感の岩石に変えられてしまった。

このほかにも「穴あき石材」、「テント」、顔をデフォルメした岩など不思議な物体は数多く見つかる。古代火星文明の痕跡だろうか？

顔をデフォルメしたような箱型の岩。

エンジン部品のような複雑な構造物。

自然に成形されたものとは思えない、テントのような三角柱の物体。

第2章
第3章
第4章
第5章
第6章

FILE No. 017

火星の地底世界への入り口か？
ダークスポット

マーズ・リコネイサンス・オービターは、2006年3月に火星に到着して以来、膨大なデータを送りつづけるNASAの最新鋭の火星探査機だ。高解像度カメラは、火星上空約300キロから、机程度の大きさのものを識別できる能力をもつ。その高解像度カメラで撮影されたのが、この暗黒の穴＝ダークスポットである。

穴であると結論づけたのは、画像データの処理を担当したアリゾナ大学だ。光を吸収する暗い物質でも、円形の湖でもないという。その最大の理由は地理的条件にある。問題になった画像が存在するアーシア山は、火星最大の火山帯であるタルシス連山のもっとも南に位置する。当然、地下には膨大なマグマの海があり、それが枯渇すると広大な地下空間ができる。そこで、もしも地表の薄いところで陥没崩落が起こったなら、地下の空洞に通じる穴が開くはず、というわけだ。

また、隕石や彗星の衝突や小規模の噴火の穴なら、内部の物質が周囲に外輪山として積層するはずだが、ダークスポットにはそれが見られない。ちなみに、そ

直径150メートルはあろうかという火星のダークスポットのセカンドショット。側壁が見える。

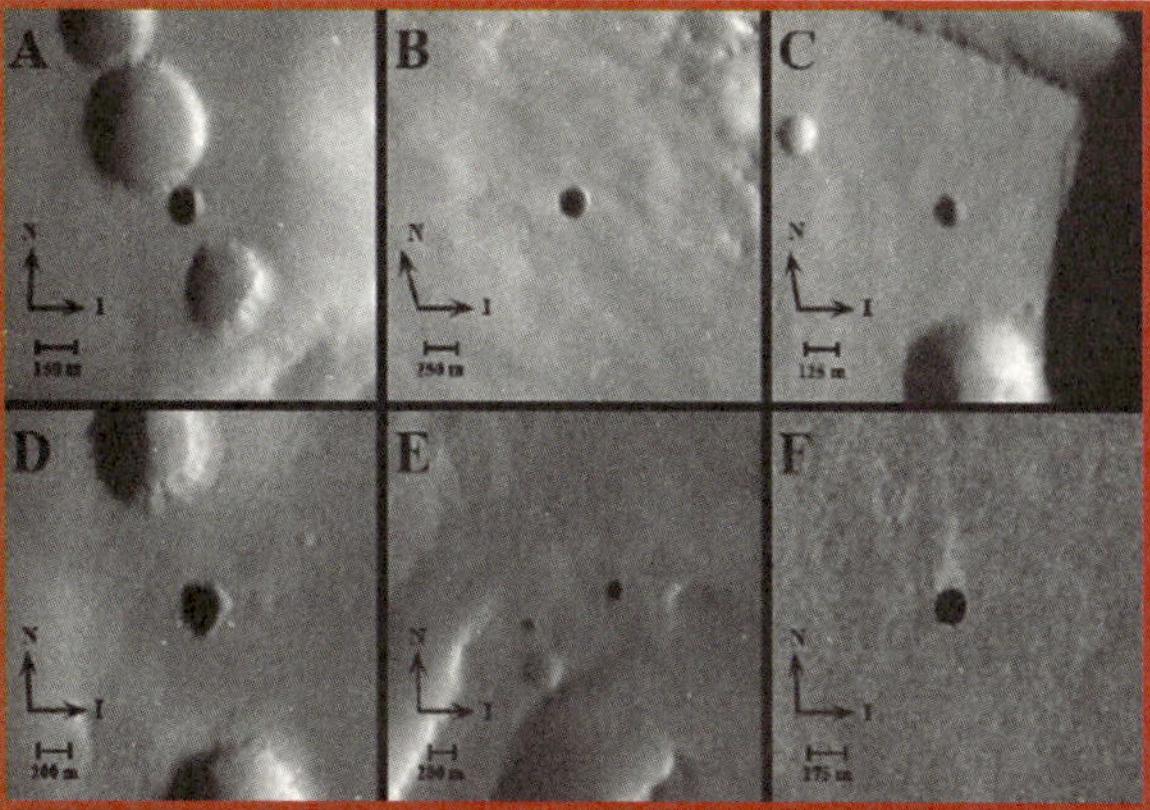

火星に無数に存在する暗黒の穴。

の一帯は、以前からダークスポットらしき無数の「穴」の存在が、指摘されていた場所だった。

だが、もし穴だとするならば、光が検出できないほど深く、かつ垂直で光を反射しない壁をもった穴ということになる。

そこで筆者（深沢）は、底面の情報を検知するためにコンピューター解析にかけてみた。

すると背後にわずかながら濃淡の変化が存在することがわかった。これだけでは正確な判断はできないが、

低面は地表の100分の1以下の明るさだ。内部から見た天窓の大きさが10分の1以下になるような地下空間という数値になりそうだ。つまり、穴の大きさの10倍以上の広さをもつ空間が広がっているかもしれない。

その後、NASAは貴重なミッションの限られた時間の中で、同じダークスポットを2度も撮影している。そのショットでは側壁が少し見えるものの、依然として最深部は暗黒に閉ざされていた。もし、太陽高度の高い正午に垂直方向からの画像が得られたなら、どのような世界を見ることができるのだろう。

さらに、火山は水と空気と熱をもたらすことから、この地下は生命の発達と進化に適した空間でもある。

ダークスポットが地下世界への入り口だとすれば、地底にはどんな世界が広がっているのだろうか。

ダークスポットをコンピューター解析すると、わずかな濃淡が存在した。

FILE No.018

まるで巨大なサンドワーム！

チューブ状構造

火星はシドニア地区以外にも異常構造物が存在している。マーズ・グローバル・サーベイヤーが撮影した、地殻の裂け目から露出したチューブ状構造である。

1999年8月11日、NASAが公開したその画像データは、かつて海だったマーレ・アキダリウム地域を鋭角的に撮ったものだった。ところが、そこには地中からはい出てきた生き物が、のたくっているような、

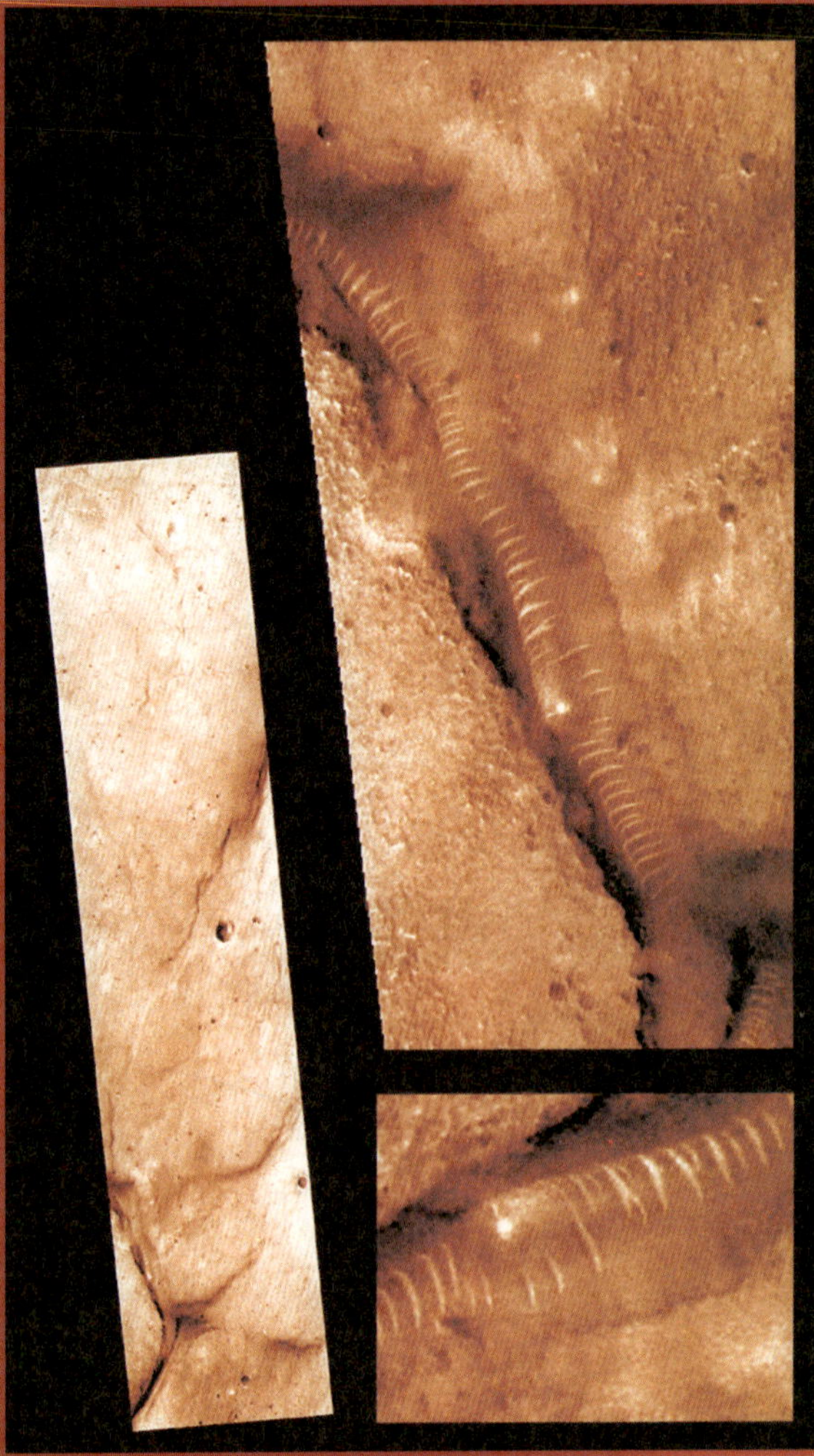

1999年にNASAが公開したマーレ・アシダリウム地域の画像。

火星にはこうしたチューブ状構造が無数に存在する。

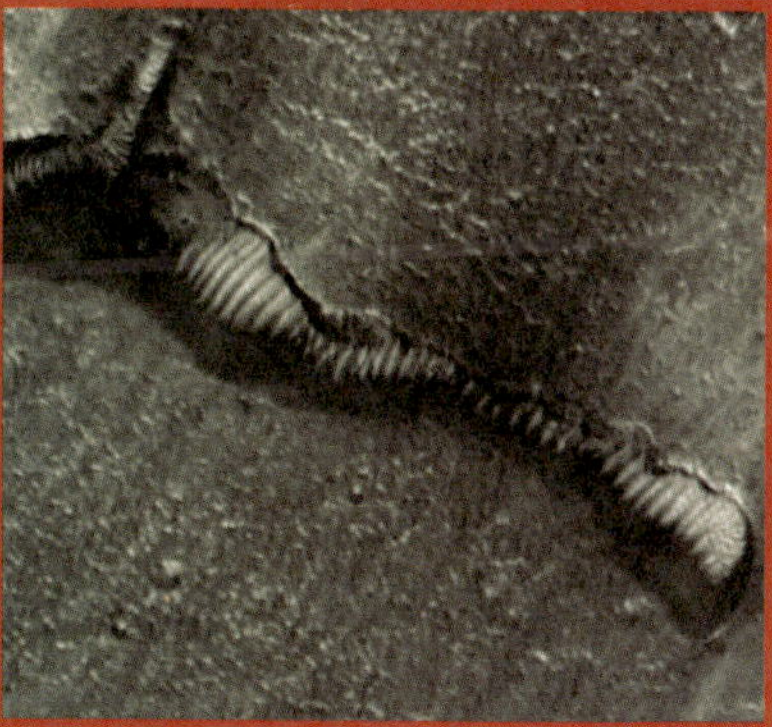

奇妙な形の構造物が写っていたのだ!

この画像を発見した研究家のリチャード・ホーグランドは、地中に埋め込まれた蛇腹状のチューブが地殻変動により地上に露出したものではないか、と主張。さらには、チューブが亀裂の先の地中にまで伸びていることから、地下から何かを供給する輸送システムだった可能性を指摘した。

このような構造の生成については、いまだ納得のいく解答が与えられているとはいいがたい。では、火山活動や浸食作用など地形学や地質変成メカニズムをもってすれば説明がつくのだろうか?

不透明な物質からなっているアーチ状部分は、地表に対して垂直に設置されているばかりでなく、ほぼ等間隔に並んでいる。しかもチューブ状構造は地滑りや地殻変動などの外的要因で破壊された部分も認められている。ということは、火山によって造られた可能性もある。ただし惑星地質学の専門家が検討の対象にしているわけでもない。

一方、「人工物説」の観点からするとチューブの存在意義は非常に大きい。縞部分の反射光と入射光の比率は異常なまでに高く、それがガラスでできていると考えればつじつまがあう。

もしシドニア地区に存在する廃墟のような地形が、太古に滅亡した火星文明の名残だとしたら、このチューブ状構造は、永久凍土層と湖水地帯から火星の都市へ水を伝達する「水道設備パイプライン」か、あるいはまた、巨大な環境保護システムの一部分だったのかもしれない。

ここは、火星探査機ヴァイキングが撮影した地上絵のような構造地帯である。短いくぼみか絵かわからないが、文字のように一定の規則に従って配置されている不思議な感覚を覚える地形である。

実は、このくぼみはマーズ・グローバル・サーベイヤーでも何度も走査されていることから、NASAが強い興味を示していることがうかがえる。

このクローズアップ画像を見ると、その理由の一端とおぼしき構造が浮かび上がってくる。浅いくぼみの中央に凸状のパイプが走っているのだ。一見、無秩序と思える構造の中に、真円の一部をなす幾何学的な構造が秘められていたのだ。

まるで巨大なパイプラインでも敷設されているかのようだ。この一帯に意図的に配置されたエネルギー施設ではないだろうか。

FILE No. 019

エネルギー施設が稼動!?

パイプライン

パイプラインのような構造物とその想像画。

FILE No.020

火星地下には巨大工場がある？

輝くパイプ

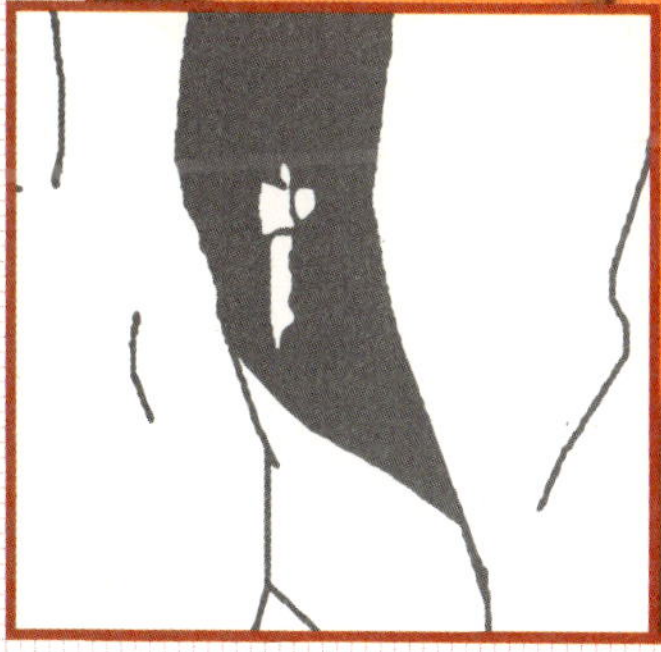

影になった渓谷に見える輝く異物とその想像画。

この写真は、マーズ・グローバル・サーベイヤーによる擬似カラーの画像である。

ご覧いただけばすぐわかるように、丘の谷間、ちょうど影に隠れたような場所に周囲の風景からきわだつ何かが存在している。

物体は数十メートルはあると推測される。その前後の山腹が平坦なのに比べ、なぜかこの部分だけ不自然な凹凸があるのだ。表面だけを見れば、パイプ状の構造物と思われる。

また、きわめて反射率が高いことから、光沢のある金属質の表面を持っているようだ。パイプの上部は短いパイプと直角に交差している。谷に設置された火星の極秘プラントの一部のようなものか、空中に存在するものかは判別できない。

もしパイプだけの構造であれば、地面から出ていることになる。ならば、この地下には何が存在するのだろうか。想像の域を出ないが、火星の地下にはとんでもないものがあるのかもしれない。

FILE No. 021

人工的な円錐状ピラミッド

テラス構造

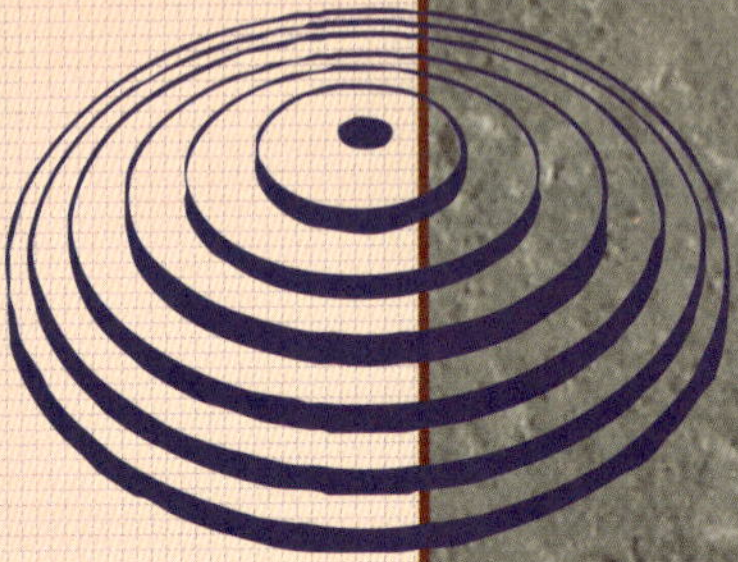

テラス構造とその想像画。

見るからに人工物であると思わせてしまう構造物は火星に無数に存在するのが、これもそのうちのひとつである。

規則的にテラス構造を積み上げてできていると考えられる円錐状のピラミッド型構造物だ。下段にある最大のテラスの直径は約300メートルある。地球の物体と比較すると、エジプトの大ピラミッドに近い大きさだといえよう。

その特徴はとても自然の産物とは思えない。どうすれば自然にこうした円錐状の構造物ができるのだろうか？ この画像だけではまだわからないが、テラスの輪郭は、実はもっと人工的ななめらかさをもっているのではないだろうか。フラクタル処理などで画像を修正すれば、人工的な構造物を自然の地形になじませてしまうこともできるはずだ。

FILE No. 022

謎の直方体を発見!

崖の下のビル

NASAのマーズ・リコネイサンスは、2006年から活動を始め、超高解像度の火星の画像を地球に送りつづけているが、その中に奇妙な画像が存在する。

問題の画像は、「氷壁」とされる写真である。なんとそこには、崖の下にビルのような構造物が確認できるのだ。スケールが公表されていないため、大きさの推定は難しいが、少なくとも数十メートルはありそうだ。

画像全体の輪郭が糸巻き状にゆがんでいることから、NASAによってなんらかの変形がほどこされた可能性も考えられる。

こうした直方体の物体は自然界には存在しないはずである。また、周囲の無秩序な地形からは完全に浮き上がっており、人工的な形状であることは明らかだ。この周辺にも、ひょっとしたら関連施設とおぼしき構造物が見つかるかもしれない。

崖の下のビルのような構造物とその拡大。

FILE No.023

謎の構造物が遠景に屹立する

火星の巨大タワー

火星探査機マーズ・パスファインダーは、1997年7月4日、火星の軟着陸に成功。搭載していた地上探査機ソジャーナが火星地表の詳しい調査を行った。そのカメラが地平線上に奇妙な物体を捉えた。それがタワーのような謎の巨大構造物だ。

探査機のカメラの性能がよくないせいか、細部まではっきり写っていない。画像はかなり不鮮明だが、とても自然の地形には見えない物体が、写っていることは確かだ。

一部には、地上探査機のアンテナが写り込んだのではないかという説もあるが、位置的に見てそれはありえないことがわかっている。

もちろん岩であることも考えられない。タワーとはいうものの、下方より上方のほうが輪郭がはっきりしている。地面にいくほど細くなるような物体が立っているのは少し不自然かもしれない。あるいはこの不鮮明さであれば、火星の竜巻を写しだしたものの可能性もある。だが、真相はいまだ謎のままだ。

人工的な異物なのか、それとも未知の現象なのか、いずれにせよ地球上では見れない不思議であり、興味の尽きないところではある。

巨大タワーとその想像画。

FILE No. 029

ストーンサークル

ユートピア平原に文明の痕跡？

ユートピア平原（上）とその拡大（右）。中央下方に突起物が見える。

まずは1999年5月、マーズ・グローバル・サーベイヤーが、火星の周回軌道上から撮影したユートピア平原近郊をご覧いただきたい。本書をご覧いただいている方には、この写真がおかしいことがすぐわかるだろう。たとえば宇宙空間から火星を俯瞰した写真では、極冠が白く写っているのだが、ここでは本来白く写るべきところが、赤く写しだされている。

ところで、この写真中央下部には溝が走っており、画像下まで貫いている。実は、拡大してみるとその先端部分にストーンサークル状の構造物がはっきり写っているのだ。このユートピア平原近郊は、74ページで紹介する「密集ピラミッド」が発見された場所でもある。ここで紹介したストーンサークルといい、その密集ピラミッドといい、火星で発見される異常構造物は、なぜか地球にも数多く存在する遺構ととてもよく似た形状をしている。

その意味で、これまで本文で触れてきたように、火星と地球には共通した超文明があるのではないかという仮説は、こうした構造物からも推測できるのだ。

ストーンサークルの想像画。

FILE No.025

葉巻形UFO

空飛ぶ筋状物体の正体とは?

2004年3月、NASAの探査機ローバーが火星から送ってきた写真に写っていたのは、葉巻形のUFOだった。

このときローバーは、パノラマカメラで火星の空を撮影していた。するとその空を、筋状の葉巻形UFOが横切ったのだ。NASAの管制官によると、この葉巻形の物体はもっとも明るい物体だったという。

その動きを確認したNASA関係の科学者は、「正体がなんであるかは、まだ把握できていない。手がかりを捜しているところだ」と述べるにとどまっている。

この慎重な言葉からもわかるように、少なくともそれが、ゴミやノイズのように瞬時に判断・却下できるようなものでなかったことは間違いない。

実際、NASAはこれが火星の大気中を飛行していた物質であることを認め、それがUFOなのか、あるいは隕石なのか、それとも過去に打ち上げられて、いまだに火星の軌道上を周回しているバイキング2号なのか、議論を重ねたという。にもかかわらず、その正体は不明なままなのだ。

ちなみにローバーは、同年8月29日、2006年2月9日にも、火星上空の謎の飛行物体を撮影している。やはりUFOなのだろうか。

火星の空を横切る葉巻形のUFO。

FILE No. 026

地上絵か、自然に成形されたのか

ハッピー・フェイス

1976年、火星の周回軌道に入ったヴァイキング1号は軌道周回機から、このなんとも風変わりな写真を撮影した。

場所は、火星の南緯51・1度、西経31・3度。アルギュレ盆地と呼ばれる直径約900キロの巨大クレーターの東端だ。そこにはガレと呼ばれる直径215キロのクレーターが広がっている。

そして撮影された奇妙なものが、この通称「ハッピー・フェイス・クレーター」と呼ばれるもので、にっこり微笑んだ目と口元がはっきり見える。

左の写真は、1999年3月9日にマーズ・グローバル・サーベイヤーが撮影したものだが、20年たっても変わらないその姿を見せてくれている。

これについて、火星超文明との関連性を指摘する声は多くはない。おそらく偶然できた火星の地形と思われる。

⬆ヴァイキング1号の画像。

⬇マーズ・グローバル・サーベイヤーの画像。

FILE No.027

火星地表に墜落した？
砂に埋もれたUFO

火星には知的生命体が存在していたのか？　現在も、この問いに対する答えは保留されたままだ。

だが、もし火星にかつてそうした生命体が存在し、その遺跡や人工物が残されているとしたら、そのほとんどは砂嵐などの影響を受け、地中深くに埋まっている可能性がある。

ここにある、火星の大地に突き刺さった怪物体は、マーズ・グローバル・サーベイヤーのカメラが2000年1月11日に撮影した画像に写っていたものだ。

オリジナルの画像は1画素あたりの長さが3・5メートルなので、問題の物体の幅はおよそ100メートルほどと推測される。全体の形状はハート形、あるいは三角形。そしてそれが物体であることを示す構造的な特徴がいくつも認められる。

また左下部分に見える影は、物体が周囲の平坦な部分から、浮き上がるような状態にあることを示している。残骸の後ろには、尾のように長く伸びた、船の航跡のような模様が見える。これは地表に激突する寸前に、船本体の推進装置によってついた痕かもしれない。

実は、この場所は1976年にもバイキングによって撮影されている。つまり再撮にあたるのだ。だが、当時の写真にはこの奇妙な物体は写っていなかったのだ。

激突したUFOの想像図。

砂に埋もれた怪物体。

FILE No. 028

再撮される前に存在していた
火星の超発光体

右ページで見た物体の代わりに写っていたもの、それが実はこの強烈なサーチライトとおぼしき超発光体だ。

1976年にヴァイキングが撮影したものである。この写真から判断すると、奇妙な仮説が頭をもたげてくる。つまり、撮影時においても、サーチライトを照らしながら、なんらかの活動をしていたのではないか、ということだ。それから24年後、砂に突き刺さった右ページの物体もまた、そこでなんらかの活動中に、トラブルが発生し、墜落したとも考えられるのだ。

この物体の飛行方向は、画面右上から左下へ向かっていたと思われる。地表に激突したときに右側部分が爆発し、その部分が大破。そこを中心として破片が飛び散った様子がうかがえる。

一帯の地形データ、およびこの24年後にマーズ・グローバル・サーベイヤーが撮影した砂に埋まったUFOと関連づけて考えあわせあると非常に興味深いのだ。

いったい、この地域には何が存在しているのか？　膨大な土地の中から、なぜまったく同じ場所を選び、再撮を行うのか。しかもそうした場所は、われわれが注目し、火星文明の痕跡の可能性を示唆した地域が多く含まれているのだ。

FILE No.029

消失前に撮影されていた!
フォボスが捉えた都市構造

1989年3月に、火星の衛星フォボスに向けて航行中だった旧ソ連の火星探査船フォボス2号が、フォボスに接近するUFOらしき物体を捉えた画像を送信した直後、謎の消失を遂げてしまった事件は、当時センセーショナルに報じられた。

旧ソ連空軍の発表では、船体がキリモミ状態に陥ったとされ、その異常な消失の仕方から、何者かに撃墜されたのではないかと疑う研究家も現れたほどである。

実はこのとき、フォボス2号がさらに衝撃的な画像を撮影していたことはあまり知られていない。なんとそれは火星上の都市構造らしき異常地形だというのだ。

この情報を最初に報じたのは、イギリスの「チャンネル4」。チャンネル4は、フォボス2号の

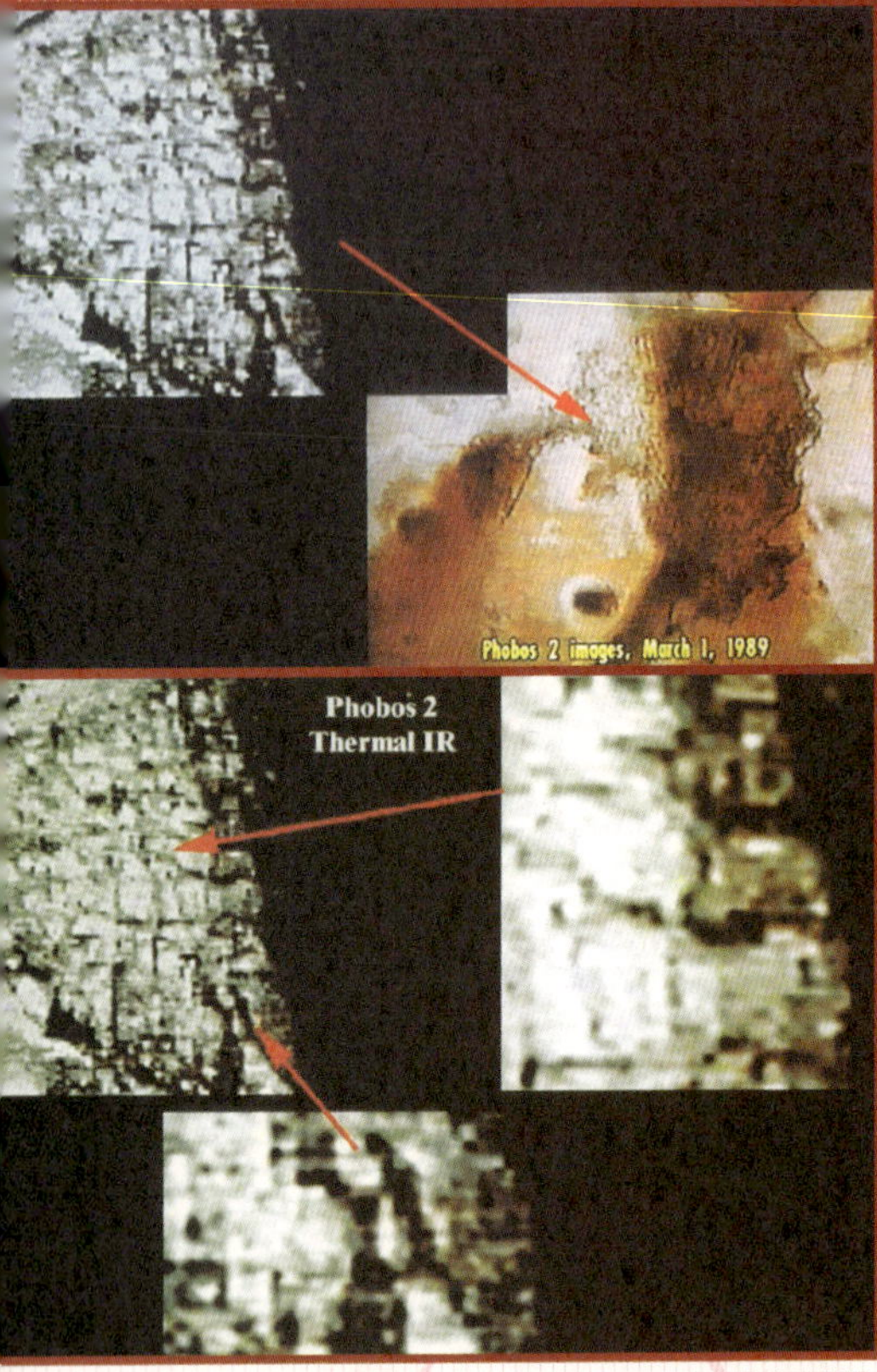

フォボス2号が撮影した火星のハイドライト・カオス地区。

消失直後、その異常地形が火星のハイドライト・カオス地区に存在するとまで断じたが、結局画像が公開されることはなく、真偽のほどは明らかにはならなかった。

しかし、2002年になってついに、フォボス2号が撮影したという異常地形の画像が、リチャード・ホーグランドが主宰するエンタープライズ・ミッションによって公開された。一見すると、火星の単なる地表写真でしかないが、これに赤外線フィルターをかけて拡大すると、なんと整然とした幾何学的な地形が、数十キロ四方にわたって広がっており、全体が厚く堆積した砂の下に埋もれていることが判明したのだ。

「この幅数十キロと推測される巨大な都市状地形は、アメリカのロサンゼルス市街地に相当するくらいの規模だと考えられる」

画像の分析を行ったロンドン科学博物館のジョン・ベックレイク博士はこのように述べて、都市構造の可能性を指摘しているが、NASAやロシア空軍は当然のごとく、これを否定している。

だが、興味深い事実が次第に明らかになった。2001年に打ち上げられ、火星の周回軌道上にあった火星探査船「マーズ・オデッセイ」が、実はフォボス2号が撮影したのと同じ地点の撮影を行っているのだ。しかも赤外線画像である。NASAはおそらく、フォボス2号の画像分析をすることによって何かを発見し、それについての再確認を行ったのではないだろうか。

それは、埋没した都市か、それともフォボス2号を撃墜した何者かが潜んでいる秘密基地なのだろうか?

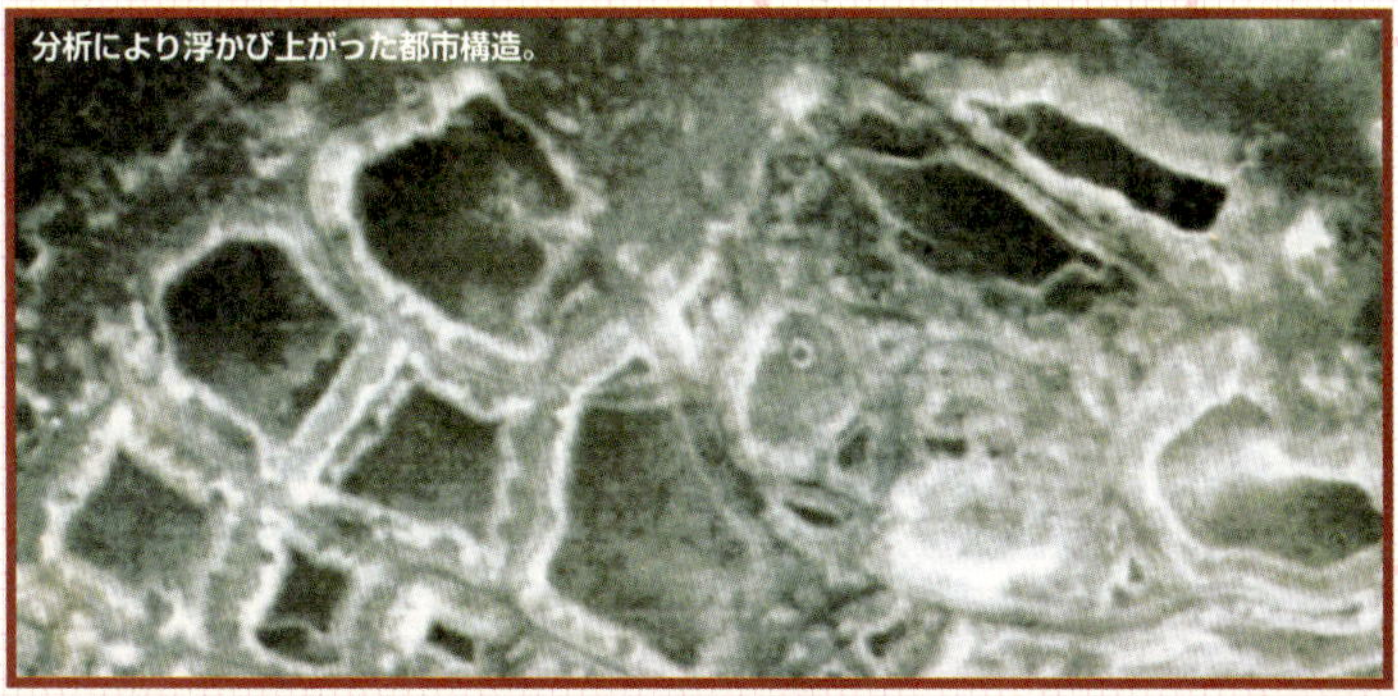
分析により浮かび上がった都市構造。

FILE No.030

砂に埋もれたシドニア巨大都市

赤外線写真の都市構造

われわれが火星でよく目にする写真はパノラマなど風景写真が多い。だが実際に、火星探査機はその他にも火星の構造を分析するなどのために赤外線写真やレーダー写真も撮っている。実は、こうした画像は専門家以外にあまり注目されることはないのだが、奇妙な火星の構造物をあらわにしているものが数多く存在する。

　これらの画像も、リチャード・ホーグランドが主宰するエンタープライズ・ミッションが公表したものである。場所は人面岩やD&Mピラミッドなど奇妙な構造物がいくつも報告されているシドニア地区だ。2002年6月に公開された米の火星探査機「マーズ・オデッセイ」が撮影した赤外線画像を詳しく分析してみると、砂に埋もれた古代の巨大都市の痕跡らしきものが浮かび上がってきたのである。

　ホーグランドによれば、こうしたパターンは、1989年に旧ソ連のフォボス2号が撮影した幾何学的パ

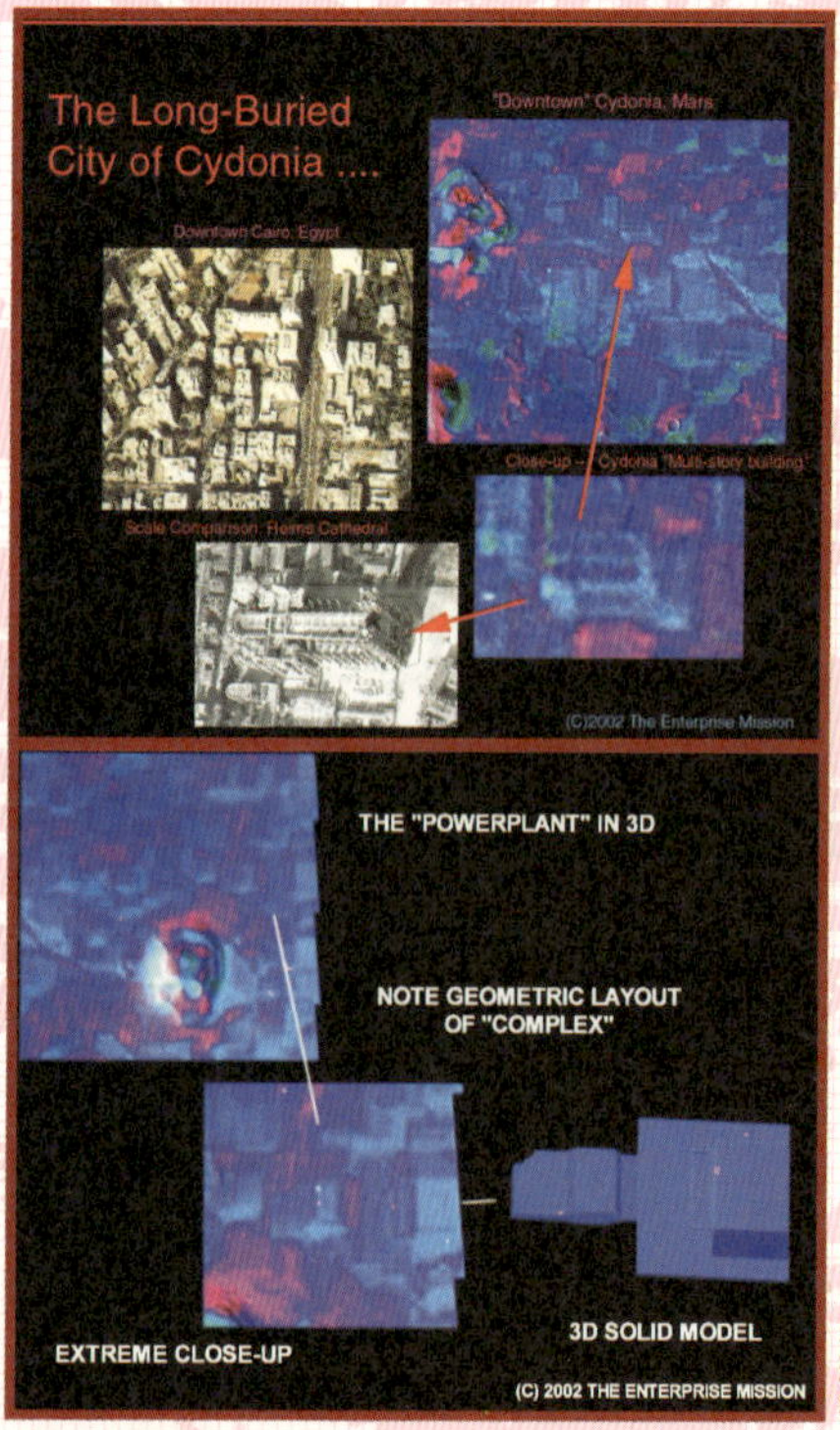

赤外線画像から再現した「高層建築群」(上)と「発電所」

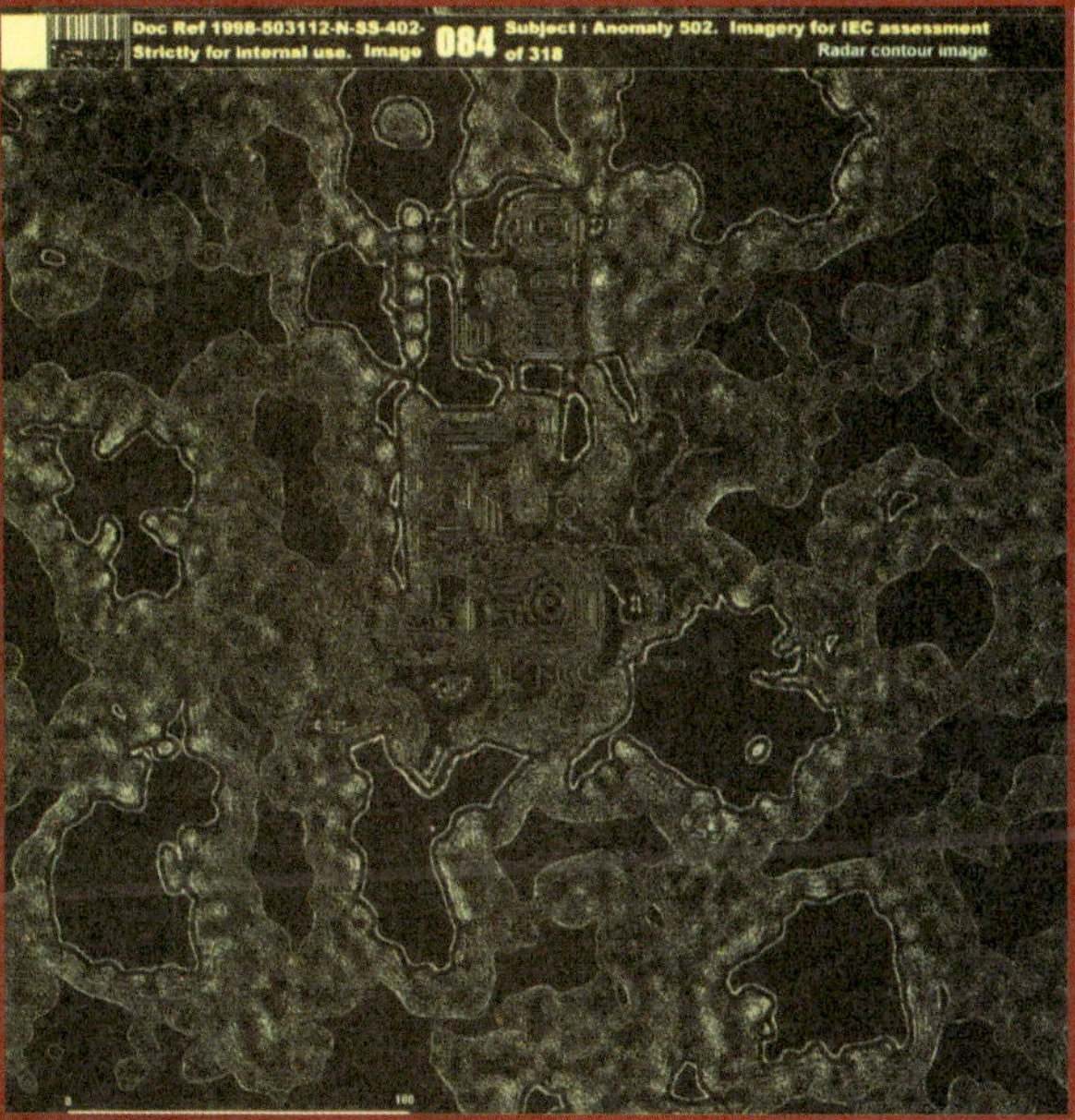

ターンの都市構造に共通するものがあるという。

さらに、マーズ・オデッセイが2001年に撮影したシドニア地区の「要塞」と呼ばれる人工的な構造物周辺の画像の輪郭を強調させると、その下方に立体イラスト・イメージ（右ページ）のような、高層建築群を彷彿とさせる存在がクローズアップされる。右側には発電所をイメージさせる人工構造物の姿を見ることができ、「要塞」の地下に通じると見られるチューブ状構造も発見された。

もちろん、何であるかはあまり重要ではない。ただ、われわれが知らない謎の構造が目に見えない形で存在しているということが重要なのである。

1998年、マーズ・グローバル・サーベイヤーが撮影したという火星の南極地方テラ・メリディアニ地区を捉えたレーダー画像（上）にも奇妙な構造が写っている。

NASA関係者からリークされたというこの画像には、都市構造としか思えない幾何学的な構造が写しだされているのだ。やはり火星の南極地方には、太古、高度に発達した文明が花開いたのだろうか。

NASA関係者がリークしたという幾何学構造とその想像画。

FILE No.031

古代エジプトの遺跡に酷似

メイドゥムのピラミッド

2004年1月14日、欧州宇宙機関の探査機「マーズ・エクスプレス」が火星のマリネリス峡谷周辺を俯瞰で撮影した。その立体画像(CG)には、詳細は触れられないが、ヘイルクレーターやフォボス2号が捉えた地形と同じように、巨大な幾何学的都市構造物が写し出されていた。ここにはさらに、注目すべき巨大なピラミッド状の構造物も存在する。

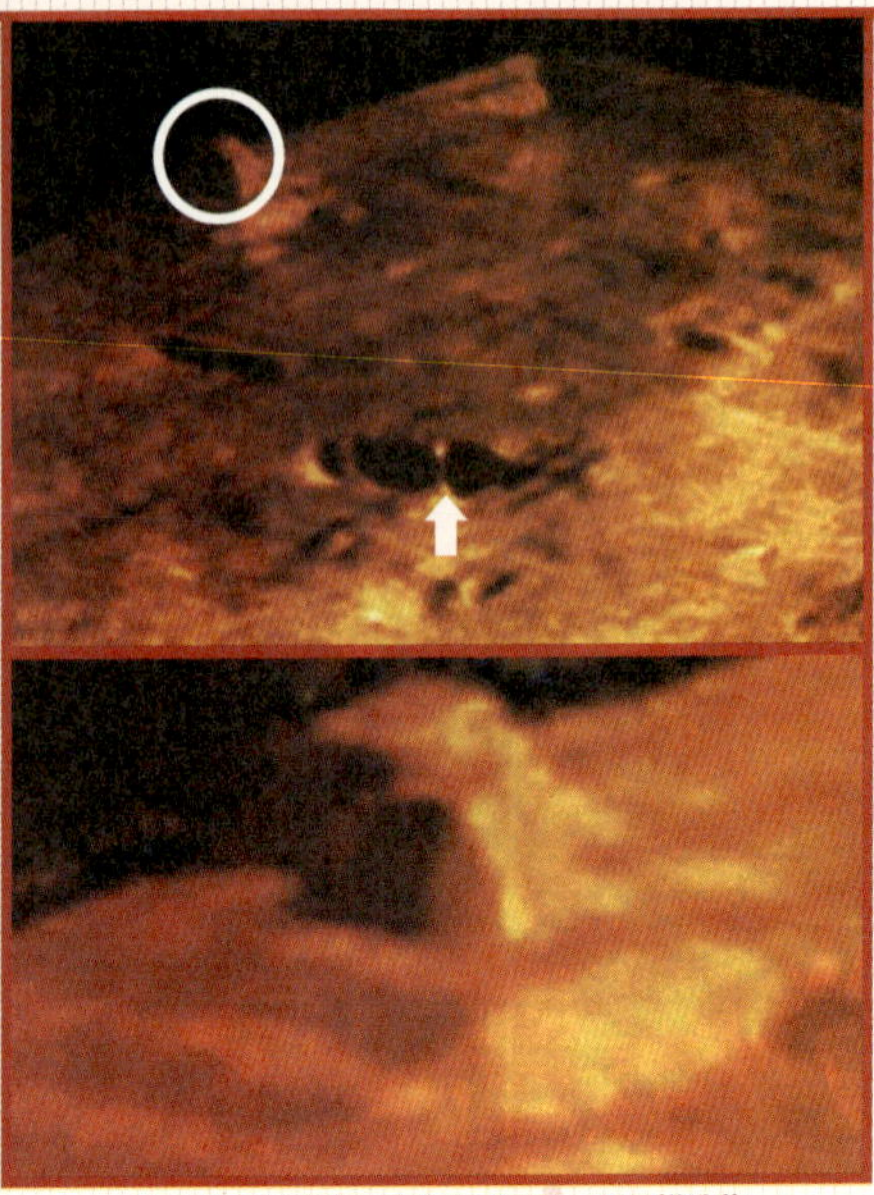

マリネリス峡谷の見えるピラミッド形構造物。

写真をご覧のとおり、この「火星のピラミッド」は台形状の構造をしている。地球の遺跡にたとえれば、エジプトのメイドゥムにあるピラミッドに酷似している。あるいは、メキシコなどのマヤ文明系のピラミッドも近いかもしれない。

さらにその手前には地下都市に続くと思われる不可思議な入り口らしき穴まで見てとれる。単純なくぼみなのか、人工的な穴なのかはわからないが、火星の他の都市構造とおぼしき地形を考えるとこちらも無視することはできなさそうだ。

いずれにせよ、画像の端に偶然写り込んだもので、よりピンポイントな撮影を待つよりほかはない。

エジプト、メイドゥムのピラミッド。

FILE No.032

イランの遺跡に酷似する構造物
失われた古代遺跡

➡ボスポロス平原の一角にある丘陵地帯。

2005年8月12日にNASAが打ち上げた火星探査機リコネイサンス・オービターが、今年5月1日、火星の周回軌道に到達し、最初の画像を送信してきた。

これを受けて、火星地表の異常地形を調査しているリチャード・ホーグランドは、その画像を分析し、人工的な構造物の一部が埋没しているとみられる異常地形を発見。ウェブサイト上に公開した。

同探査機が、火星のボスポロス平原の一角にある丘陵地帯を撮影したところ、写り込んでいるクレーター内に、明らかに不自然な地形が認められたのだ。

このクレーター内の拡大画像を見ると、そこには円形のドーム状構造と、それに付随する直線を基本とした、いかにも人工的で幾何学的なパターンを示す集合体が見てとれたのだ。

ホーグランドは、これを砂に埋もれた古代都市の遺跡だと考えた。そこで1936年に空中から撮られたイランの1800年前の古代遺跡ササンニアン宮殿の写真とこの地形とを比較して、その類似性を説いているのだが、実に興味深い。

それ以外にも、送信されてきた画像には、砂に埋もれた幾何学的な構造物がいくつも認められることから、ホーグランドは、この地域には、今は廃墟と化した失われた古代都市がいくつも存在している可能性が高いと指摘している。

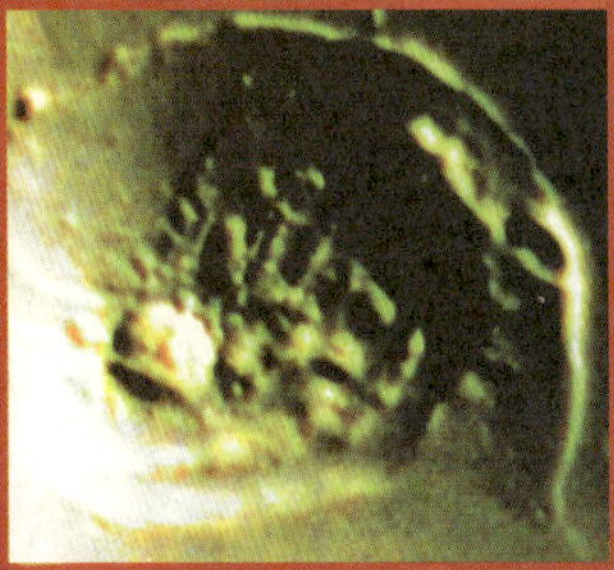

⬅ドーム状の構造物が見えるクレーター内の拡大画像。

古代遺跡ササンニアン宮殿の写真。

FILE No.033

やはり火星に古代都市はある!?

ヘイルクレーターの幾何学構造

ヘイルクレーターの概観。

火星の異常地形を探究していたジョゼフ・スキッパーは、2005年3月6日、欧州宇宙機関(ESA)の火星探査機マーズ・エクスプレスが撮ったアギール平原のヘイルクレーターの画像をコンピューターに取り込んで拡大し、輪郭を強調したところ、明らかに画像のノイズではない幾何学的な構造が浮かび上がってきた。

公開された画像を見ると、中央の山の麓に町並みらしきものが広がっている。巨大な都市構造としか思えない様相が見てとれる。興味深いのは、フォボス2号が火星地表でとらえた都市構造と似ている点にある。

ただし、クレーターを見ただけではわかりづらい。格子状の地形がかろうじて見える程度だ。しかも、スキッパーによればそれは、意図的な画像操作によって地表本来の姿が隠蔽されているからだというのだ。

さらに2008年、画像修正された要素を除去した本来の姿をスキッパーは公開している。凹凸のある地形は、やはり自然のものとは思えない。これが衛星からの写真ではなく、より近接して撮影されたらいったいどんな光景が浮かび上がってくるのだろうか。

↑スキッパーが解析した謎の幾何学構造。

←地形本来の姿を再現した2008年の画像。

FILE No.034

大気圏上層を飛ぶ一反木綿!?

火星上空の謎の雲

⬆雲のクローズアップ。のこぎり状になびいている。

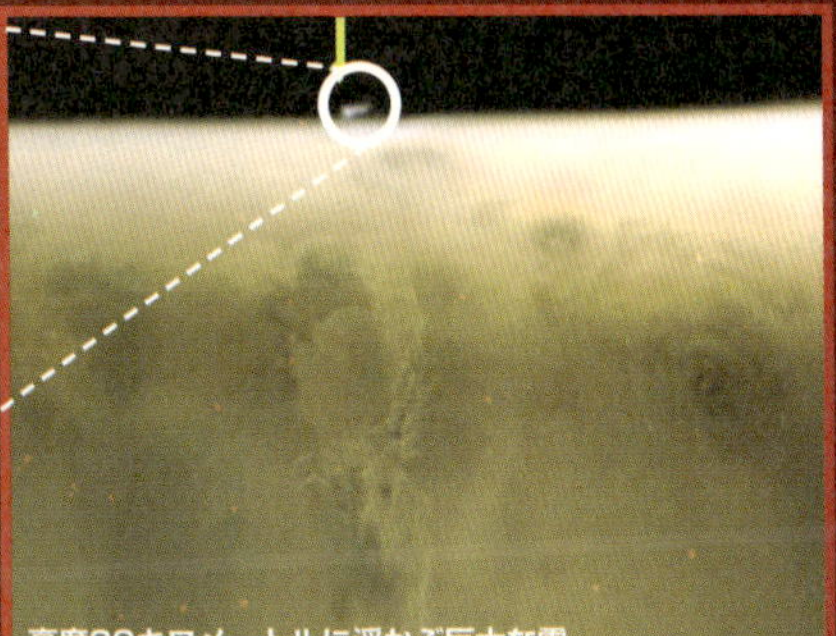

高度30キロメートルに浮かぶ巨大な雲。火山と比べるとその巨大さがわかる。

2005年7月6日、NASAの火星探査機グローバルサーベイヤーは、火星の赤道上空30キロメートルに浮かぶ、巨大な雲を撮影した。

雲が撮影された場所は、火星最大の火山地帯であるタルシス地方である。その大きさは、これらの巨大火山の火口を横断するほどだ。当時火星は初夏であり、撮影地点が赤道上であることから、雲の成分はドライアイスではなく水蒸気である。では、いったいどこからこれほど膨大な水蒸気が供給されたのだろうか。火山地帯といっても数億年前に休止したと考えられており、火山性の蒸気が噴出したという情報が公表されたこともない。

拡大して見ると先端の密度が高い雲のかたまりから、のこぎり状になびくように流れていることがわかる。これは、地表からの水蒸気の噴出によって形成されたものではなく、大気圏上層部を飛行する巨大な宇宙船による飛行機雲なのかもしれない。

FILE No.035

地球外知的生命体の都市遺構

インカ・シティ

火星の南極近く、東経64度、南緯80度の地点にNASAの火星探査機マリナー9号によって撮影された「インカ・シティ」と呼ばれる異常地形が存在する。

アメリカのチャコ・キャニオン遺跡。外周にある等間隔のテラスがインカ・シティに似ている。

マリナー9号は1971年11月に火星の衛星軌道に到達し、翌年の10月に燃料切れになるまで、およそ7000枚以上の火星の写真を撮影した。そのひとつがここに紹介するもので、自然に形成されたにしては、あまりにも秩序を感じさせる地形であり、また、なんとなくペルーのマチュピチュ遺跡を思わせるものがあったことから、NASAの科学者たちはこの地形を南米ペルーの空中都市マチュピチュにちなんで名づけたのだ。

地表は、ほぼ正確に4~5キロの幅で長方形に区切られており、それが整然と並んでいる。地球でいえば大規模な灌漑施設か碁盤目状の都市を思

マーズ・オデッセイが撮影したインカ・シティ。円形の都市設計が見えてくる。

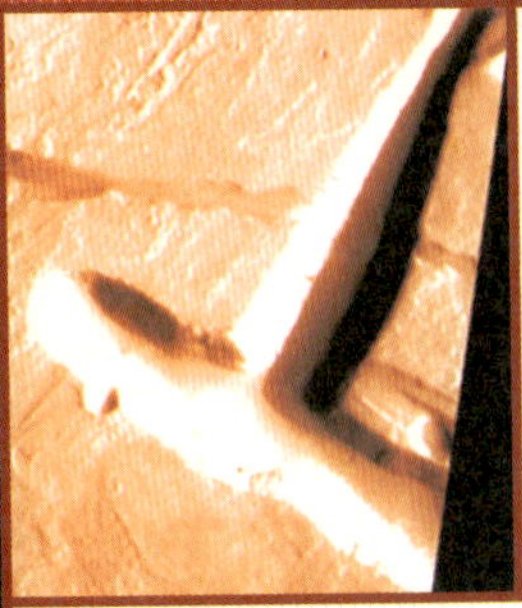

⬆近郊で発見されたT字型構造物。巨大基地のようだ。
⬅マリナー9号が撮影したインカ・シティ。

わせるような地形だ。

もちろん、NASAの公式見解はあくまでも「自然に形成された幾何学的形成物」である。

しかし、名づけ親のひとりであるジム・カッツ博士をはじめとして、この地形の形成について、知的生命体の関与を示唆する声も多い。あまりに幾何学的秩序がありすぎるのだ。

では、インカ・シティは古代火星都市の遺構なのだろうか？　実はそれ以降もNASAの関心を反映するかのように、この特異な地形は撮影されつづけてきた。1976年のヴァイキング計画ではやはり同様の画像が取得され、1997年9月に火星に到達した探査機マーズ・グローバル・サーベイヤーからは、きわめて解像度の高いインカ・シティの映像が送信されてきた。これにより、一時は終息していた「火星都市論争」も再燃した。

さらに、2001年米の探査機マーズ・オデッセイが撮影し、2003年に公開されたインカ・シティの俯瞰画像をよく見ると、実際には半円、もしくはその3分の2以上が砂に埋もれた円形の人工的な遺跡である可能性が濃厚になってきた。はたして全体像はどんな姿をしているのか。幾何学的な区画の中には何が存在したのだろうか。

マーズ・グローバル・サーベイヤーによる画像。

FILE No.036

光を反射する人面岩

特殊な物質で造られている？

火星の構造物が人工的な〝遺物〟であり、太古に栄えた古代文明の痕跡であるという説を一躍有名にさせたのが〝火星の人面岩〟である。その後、数々の異常地形が火星探査機の画像から発見されつづけているわけだが、長年にわたり火星の異常地形について研究を続けるリチャード・ホーグランドが、シドニア地区の人面岩について興味深い仮説を提示している。

マーズ・オデッセイが撮影した夜明け前のシドニア地区。人面岩（中央上）やD&Mピラミッド(左下)が写っている。

火星の周回軌道上にある探査機マーズ・オデッセイが撮影したシドニア地区の画像から、波長別に光の種類を分け、それぞれに色づけをして、被写体を立体的に分析したのである。

分析に用いられたのは、夜明け前のシドニア地区の画像だ。そこには、ぼうっとした光を発する人面岩とD&Mピラミッド（後述）が写っている。それらの構造物はみずから光を発しているのではなく、火星の衛星＝月の光を反射しているのだが、光を受けたその表面の質感は、まるでピカピカに磨かれた鏡を思わせる。

ホーグランドは、この現象について次のように語っ

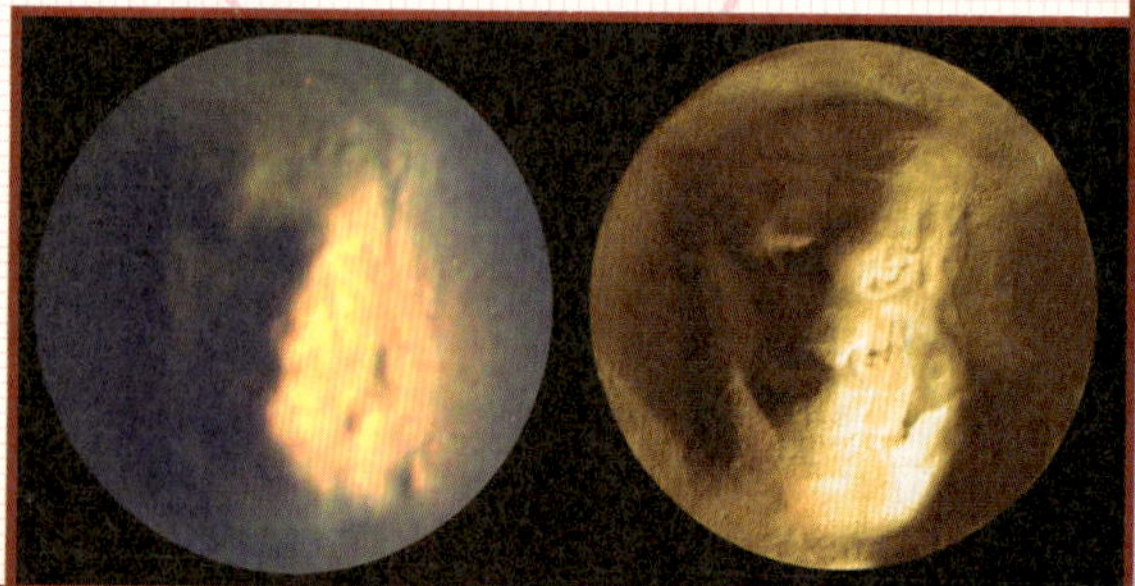

光を反射する人面岩（左）とその再現CG。

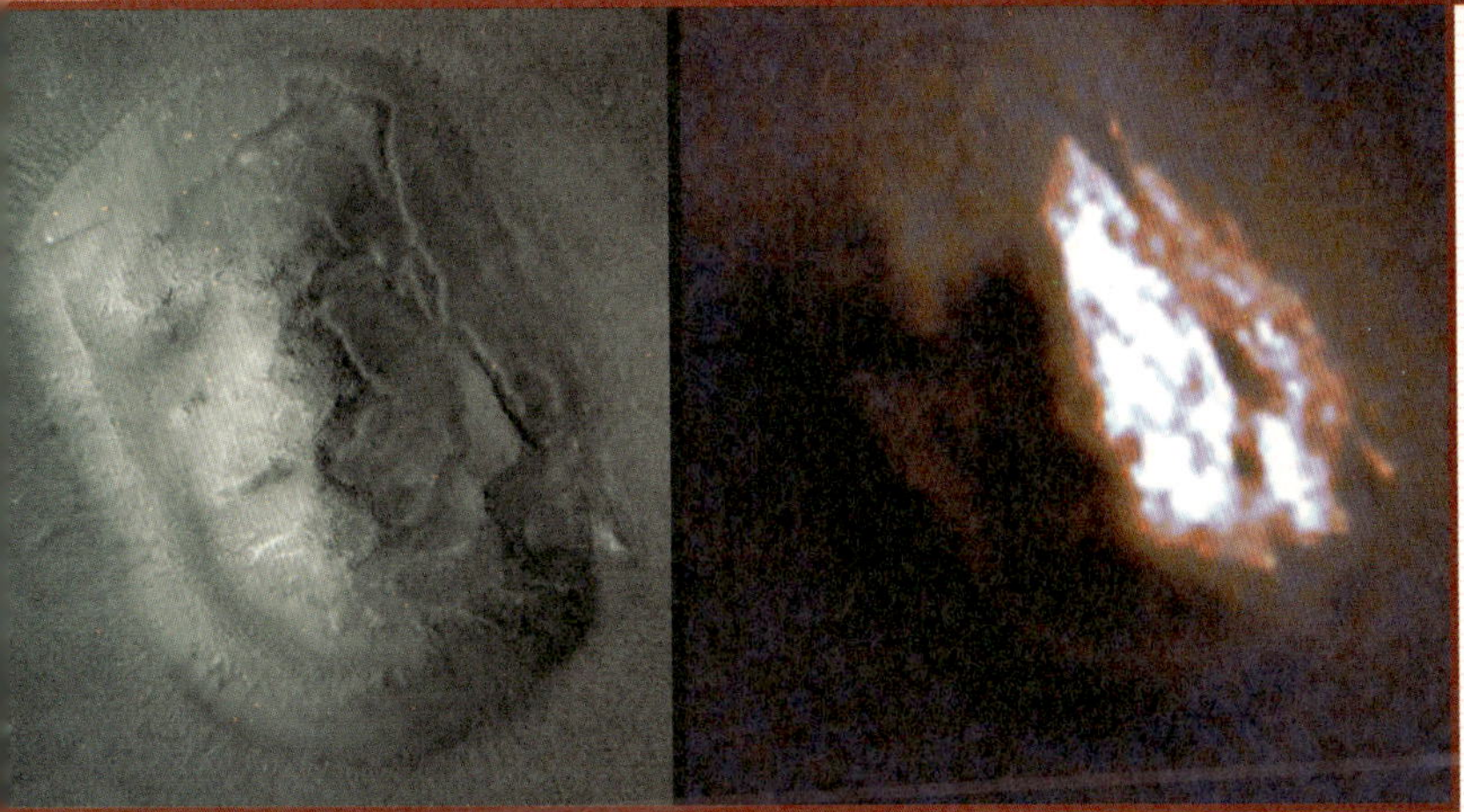

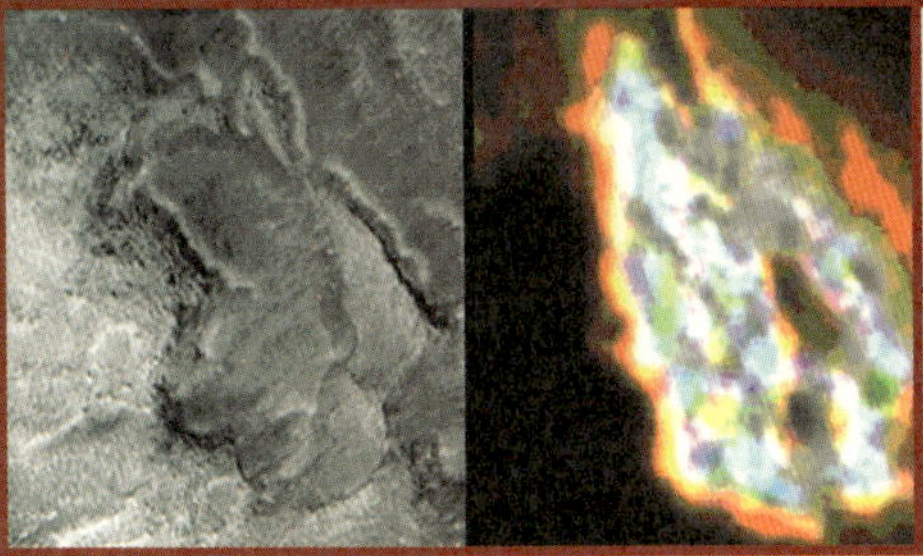

↑NASAが公開したマーズ・グローバル・サーベイヤーの画像(左)とホーグランドが色調補正をほどこした画像(右)。
←あご部分に崩壊の痕跡が認められ、人面岩内部が空洞である可能性が出てきた。

ている。

「人面岩やD&Mピラミッドが、本当に自然が造った地形だとしたら、これほどの反射率があるとは思えない。夜明け前のまだ暗い時間に、わずかな火星の月明かりのみを反射してこれだけ光っているのだ。だとすれば、太陽が昇った後にどれほど輝くかを想像するのはそれほどむずかしいことではない。さらに、シドニア地区にあるほかの構造物も、光を明るく反射することがわかっている」

さらに、ホーグランドは、これらの構造物が光を反射する理由にRFM(光を反射する物質で造られたパネル状物質が無数に並べられた構造)という概念をもちだし、考察を試みた。

そして結論として、人面岩やD&Mピラミッドには、内側から外部を補強する建材に、ガラス質の特殊な物質が使われているのではないかと語っている。つまり、人面岩が光を反射するのは、この物質の作用によるものだというのだ。

はたしてこの事実が、後章で振り返る火星人面岩論争史に終止符を打つものかは、現時点でも判断がついていない。だが、その神秘性の一端を示しているのは確かだ。

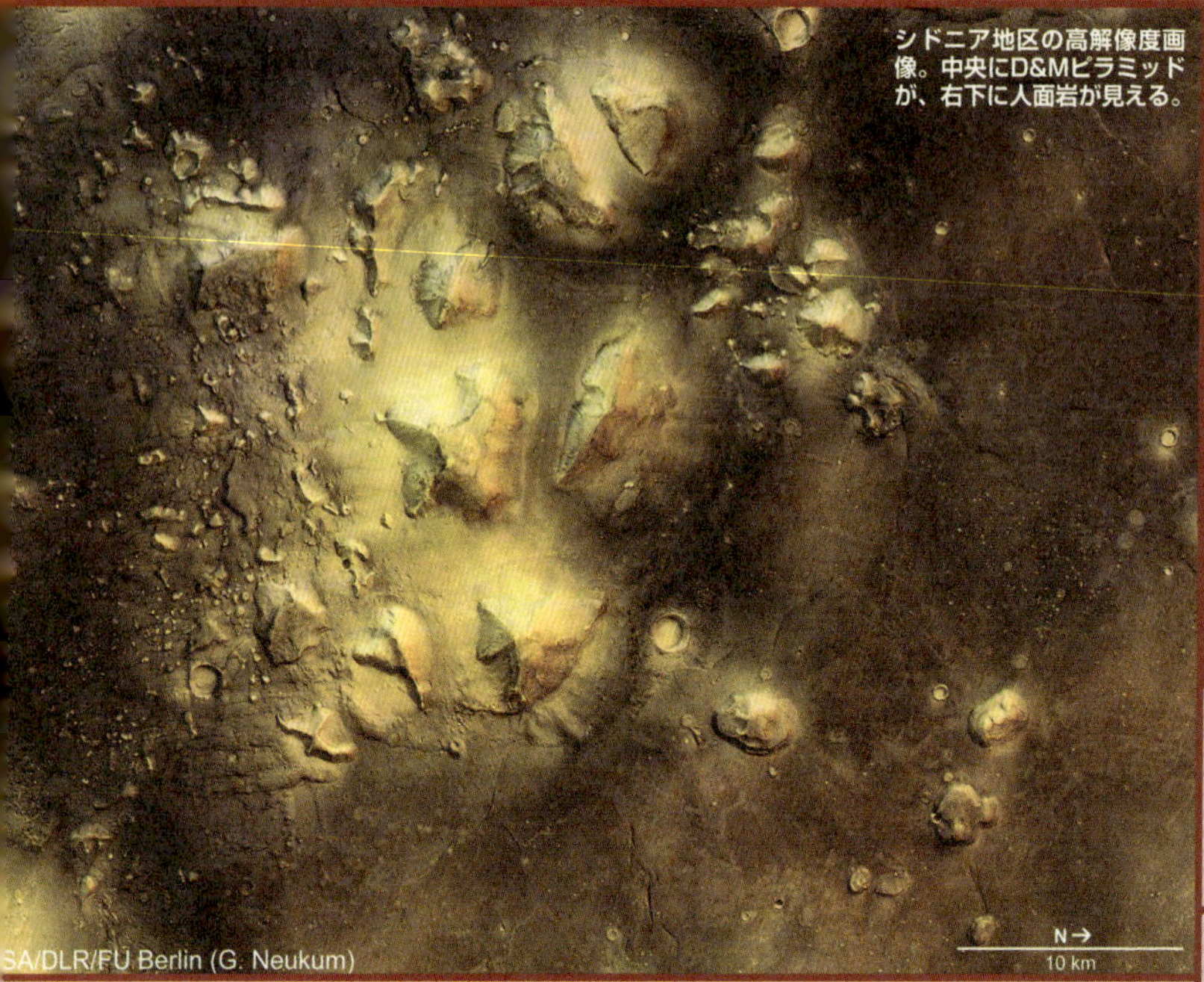

シドニア地区の高解像度画像。中央にD&Mピラミッドが、右下に人面岩が見える。

FILE No. 037

加工された高精度立体画像
火星人面岩の異相

2006年7月、ESA（欧州宇宙機構）が打ち上げた火星探査機マーズ・エクスプレスが、火星のシドニア地区を高解像度ステレオカメラで撮影、その画像がウェブサイト上で公開された。

火星軌道上にある同探査機に搭載されたカメラが、シドニア地区に鎮座する「人面岩」をはじめ、ピラミッド状の構造物をなどのいわゆる「都市構造群」といわれてきた地帯を調査したのである。

人面岩のあるシドニア地区はアラビアテラに位置し、火星の南の高原と北の平原の間の移行帯に属している。惑星地質学者たちの間でも、かなり興味深い地域とされているのだ。

まさに壮観としかいいようがない新鮮かつ高精度の画像だが、公開された画像を見たマスメディアは「人面岩が自然の地形であり、人面岩神話に終止符が打たれた」とこぞって報じた。

人面岩およびシドニア地区のこれまでの経緯についての詳細は、本書の2章に譲る。それにしても、はたしてこの立体画像は真正な画像なのだろうか。

まず、ステレオカメラが撮影した画像は、本来立体的ではない。ドイツ宇宙局によってデジタル処理されている。つまりこれらは作られた3次元イメージなのだ。うがった見方をすれば、データいかんで、いかようにも画像が加工できるということだ。

人面岩の右側からクローズアップした立体画像を見ると、その中心部の起伏が激しい。額の部分が尖り、鼻が低い。極端に強調されてしまっているようでさえある。一方、別角度から捉えた人面岩は、これまでのイメージに近い。

したがって、これだけの情報で結論をくだすことはできない。同時に、異常が見つからなかったからといって、こうした状況を評価しないわけにもいかない。むしろ今後、より高精度の火星像をわれわれが目にするための端緒であると思おう。

実は、これまでも火星の人面岩は、探査機が撮影するたびに異なる様相を見せてきた。この人面岩が自然地形であるとしてきたNASAの態度とは裏腹に、探査機を飛ばすたびに人面岩を撮影してきた、つまり固執してきたのである。今後もNASAや各機関の動向を含め、要注目の対象である。

第1章 火星のオーパーツ
第2章
第3章
第4章
第5章

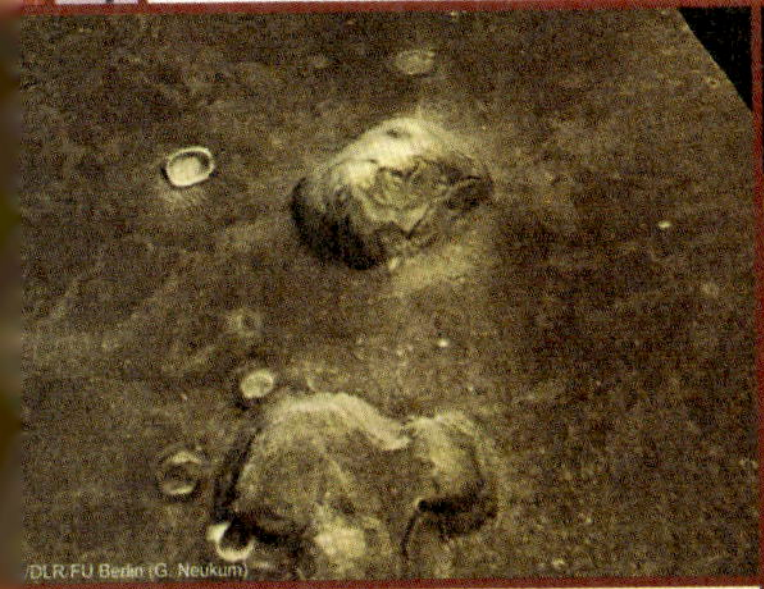

©DLR/FU Berlin (G. Neukum)

別の角度から捉えられた人面岩は、起伏が少ない。

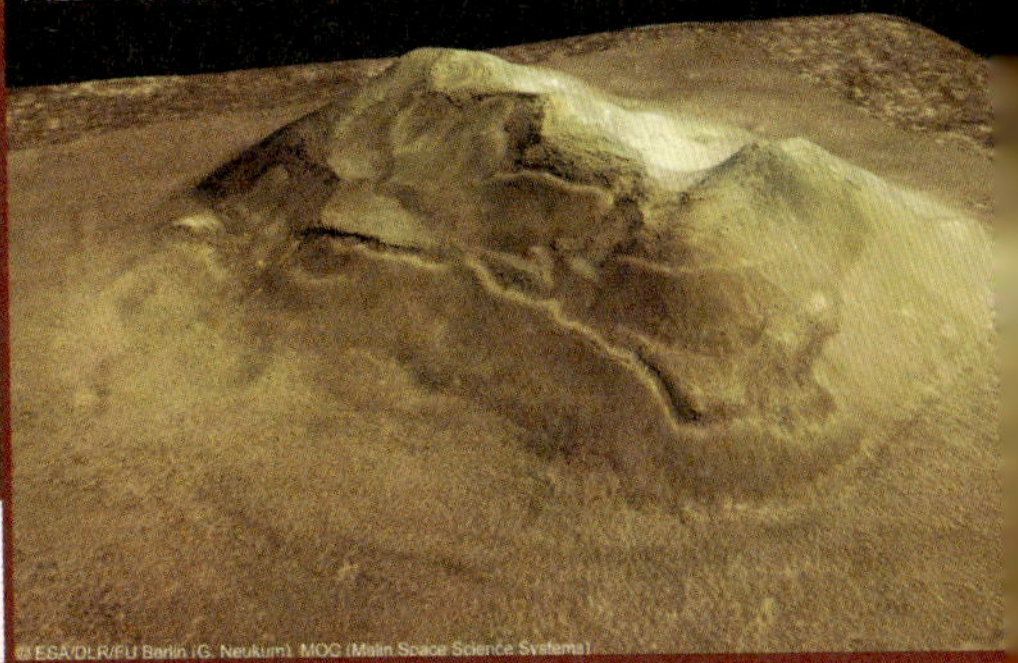

顔の造作が極端に強調された火星の人面岩。

© ESA/DLR/FU Berlin (G. Neukum), MOC (Malin Space Science Systems)

FILE No. 038

何を伝えようとしているのか?
断崖に刻まれた新・人面岩

ESA（欧州宇宙機関）のマーズ・エクスプレスが撮影した立体カラー画像に、驚くべきものが写されていた。断崖に刻まれた人面、あるいは角を持った鬼面のオブジェクトである。

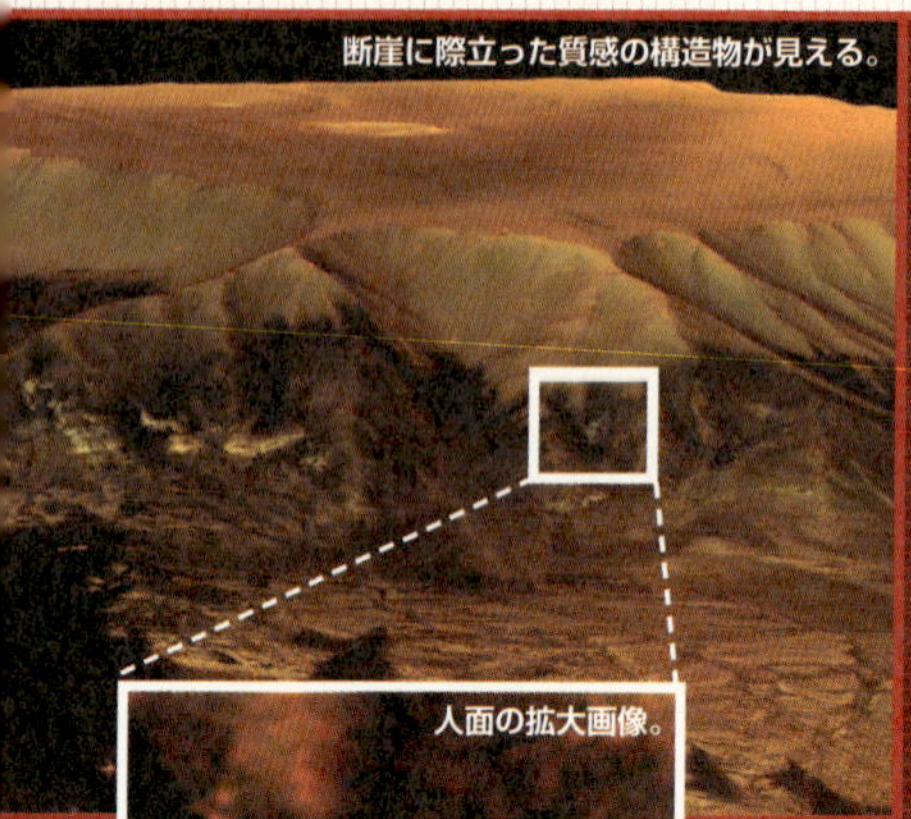
断崖に際立った質感の構造物が見える。

人面の拡大画像。

そのオブジェクトは全体に青白く、周囲の岩肌とは異なる物質でできている。傾斜した地形に存在する構造物は、通常の平面による俯瞰画像ではひしゃげてしまうのだが、マーズ・エクスプレスの高解像度ステレオカメラと、コンピューターによる緻密な立体化技術によって、初めて本来の姿が甦ったのだ。

カラー画像の解像度から計算すると、人面の大きさは約300メートル。高低差1000メートルほどの崖の中腹に存在している。マーズ・エクスプレスのステレオカメラの解像度は、カラー写真の場合、最大で1ドット当たり10メートルだが、カラー情報を解析することにより、最大解像度2メートルのモノクロ画像を得ることができるという。推測だが、立体画像の解像度が高いのは、この高解像度モノクロ画像でフォーカスを強調することができるためではないだろうか。

この人面は崖にあるため、地上から見れば正立して見える。シドニア地区の人面岩は宙を仰いで何らかのメッセージを伝えるかのようだが、この新・人面岩には地上に栄えたみずからの文明を伝えるメッセージが込められているように思えるのだ。

FILE No.039

居住可能な空間が広がる!?

火星の地下都市

ESAのマーズ・エクスプレスの画像技術により、これまで封印されてきた構造物の本来の姿を見ることができるようになった。カラーステレオカメラがとらえた差分情報をデジタル処理することにより、あらゆる角度からの正確な立体画像を再現することが可能になったのだ。

さて、右ページの断崖に刻まれた人面の同じフレーム、人面から少し左に離れたエリアに、異常な地形が存在する。直線状の構造物が折り重なる都市構造が写しだされていたのだ。

立体画像のおかげで、その構造も明確になった。崖の麓のなだらかな傾斜に、長さ1キロメートル以上にわたって幅20～30メートルの直線的な構造物が縦横に走っているのがわかる。それらは直角に交わるように折り重なり、数十メートル四方の階層構造の空間を形づくっているようだ。あたかも、地上に露出した地下構造物の一部を見ているようである。

確認できる部分だけでも、総容積は超高層ビルの数倍に相当し、数千人が同時に居住可能と思われる規模を持つことから、一種の地下都市空間と呼べるものだ。

この構造物が崖の麓を利用して造られたものなのか、あるいは崖の崩落で露出したものなのかは謎だが、火星の地下都市の存在を裏付ける直接的な証拠になるのではないか。また、人面岩はこうした居住空間に関連するモニュメントのようなものなのだろうか。

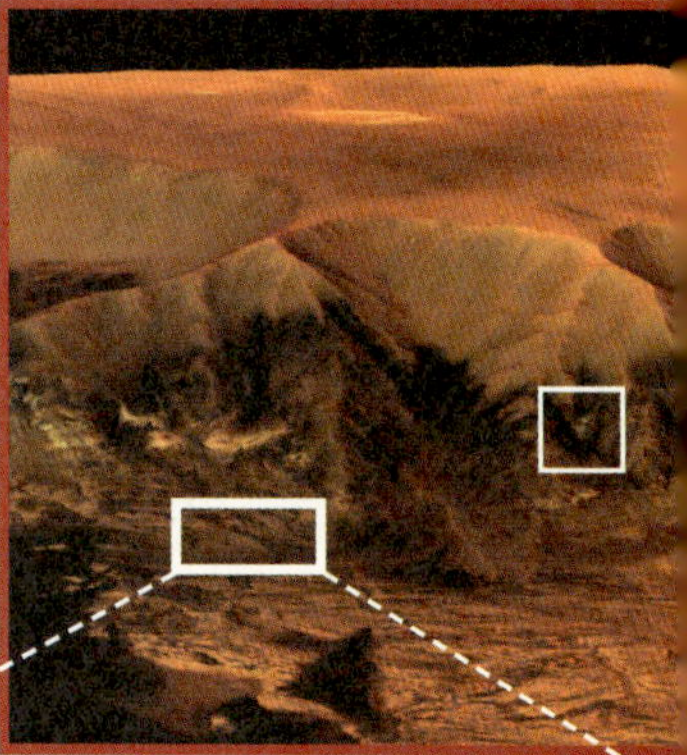

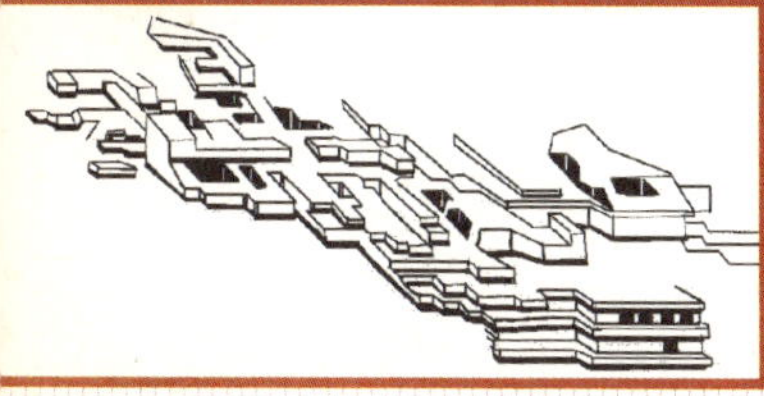

都市構造の拡大写真とその想像画。

FILE No.090

五面対称形の立体構造
D&Mピラミッド

人面岩のほかに火星のシドニア地区で発見された注目すべき構造物のひとつ、それがD&Mピラミッドである。

2002年4月12日、マーズ・オデッセイが撮影した最新の赤外線画像でも、自然の地形では考えられない構造であることが明らかになった。画像には、五角錐構造がより明確な形で写り込んでいたのである。

とくに五面のうち四面は、これ以上ないほどの鮮明さである。構造を形成する4つの壁面は、ピラミッドの頂点のひとつになる。リチャード・ホーグランドによれば、D&Mピラミッドの一部には溶解した痕跡があるという。まるで内部で爆発が起きたかのような荒廃した様子が見てとれるのだ。

エンタープライズ・ミッションが作成した立体像を見ると、D&Mピラミッドが7つの辺をもつ基盤部に乗せら

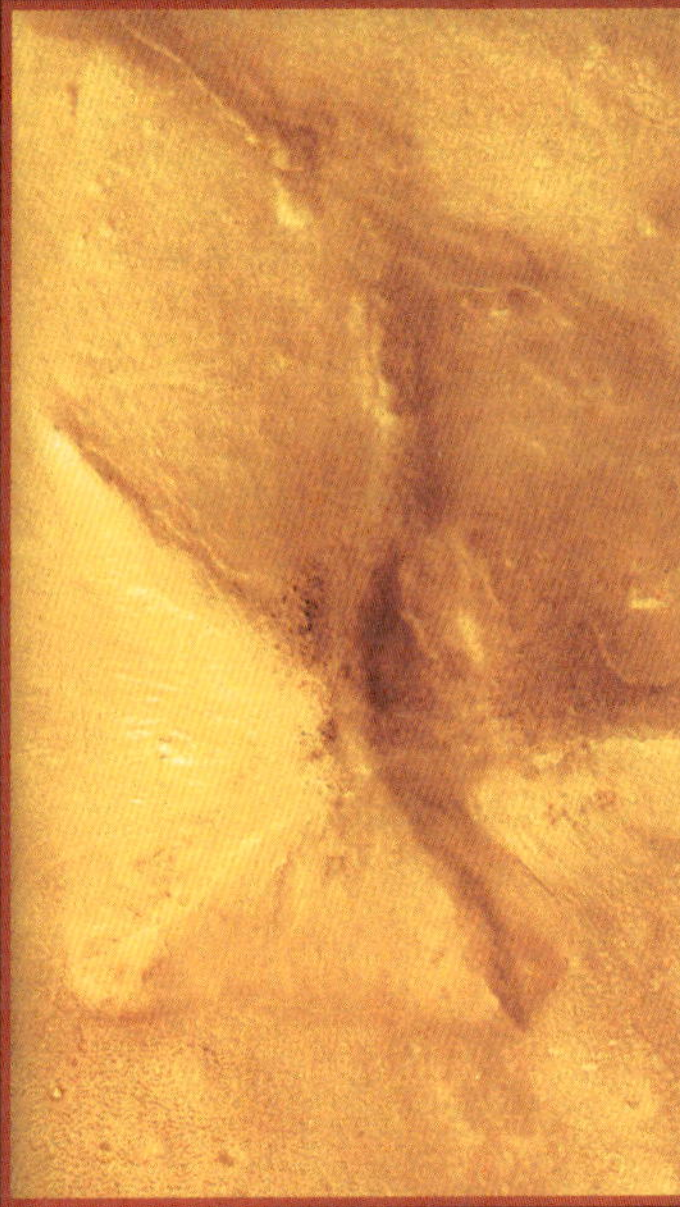

マーズ・オデッセイが撮影したD&Mピラミッド。

FILE No.091

火星のジッグラト
トロス

シドニア地区で発見されたのは人面岩だけではない。いかにも人

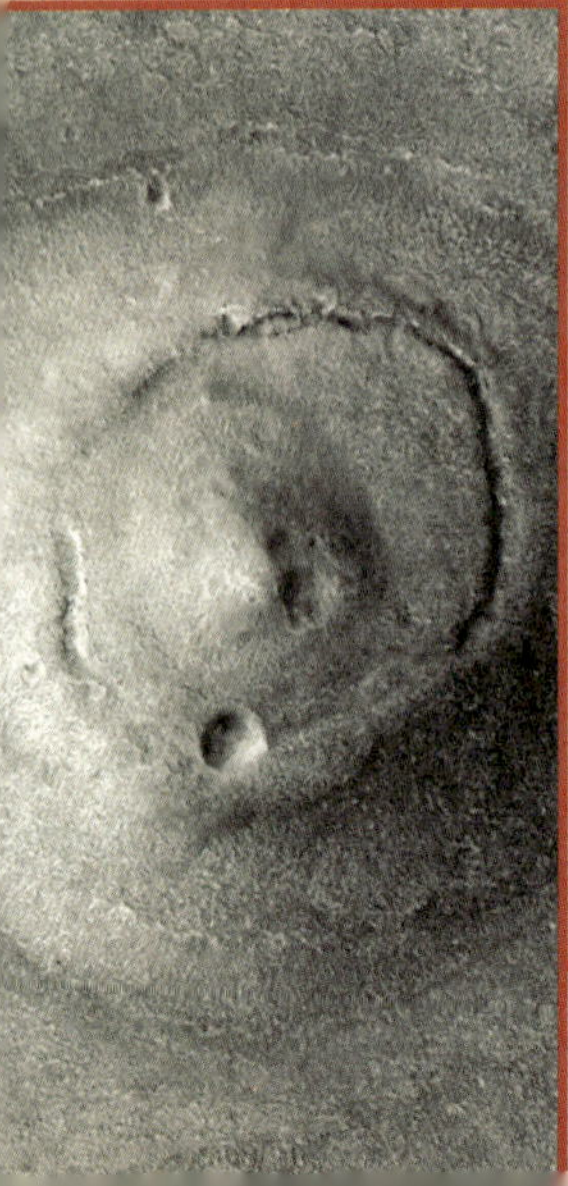

円錐形の構造物「トロス」。

れた五面対称形の立体構造であることがわかる。詳細は第2章に譲るが、D&Mピラミッド内に19・5度という角度が発見された事実も忘れることはできない。高度な数学的要素が含まれたシドニア地区の数学的ロゼッタストーンであるかもしれないからだ。

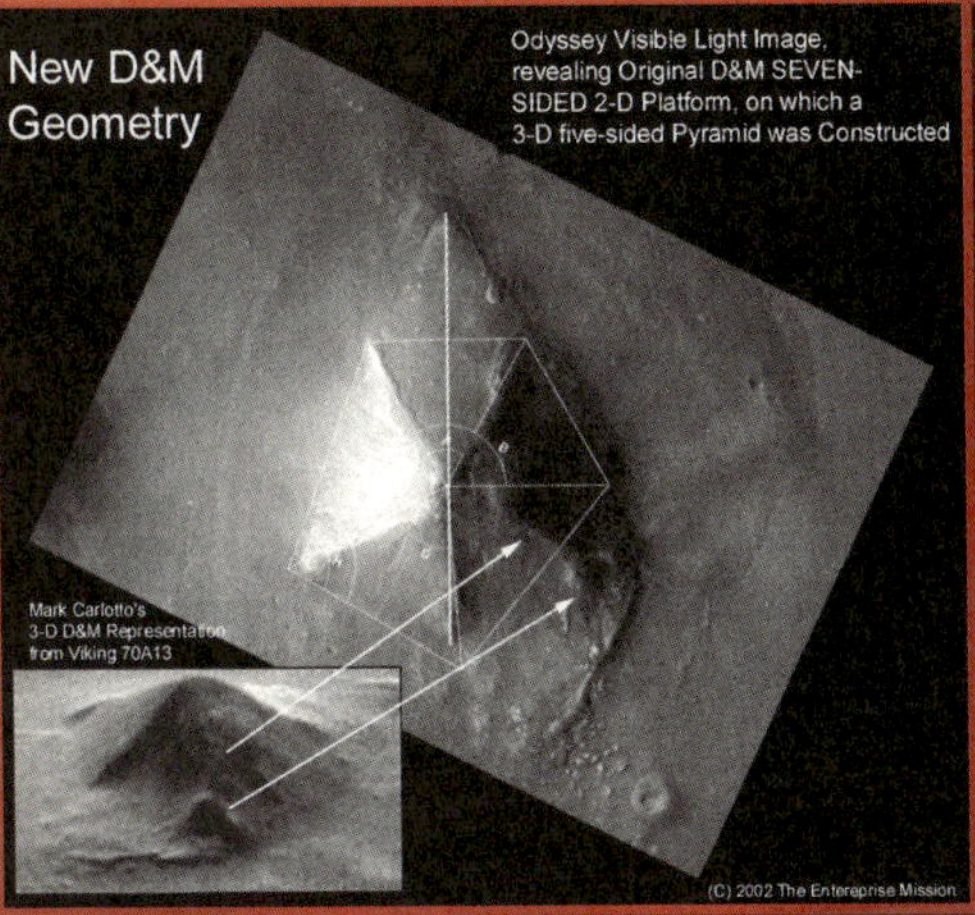

エンタープライズ・ミッションによる分析画像。崩壊部分に開いた穴は、この構造物への入り口だったのかもしれない。

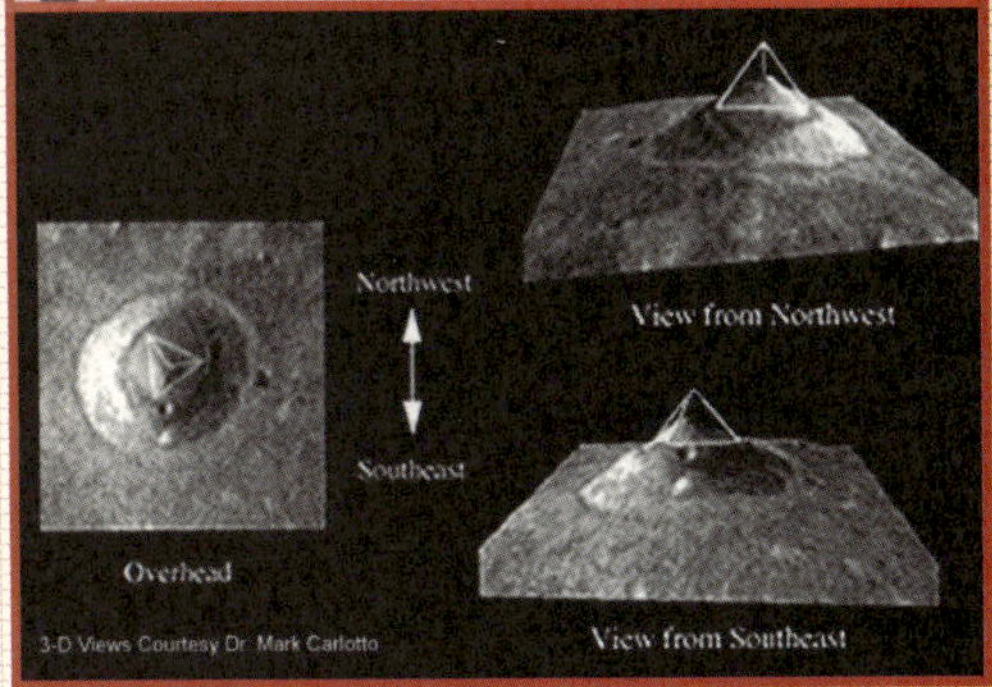

ホーグランドによるトロスの分析画像。

工的な形状の構造物がある。そのひとつが円錐の土盛り構造「トロス」と呼ばれるものだ。

高さ150メートルの先の尖っていないジッグラト(古代シュメールの聖なる塔)とでもいうべき地形で、その周囲には傾斜路を思わせる溝、そしてその側面に開口部らしき形跡がある。このような地形はほかに例がない。

リチャード・ホーグランドは、トロスの頂上に見られる軸のようなものから推察して、そこにはかつて「四面体」がそびえていたという仮説を発表した。ある目的をもった建築物かもしれないと主張している。クリフと四面体を通る直線を引いてみると、19・5度の角度でトロスの頂上を通るのだ。

実は、これはシドニア地区に繰り返し登場する数字なのだ。つまり、人面岩と同様、トロスもまた浸食など既存の地質学では説明不可能な建築システムの一部だと考えられるのである。

FILE No.092

ツインピークスを守護する 火星のスフィンクス

1997年7月4日、アメリカの火星探査機「マーズ・パスファインダー」は火星のアレス峡谷に着陸した。そこで撮影された地平線には驚くべきものが写り込んでいた。そのひとつが研究家の間で人工物ではないか、と噂された「ツインピークス」と呼ばれる小高い丘。一説には階段ピラミッドではないか、といわれている。そしてもうひとつが、その手前にある奇妙な構造物だった。

なんとツインピークス南側の丘とパスファインダーの中間地点にエジプトのスフィンクスに酷似した構造物が発見されたのだ。

拡大画像を見れば、その類似性がよくわかるはずだ。それは、前足を突出させ、後ろ足を胴体に密着させるようにして折り曲げ、腹ばいになっている。頭部には左右が対称になった頭飾りらしきものさえ見てとれる。

輪郭ラインを入れてみると、エジプトのスフィンクス同様、重要な特徴をすべて備えていることがわかる。まるで背後のツインピークスを守護するかのような姿勢で鎮座しているのだ。

また、東を向いた東部は丸みを帯びた左右対称の形状で、飾りの部分から顎に向かって延びる直線も45度の角度で左右対称になっている。その左側（写真では右側の足元のあたり）には建物らしき構造物があり、これはスフィンクス本体に付属する寺院ではないかと考えられている。

アレス峡谷、遠方に見える丘が「ツインピークス」だ。

ツインピークスの手前に鎮座する火星のスフィンクス。

エンタープライズ・ミッションが製作したスフィンクスの3D復元想像画では、スフィンクス本体と付属の神殿状構造物の間に隙間があることもわかった。さらに付記すれば、この火星のスフィンクス、火星の北緯19・5度、西経33度の位置に建てられているのだ。D&Mピラミッドのみならず、ここでも〝火星の神聖数〟19・5の数字が登場する。

現在、ツインピークスの手前にあるこの異常構造物について、これ以上のことはまだ判明していないが、これもまた火星古代文明の痕跡のひとつなのかもしれない。

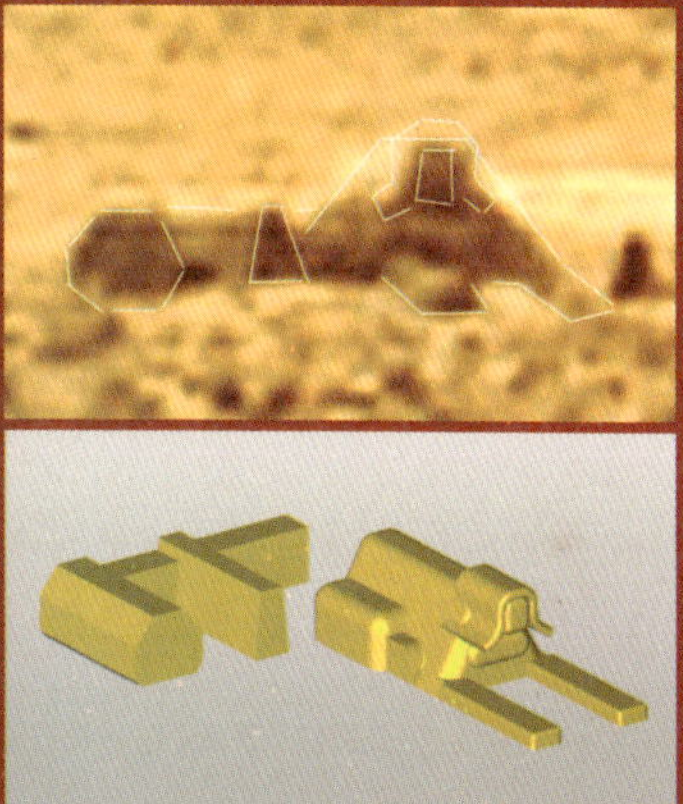

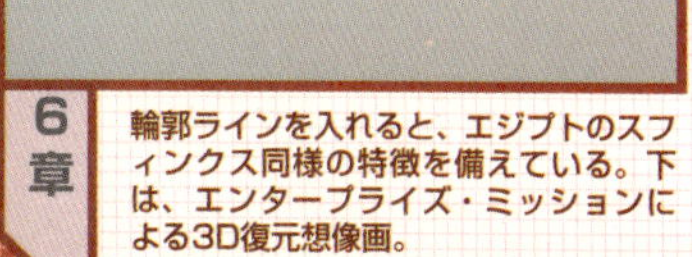

輪郭ラインを入れると、エジプトのスフィンクス同様の特徴を備えている。下は、エンタープライズ・ミッションによる3D復元想像画。

FILE No. 043

ギザと同サイズの遺跡が大集合

密集ピラミッド

マーズ・グローバル・サーベイヤーが撮影した密集ピラミッド。多くのピラミッドは一定の間隔をもって縦横斜めの同一線上に規則的に並んでいる。

最近では「エジプトのピラミッド＝ファラオの墓」という図式は、必ずしも定説とはいえないという。

では、ピラミッドとは何か、ということで、祭祀場説、天文台説、堤防説、公共事業説などが唱えられている。だが、いずれも決定的な解釈ではないようだ。近年のエジプト学の発達は、逆にピラミッドの謎を深めてしまったのである。

では、遠く離れた火星にもピラミッドが存在するとしたら、どうだろうか？　それがピラミッドの謎を解く決定的なカギになるのではないだろうか？

火星にピラミッドが存在する可能性については、1971年のマリナー9号による火星探査の時点からささやかれてはいた。そして現在、火星の衛星軌道を周回する探査機マーズ・グローバル・サーベイヤーから、解像度の高いピラミッドの最新画像が送信されてくるに及び、火星のピラミッドがより衆目を集めるようになった。

なかでも1999年5月に撮影された画像には、驚くべき光景がとらえられていた。明らかな人工物、それも巨大なピラミッドが密集して建っている光景が見事に写しだされていたのだ。

これらのピラミッド状構造物は、いずれも同じ形をしており、その基部は砂に埋もれていると推測される。この写真の1画素は約12・88メートル。そこから計算すると、底辺約53メートルから60メートルの物体が、45メートルほど砂の上に突きでていることになる。

これらは一見すると、無秩序に並んでいるように見えるが、部分的に詳しく見ていくと、幾何学的な連続性があることに気づく。

たとえば、直線や曲線を何本か描き入れてみると、これがみごとなほど、描き入れた線に沿って構造物が並んでいるのを発見できるのだ。それは、謎の構造物群が自然の造形ではなく、人工物である可能性を強く示唆しているといえよう。

太古の火星に知的生命体が存在し、こういった構造物を建造したとしても、現在までの長い時の流れの中で、砂嵐などによって、その多くが地中深くに埋まっている可能性がある。

エジプトの構造物の多くが砂の中から掘りだされたように、火星の砂を掘れば、驚くべき発見があるのかもしれない。それは火星超古代文明の謎を解く作業であると同時に、地球超古代文明の謎を解く作業になるかもしれないのだ。

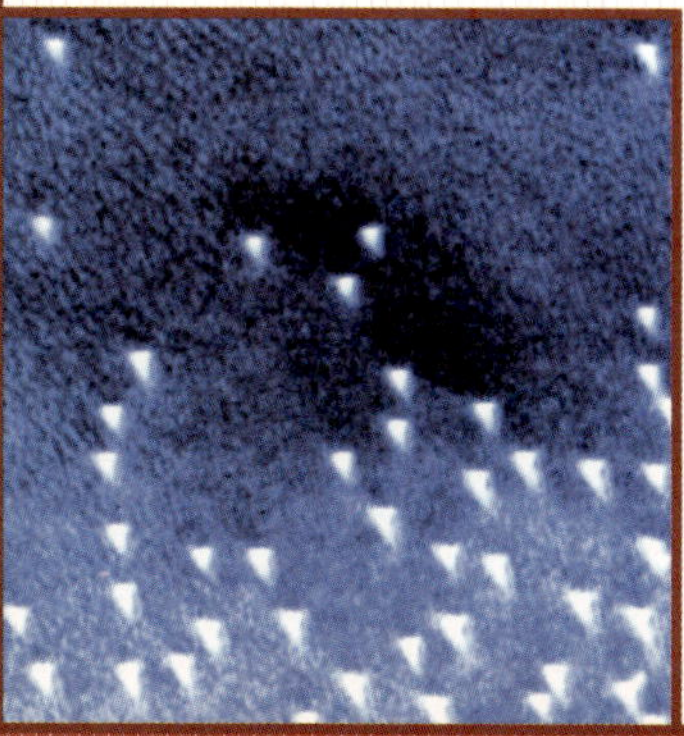

画像を反転したもの。こうすると三角錐の形状がよくわかる。

FILE No.044

三角錐ピラミッド

平原に群立する超巨大構造物

火星の地表に、ピラミッド状構造物が存在する!?

この問題、そもそもの発端となったのは１９７１年にアメリカが打ち上げた「マリナー９号」による火星探査であった。同年11月４日に火星の衛星軌道に乗ったマリナー９号が撮影した写真に、巨大なピラミッド状構造物が写っていたのである。

北緯15・３度、西経１９８・５度、エリシウム平原の東側に位置するトリビウム・チャロンティスと呼ばれる地域が問題の場所だ。その一帯を写した写真に、大小のピラミッド状構造物が写っていた。

エリシウム平原のピラミッドは四面体（三角錐）で、エジプトのギザのピラミッド（四角錐）とは外観が異なる。そういったピラミッドが少なくとも6個、さらに周囲の多角形構造物を加えると、10個の人工物らしきものが写っていたのだ。

このピラミッドの特徴は、その巨大さだ。最大のものは底辺が３０００メートル、高さ１０００メートルにも及び、ギザの大ピラミッドと比較すると、大きさで10倍、体積で１００倍以上という、

マリナー9号が撮影した三角錐のピラミッド群。

大規模な火星ピラミッド群の想像画。

とてつもない巨大さなのである。これはどう見ても人工の構造物だ。

しかし、NASAは例によって「自然の力による形成物」だとして、次のような説明を試みた。

①三稜石と同じ生成過程によって形成された可能性。

地球の南極では、強風が同方向から長期間吹きつけ、石が幾何学的に正確なピラミッド形に成長することがある。風速100メートル以上の砂嵐が吹き荒れる火星では、円錐火山や溶岩の凝固した山塊が削り取られ、現状の形へ成長したとしても不思議ではない。

②火星の形成期、噴火口から流れだした溶岩が回転させられていくうちに、その一角を地表に高く突きだし、そのまま三角錐のピラミッド形に凝固した可能性。

③氷河の流れる力で、三角錐のピラミッド形に削り残された可能性。

——このように、NASAは自然現象による成因を持ちだして説明した。

確かにこれらの成因によって、1個か2個のピラミッドが、偶然、形成される可能性は否定できない。

しかし、エリシウム平原のように、「群立する」幾何学的構造物の成因としては、いずれも納得できるとはいいがたいものだった。かくして、火星地表に人工の構造物が存在するという問題は、依然として未解明のままに残ったのである。

最初に公開された、マリナー9号によるピラミッド群画像の一部。

FILE No. 095

地球温暖化の原因は太陽だ！

溶解する火星氷冠

火星の温暖化が地球の4倍のスピードで進んでいる。

アメリカの火星探査機マーズ・グローバル・サーベイヤーが送ってきたデータにより、火星の大気密度が2倍になっている事実がわかっていたが、2007年4月、NASAの研究グループは、その温暖化が急速に進んでいる事実を明らかにした。

1997年1月にハッブル宇宙望遠鏡で撮影された画像では、六角形をした氷冠が見えるが、この奇妙な現象は1972年と1995年にも観測されている。NASAは、

溶解が進む火星の南極氷冠。

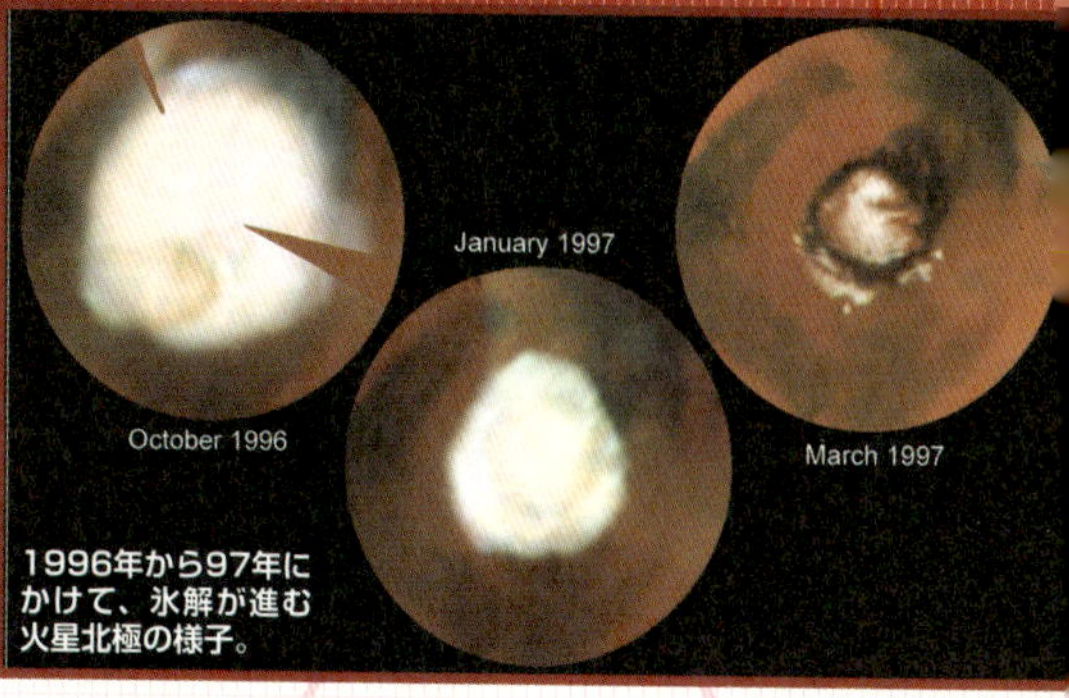

1996年から97年にかけて、氷解が進む火星北極の様子。

この氷冠が六角形になる理由が地形の変化によるものだと主張していたが、一部では温暖化がその原因ではないかと指摘されていた。

1999年、火星大気の温暖化により、過去20年間で初めてという巨大台風スーパーストームが発生。さらに1999年から2000年の2年間で、北極と南極の氷がすでに50パーセント溶解しているというデータも公表した。つまり氷冠が急速に縮みはじめているのである。

この急速な温暖化の原因は、嵐ばかりでなく、大量のダストのせいだともいう。ホコリが強風に巻き上げられて、地表の反射率が低くなり、大気に吸収される太陽からの熱が増え、気温が上昇するからだという。

では、なぜそれが近年になって顕著になったのか。

火星の温度は1970年代から90年代にかけてセ氏0・65度上昇したといわれている。わずかな値だが、マクロなレベルでは多大な影響を及ぼす数値だ。

だが、驚くべきは、20世紀中の地球の平均上昇気温も、火星とほぼ同じ0・6度！ 火星の氷はドライアイスからできているが、これまで見てきたように温暖化の原因はもっと別にありそうだ。つまり火星と同様、地球の気温上昇の原因も二酸化炭素ではないかもしれない、ということになる。

おそらく、温暖化は惑星内の現象だけではない。太陽系全体で起きているのだ。すでに超電磁波帯フォトンベルトの影響で太陽活動に異変が出ているとの報告もある。つまり、太陽、これが地球温暖化の原因だ！

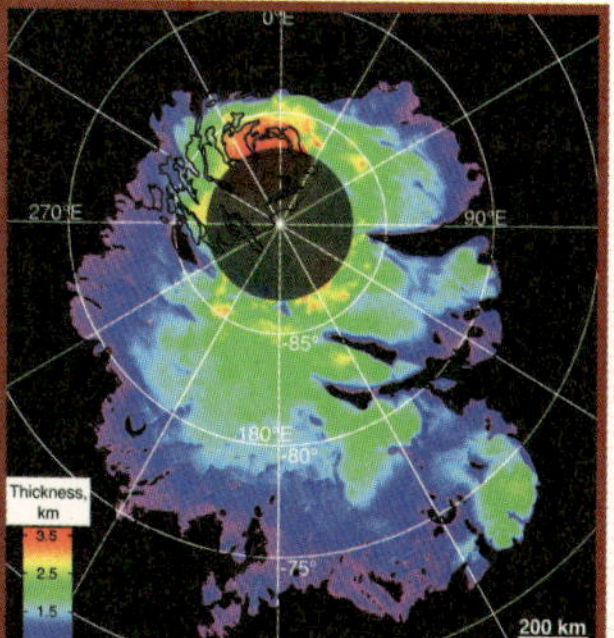

レーダーが捉えた火星南極の氷床。この氷床が解ければ、火星全体を平均11メートルほどの水が覆う計算になるという。

COLUMN 1

火星探査機

1964年、初めて火星の地表写真を撮影したマリナー4号から、1969年のマリナー7号までに222枚の写真が撮影されたが、すべての探査機は偶然にもクレーターだらけの地表をとらえていた。これによって、パーシバル・ローウェルが観測に生涯をかけた運河説が否定されることになる。

今日知られるような渓谷や火山を火星に発見したのは、周回軌道から解像度200メートルのカメラで観測したマリナー9号である。有名なマリネリス渓谷はこの探査機の名前から命名されたものだ。だが、そのマリナー9号には砂嵐のための遅れとされる空白の3か月間が存在する。

そして、ヴァイキング探査機の画像からは、有名なシドニアのピラミッドや人面岩が発見されることになる。その後も、グローバルサーベイヤによる解像度2メートルの画像、マーズ・リコネイサンスによる、最大解像度25センチメートルの画像と、画像の鮮明度と探査精度が著しく向上してきたが、多くの謎はいまだに解明されず、さらにパイプラインなども新たな謎がもたらされている。

初めて火星を撮影したマリナー4号。写真の解像度は4キロであり、大まかな地形しか判別できなかった。

ヴァイキング探査機。下のカプセルに着陸船を収納している。

ANCIENT REMAINS in SPACE: The Best

第2章 火星の超古代文明

~シドニア地区の秘密~

CYDONIA MYSTERY

文＝並木伸一郎

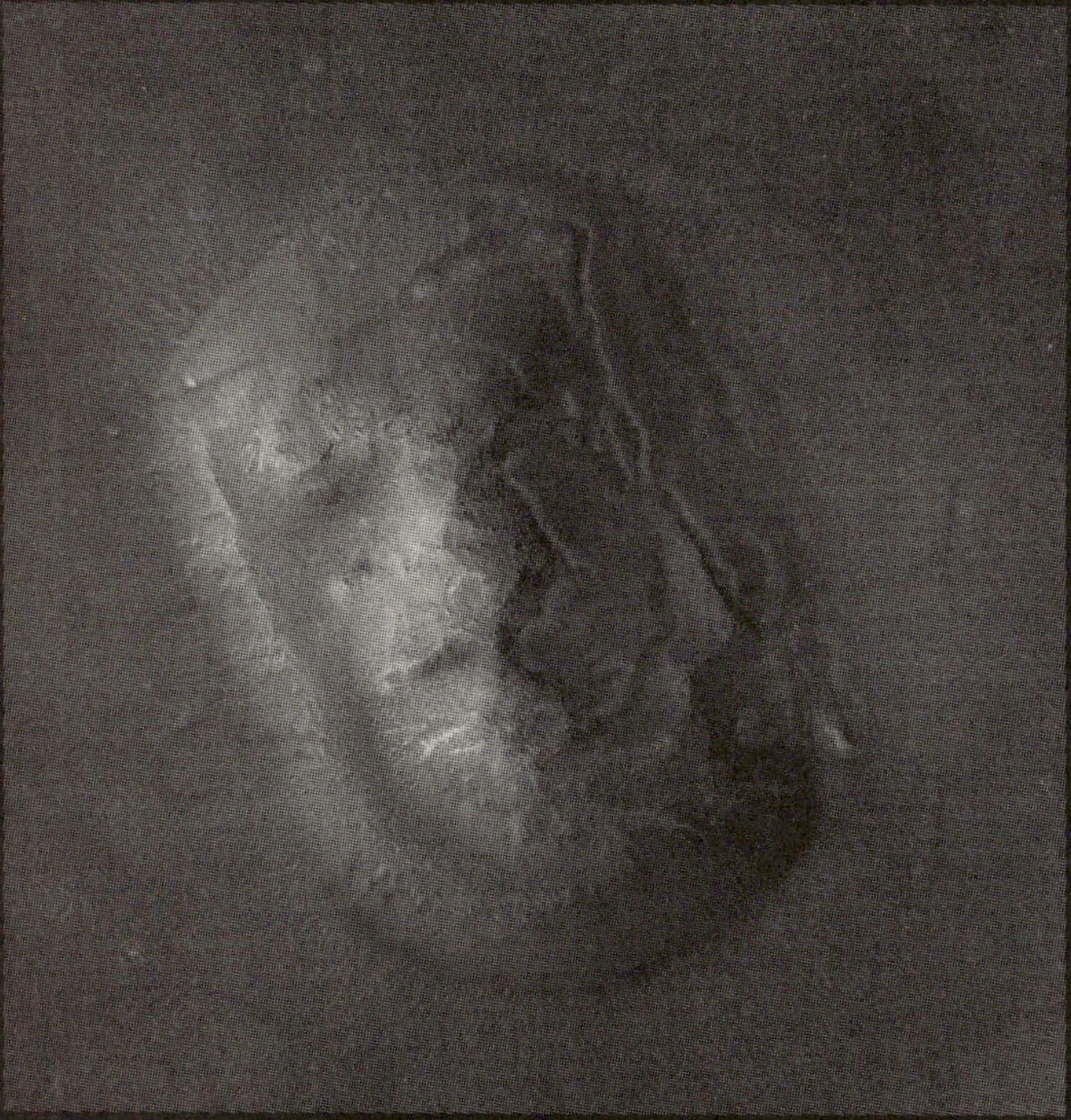

通称「ザ・フェイス」は人工物か?

火星人面岩の発見

1976年6月、アメリカの火星探査機ヴァイキング1号は驚くべき映像を地球にもたらした。

火星の北緯41・218度、西経9・55度、通称シドニア地区の上空1873キロから撮影されたその写真には、どう見ても「人間の顔」としか思えないような巨大な物体がはっきりと写っていたのだ。

いわゆる「人面岩(ザ・フェイス)」の発見である。

当然のことながら、この奇妙な物体に気づいたジャーナリストたちはNASA(米航空宇宙局)に押しかけ、詳しい説明を求めて激しく詰め寄った。これに対して、NASAは平然と「光と影によるトリック」だとコメントしたのだった。これにより、メディアをにぎわした人面岩騒動も一度は終息したものと思われた。

ところが、このコメントに疑問を抱いた人物がいた。NASAゴダード宇宙飛行センターのコンピューター技師ビンセント・ディピートロとグレゴリー・モレナーだ。彼らは、NASAの映像保管所に収められている数万枚の写真を一枚一枚ていねいに検証し、ついに人面岩がはっきりと写っている2枚の写真を発見したのである。

「35A72」および「70A13」とスタンプされた2枚の写真は、それぞれ異なる高度と異なる太陽照射角のもとで撮影されたものだが、い

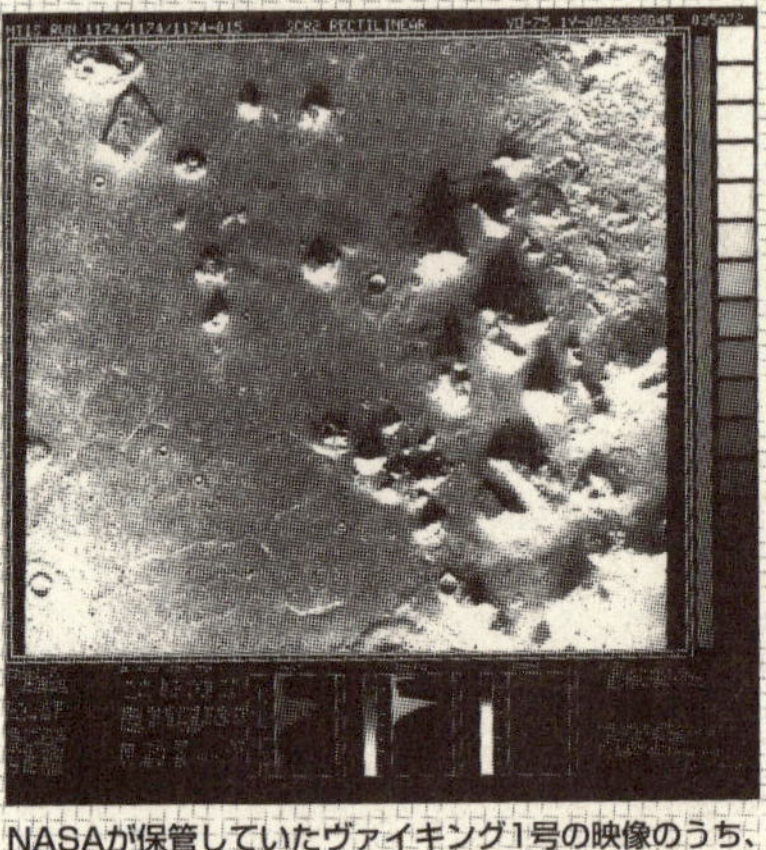

NASAが保管していたヴァイキング1号の映像のうち、フレーム番号「35A72」には、まさに顔としか思えない奇妙な物体が写っていた。

人面岩の写真を発見した
ディピートロ(右)とモレナー（左)。

ずれも人面岩の左右対称構造を如実に示していた。

こうなると、もはや人面岩は「光と影によるトリック」とは考えられない。それどころか、自然に形成された地形でもない。まさに「人工の構造物」としか思えないものだったのである。

実は火星で人工らしき構造物が発見されたのは、これが初めてではなかった。1971年に打ち上げられたマリナー9号も、エリシウム平原において大小のピラミッド状構造物（74ページ参照）を撮影していたし、南極付近においてほぼ正確に4～5キロの幅で区切られた遺跡のような地形(62ページ参照)をとらえていたのだ。

また、ヴァイキング1号によって撮影された映像をさらに詳しく検証すると、人面岩の付近にも五角形のピラミッド状構造物など、人工のものと思われる数々の構造物が存在していることが明らかになった（詳細は後述）。

これらの地形は本当に人工の構造物なのか？　人工の構造物だとすれば、だれが建造したものなのか？　知られざる火星文明の痕跡なのだろうか？　こうした疑問を突きつけるのに、それほど時間はかからなかった。

こうして火星探査機の「発見＝人面岩」は、「火星の超古代文明」を探るうえでの端緒になったのだ。

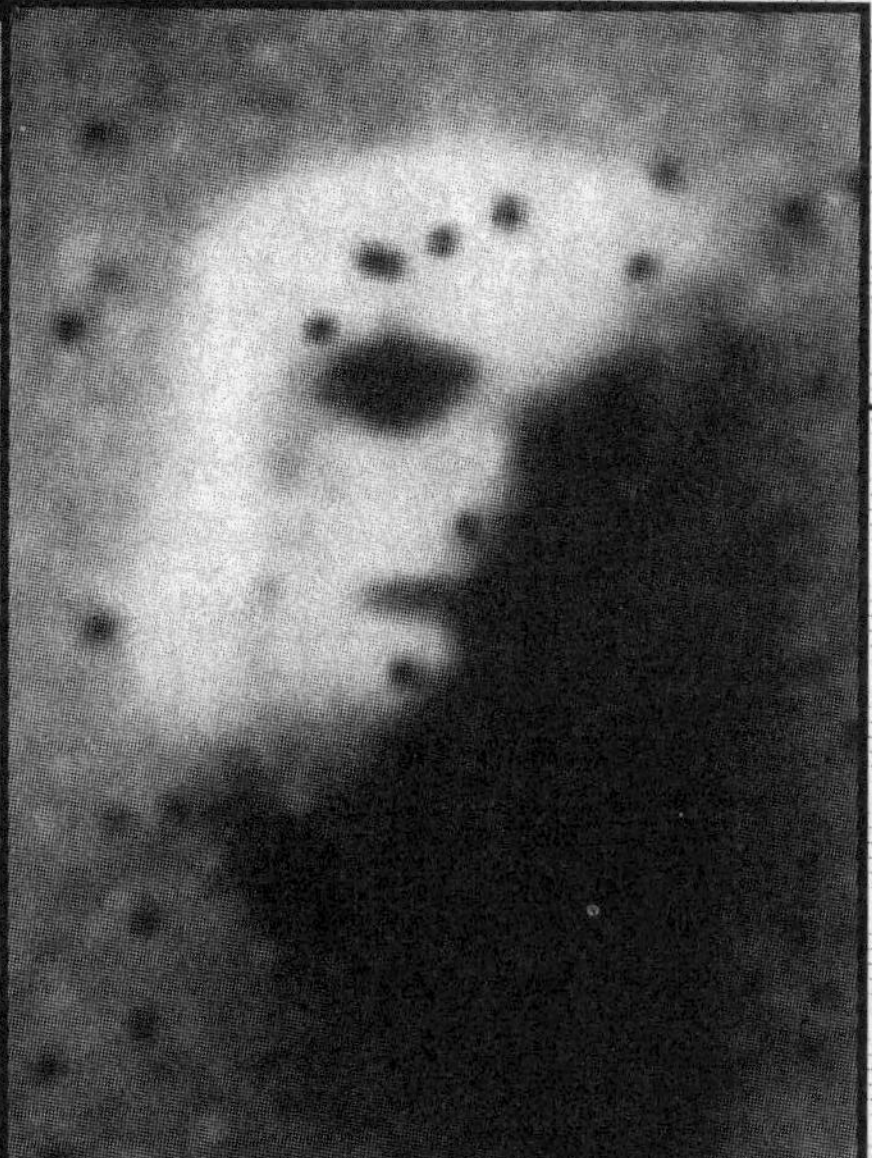

フレーム番号「70A13」に写っていた人面岩。

CYDONIA Mystery 02

鮮明な画像から浮かび上がった謎
人面岩には瞳や歯があった!

人面岩の写真を発見したディピートロとモレナーは、2枚の画像をさらに詳しく調べてみることにした。

彼らはふたりともコンピューター画像解析を専門とする電子工学技師であったから、人面岩の画像を解析するには、まさにうってつけの人物だったといえよう。当時としては最新鋭のコンピューターと最先端の技術を駆使して、人面岩の画像の解析を行うことにしたのである。

ヴァイキング1号が撮影した人面岩のオリジナル画像は、きわめて不鮮明なものだった。画像は64×64のマス目（画素）からなる。ひとつのマス目は約45メートル四方の領域を表しているのだが、それが最小単位ということだから（つまりそれよりも小さな物体は原理的に写らない）、非常に粗雑なモザイク画のようなものだ。

つまりオリジナル画像からわかるのは、人面岩全体の大きさが幅約2・3キロ、長さ約2・6キロであることくらいのもので、「人面」の細かい特徴をつかむことはできなかったのである。

そこで、ディピートロとモレナーは画像の明暗度を調整し、さらにひとつのマス目を9つの領域に等分することによって画質の向上をはかった。このようにマス目を細分化する技術は「スピット処理（スターバースト・ピクセル相互挿入処理技術の略称）」と呼ばれるが、これはディ

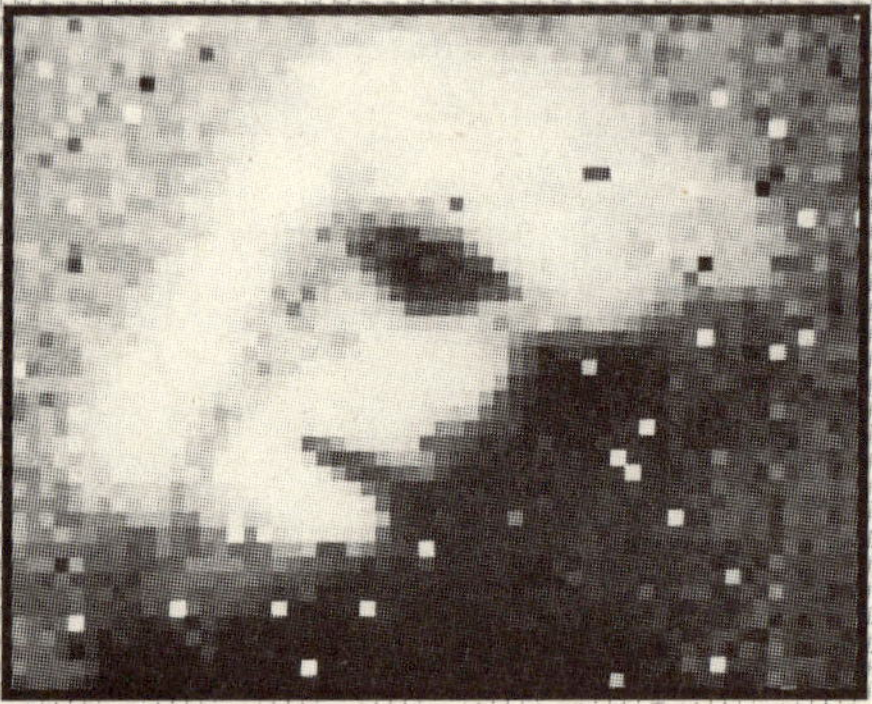
人面岩のオリジナル画像。

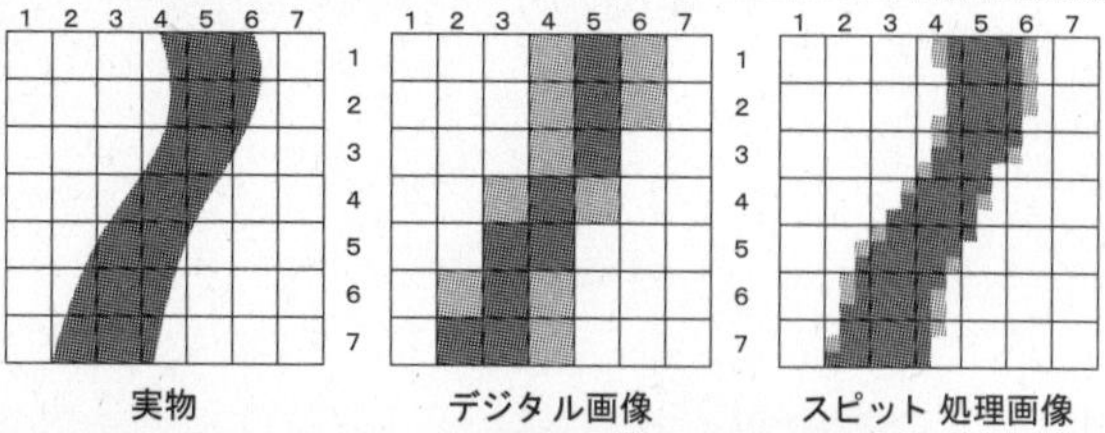

➡スピット処理の原理図。左は実物。中央はそれを撮影したデジタル画像で、明暗の違うマス目(画素)で表現される。右がスピット処理により、マス目を細かく刻んで実物に近づけたもの。

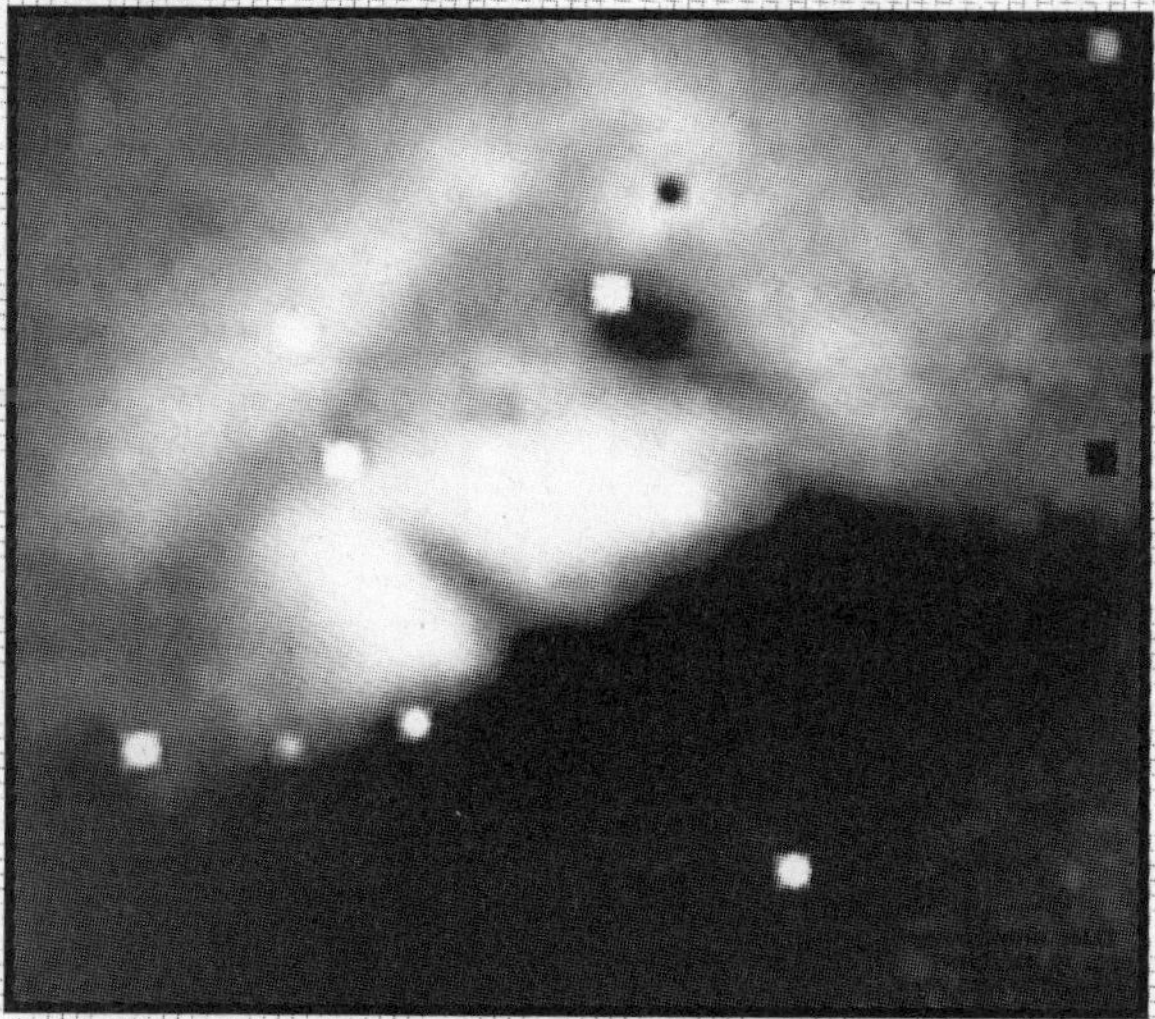

⬅オリジナル画像をスピット処理すると、ギザギザの少ないきれいな画像になる。

ピートロとモレナーのふたりが独自に開発したものだ。

このスピット処理によって、当初の粗雑なモザイク画はかなり精密なものへと進化し、オリジナル画像よりもはるかに鮮明な画像が得られたのである。

写真をご覧のとおり、この画像からは「人面」の特徴がはっきりと見てとれた。まず目を引いたのは、ふたつの眼窩である。それはどこから見ても間違いなく目と判断できる形状であった。

ここでディピートロとモレナーは、画像の階調をモノクロからカラーへと置き換えてみた。そうすることによって、画像の細かい特徴が認識しやすくなるのである。

すると、眼窩《がんか》の内部に眼球のようなものが確認できたばかりか、瞳らしき円形の構造が存在することまで明らかになった。また、右目の下を拡大してみたところ、「涙のしずく」

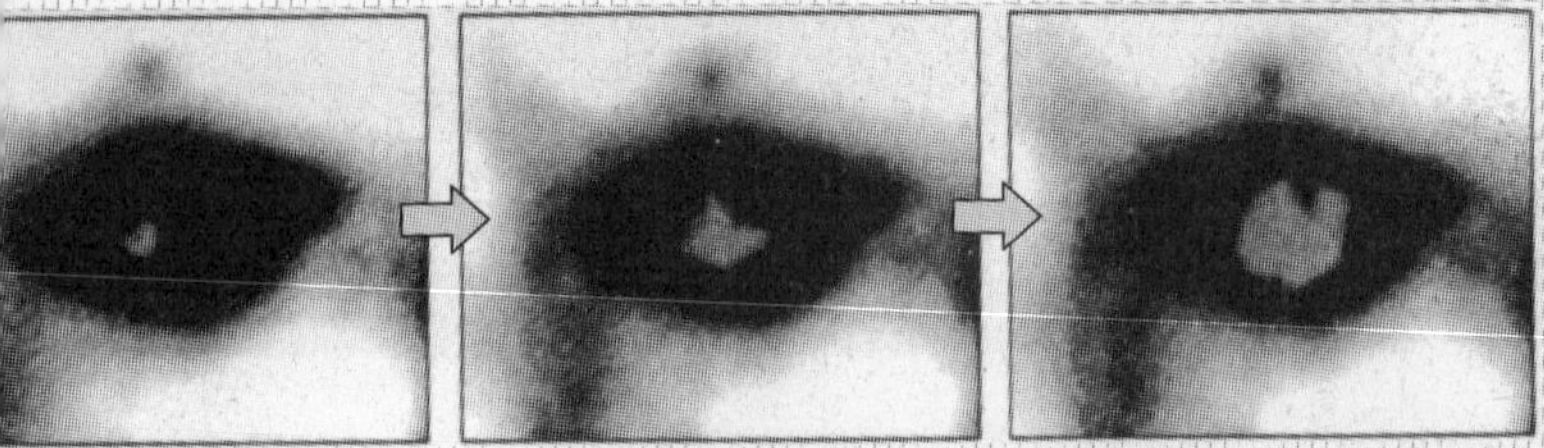

⬆人面岩の眼窩に特殊な画像処理を加えていくと、瞳らしきものが浮かび上がってきた。

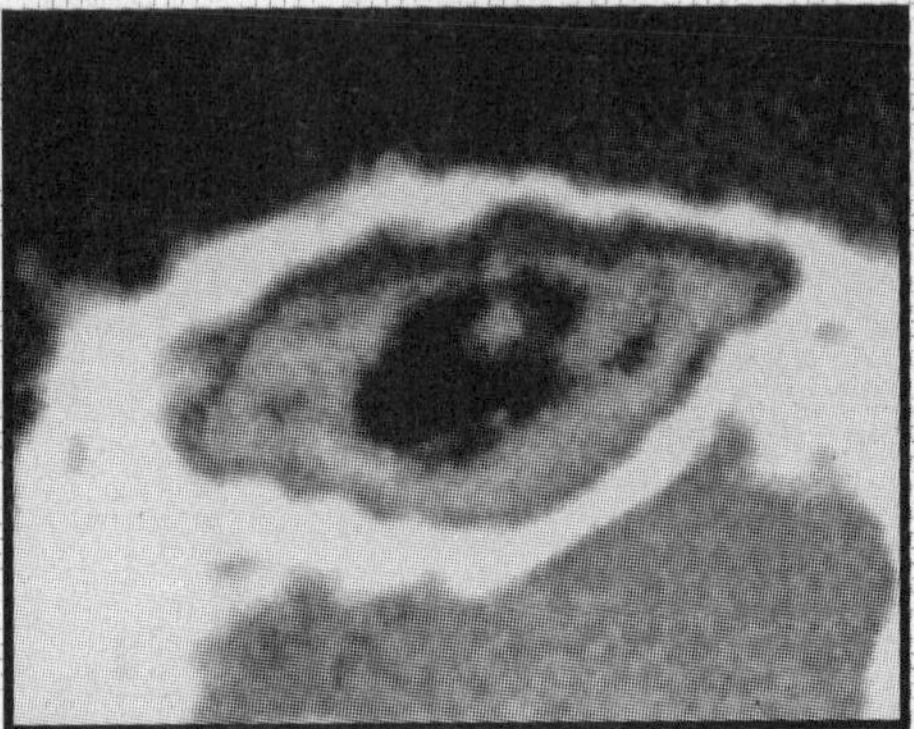

➡浮かび上がった瞳の拡大画像。

とおぼしきものまで確認されたのである。

そして口。口の中に2本の明るい斜めの筋が見える。これは明らかに歯列構造だ。額《ひたい》と思われる部分には等間隔の横線が走っているのが確認でき、まるでヘルメットをかぶっているかのようだった。さらに画像の解像度をあげてみたところ、それは人間のイメージからより具体的に猿のようなイメージに近づいた。

いずれにしても、人面岩の全体的な構造は、実際に線を引いてみるとわかるように左右対称が基本となっている。すなわち、生物の顔の特徴を如実に示しているのである。これは、どう見ても自然に形成された地形とは思えなかった。

また、顎《あご》から頭頂部までの長さが約1・5キロ、高さ約450メートル、顔の幅約1・6キロという人面部分の大きさから考えて、これが宇宙から見る者の注意を引く目的で造られたものであることが推測できた。しかも、まっすぐに宇宙を見つめている。もし、地球人が宇宙から人面岩を見たならば、周囲に何があろうと、いやでも目を引かれるはずである。

以上の分析から、ディピートロとモレナーは「人面岩は明らかに人工物である」と結論づけ、その分析結

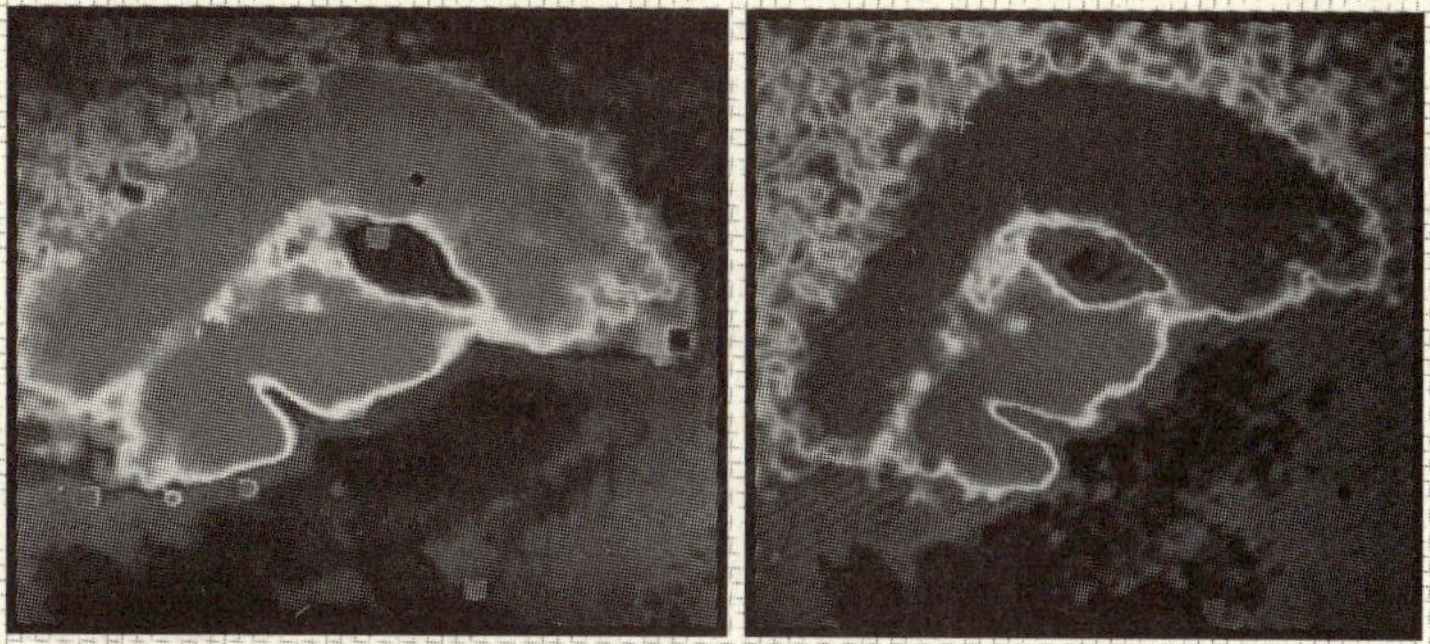

スピット処理後、カラーで明暗の差を強調した画像。左は「35A72」、右は「70A13」だが、ふたつとも瞳が浮かびでている。

果をNASAに報告書として提出した。しかし、報告書はついに採用されなかったため、ふたりは1981年に『火星地表の異常地形』という本を出版し、その研究成果を公表したのである。

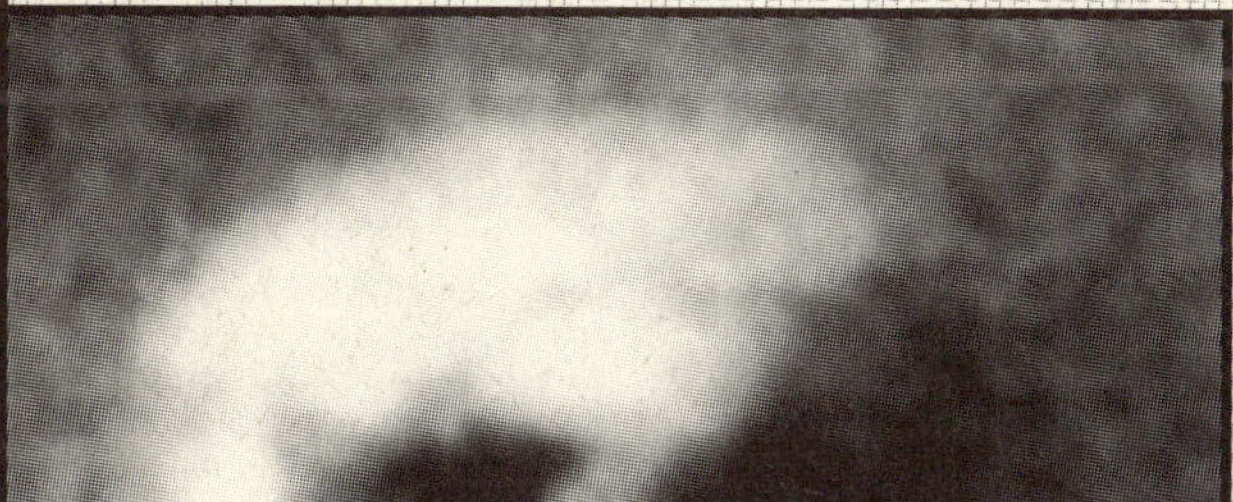

右目の下をよく見ると、まるで涙のしずくとしか思えない構造が見える。また口の中には、一見すると牙のようにも見える歯列構造が明確に見てとれる。

CYDONIA Mystery 03

人面岩は火星のスフィンクスだ！

エジプト遺跡との奇妙なつながり

ディピートロとモレナーの分析によって、さらに火星の人面岩が紙上をにぎわせはじめたころ、すでにこの火星の謎の地形と地球上にある遺物との類似性がささやかれていた。それは、エジプトのスフィンクスである。人面岩の「人相」がなんとなく半神半獣のスフィンクス像の顔に似ていたこと、そして人面岩の「ヘルメット」が、古代エジプトのファラオのネメスという頭巾に似ていたことがその理由のようだ。

だが、それも印象で終わる話ではなかった。人面岩についての研究が進むにつれ、人面岩とスフィンクスは単に〝似ている〟というだけではなく、密接な関係にあることが指摘されているのだ。

火星のシドニア地区の人面岩とピラミッド群は、カイロのスフィンクスとピラミッド群と同様に、$\sqrt{2}$、$\sqrt{3}$、$\sqrt{5}$、π（円周率）、e（自然対数の底）、ϕ比例（黄金分割）といった「神聖数」に基づいて建造・配置されているというのである。

これについては後で詳しく述べるが、要するに火星の人面岩もエジプトのスフィンクスも、共通の原理に基づいて建造されているということだ。

人面岩の顔の左右半分を反転させて、元の画像と合成する。つまり、顔を左右半分に割り、その半分のも

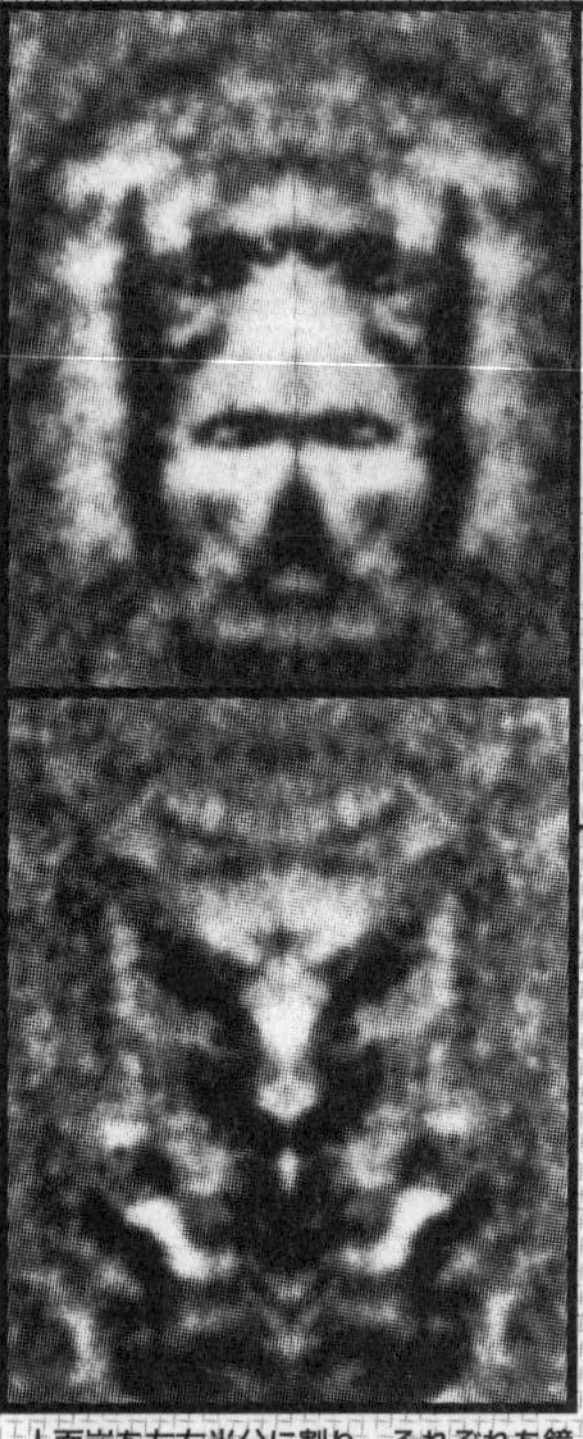

人面岩を左右半分に割り、それぞれを鏡に映したように合成した写真。上は左半分のもので人の顔のように見え、下は右半分のものでネコ科の動物の顔が現れた。

のを鏡に写して再度、顔をつくってみると、左半分の合成画像には人間の顔が現れるが、右半分の合成画像にはネコ科の動物の顔が現れる。

すなわち、人面岩とは人間の顔とネコ科の動物の顔が融合したもの、——これはまさしくスフィンクスだ。スフィンクスは首から上は人間、首から下はライオンという神獣なのである。

ところで、スフィンクスのことを古代エジプト語で「ホル・アクティ」という。これは「地平線のホルス」という意味だ。ホルスの正式名称は太陽神ヘルであるが、ヘルには「顔」という意味もあった。

つまり、スフィンクス＝「地平線のホルス（ヘル）」とは、「地平線の顔」でもあるのだ。

「地平線の顔」——これはまさに火星の人面岩のことを表しているのではないだろうか。

また、古代エジプト人は火星のことを「赤いホルスの星」と呼んでいたという。これは「地平線のホルス」＝「地平線の顔」＝「火星の人面岩」という構図を裏づける事実といえるのではないか。

さらに興味深いことに、スフィンクスのあるカイロは、もともとはエル・カヒラという名称だったという。これはアラビア語の「El-kahir」に由来するものだが、「El-kahir」とはもともと火星を表す語であるというのだ。

また、「カイロ」という名称は、10世紀ごろに「キャンプ」という名称から変更されたものであるというが、この「キャンプ」もまたアラビア語の「火星」に由来する語であるという。

偶然にも、こうしたさまざまな事実がスフィンクスと人面岩の密接な関係を示唆している。あるいは、火星に人面岩を建造した何者かが、古代エジプト文明の成立に深く関わっていたことを示唆しているのかもしれない！

スフィンクスの顔は、ミラー化した人面岩によく似ている。

CYDONIA Mystery 04

意図的な画像処理の痕跡か!?

消え失せた人面岩の謎

１９９８年４月６日、人面岩の最新映像が公開された。それは４月５日の午前０時39分、火星を周回中の探査機マーズ・グローバル・サーベイヤー（ＭＧＳ）に搭載されたマーズ・オービター・カメラ（ＭＯＣ）で撮影され、地球に送信されてきたものである。

その映像は驚くべきものだった。なんと、あの「人面」が完全に消え失せていたからだ。

１９７６年の人面岩の映像が高度約２０００キロから撮影されたものであるのに対し、今回の映像は高度約４４０キロから撮影されたものである。また、写真の解像度も、今回はひとつのマス目（画素）が約４・３メートル四方ということで、前回（約45メートル四方）よりも格段にアップしていた。

その鮮明な画像において、人面は完全に消え失せてしまっていた。それどころか、高さ約４キロと推定される丘全体が、削ぎ落とされたかのように消えてしまっていたのである。

当然のごとく、ＮＡＳＡは「今回の写真を見る限り、単なる自然の地形のようだ。ヴァイキング写真の『人面』は光と影のイタズラだったのだろう」とコメントした。

確かに写真を見る限り、前回の人面岩は何かの間違いだったとしか思えないのである。では、人面岩とは、結局のところ「光と影のイタズラ」だったのだろうか？

これを論ずるにあたっては、今回の映像が一連の画像処理をほどこさ

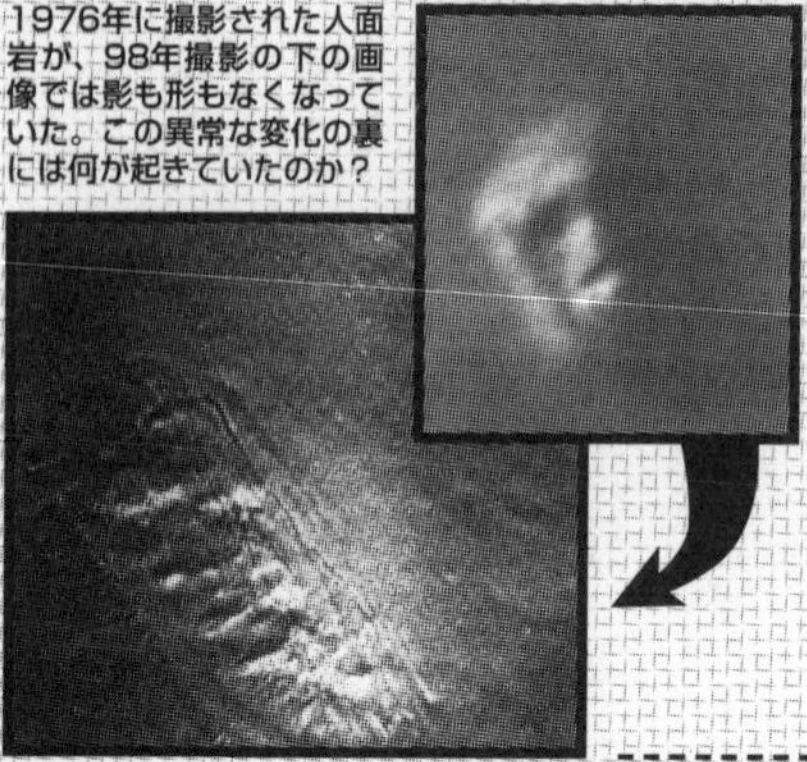

1976年に撮影された人面岩が、98年撮影の下の画像では影も形もなくなっていた。この異常な変化の裏には何が起きていたのか？

れたものであることを知っておく必要がある。今回の映像は、画像処理をほどこされていない状態では、きわめて不鮮明であった。撮影された時期の火星は、北半球の大半が雲で覆われていたためだ。

　そこで、人面岩を肉眼でも見えるように画像処理をほどこし、さらにヴァイキング1号が撮影した写真と、カメラの角度や太陽の照射角など、撮影条件が同じになるように画像処理がほどこされたのである。こうして得られたのが、人面の消失した人面岩だったというわけだ。

　これに対して、人面の存在を主張する研究者たちは、今回の映像は不鮮明すぎて判断材料にならないと批判している。さらに人面岩については、画像データの3分の2が削除されてしまっている、つまり人面が意図的に消されてしまっている、と主張する研究者さえいるのだ。

　ここで今回の画像を見てみると、確かに人面は消失してしまっているが、人面岩の輪郭そのものは、より明確に左右対称をなしていることがわかる。自然界にこのような地形は存在しない。

　NASAが画像データを削除したとき、人面は消せても、その輪郭の地形までは手が出せなかったのではないだろうか？　なぜなら、人面については光と影のイタズラだと説明できるが、基盤の地形まで消滅させてしまっては、あまりにも不自然だからだ。

　もしNASAが、人面を光と影のイタズラだというのなら、今回の画像にどういう光が当たれば、その人面が浮かび上がるのかを説明すべきであろう。

　このように、人面岩の〝消失〟そのものが、かえってその存在をきわだたせることになってしまったのだ。

　次に、その謎をさらに追ってみることにしよう。

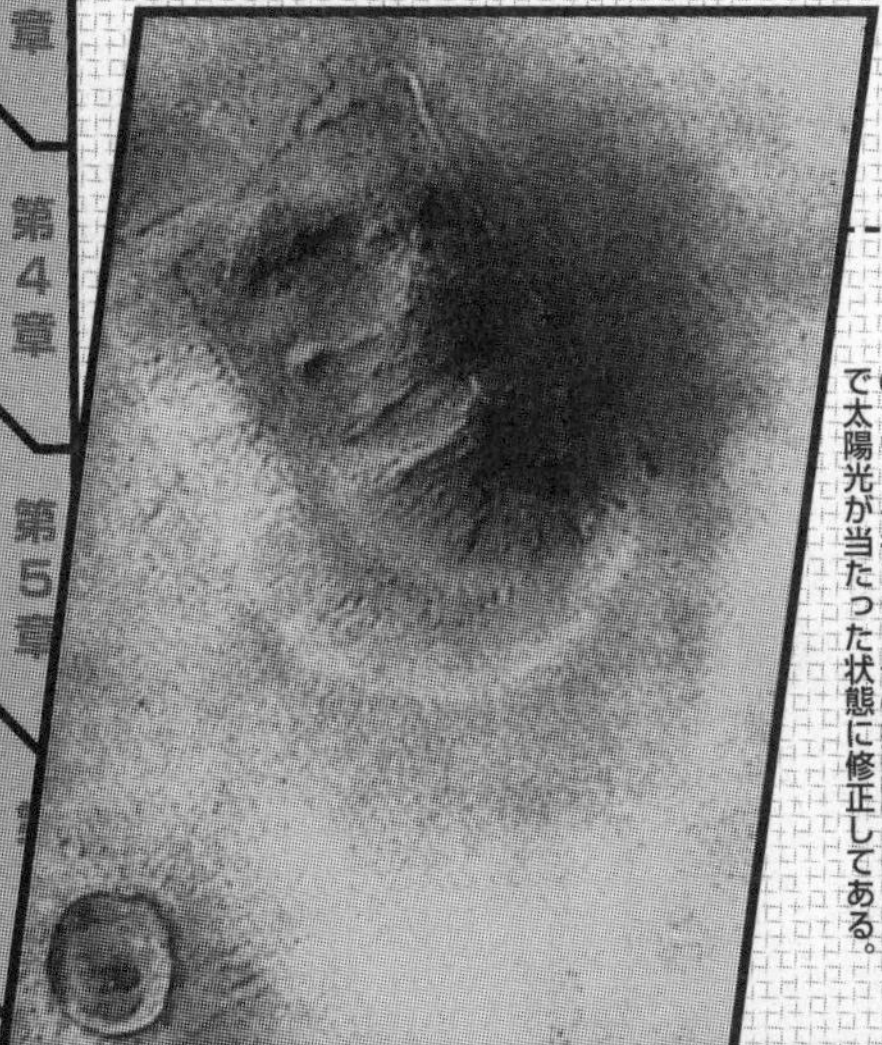

MOC撮影の画像にさらに修正を加えたもの。ヴァイキング1号の撮影時と同じ角度で太陽光が当たった状態に修正してある。

CYDONIA Mystery 05

画像解像度がさらにアップ！
変遷する人面岩画像

消えた人面岩――NASAは1998年4月6日にこの「最新映像」を公開することによって、一連の「人面岩論争」に終止符を打つつもりだった。「最新映像」に人面は写っていない、ゆえに人面は存在しない。やはり「光と影のイタズラ」だった――というわけだ。

ところが、前述したように研究者たちからは、轟々たる非難が沸き起こった。そして、NASAの思惑とは逆に、人面岩に関する研究はさらに進んだ。

たとえば、天文学者のトーマス・ヴァン・フランダーン博士は、「NASAは情報を隠蔽している」と批難しつつ、今回の画像について次のように述べている。

「ヴァイキングが撮影した写真によって注目が集まった人面岩に関し、今回の写真によって新たな興味が生まれたといってもいいだろう。人面岩の上部に位置する『ヘッドドレス』と呼ばれる部分に関しては、明らかな線対称構造が認められるし、直線と曲線で構成される全体像を見ると、人為的要素の介在が強く感じられる。

今回の写真には、これまでに発見されていなかったものも写り込んでいるが、これによってさらなる疑問が生じたといっていい。これだけの幾何学的な構造が存在するのは、太陽系惑星においては地球だけだろう。火星地表の構造物群は、地球の人工建造物と比較するに値すると考えられる」

フランダーン博士。画像解析をしたJPL（ジェット推進研究所）の元顧問で天文学者。

(上)1998年4月にNASAが公開した人面岩の写真。高域フィルターを使用し、修正処理が施されている。鼻の位置もずれ、細部のすべてが不鮮明になっているのがわかる。(下)太陽光が当たっている部分と影になっている部分を修正し、明度を同レベルにすると、人面岩の全体像が見えてくる。

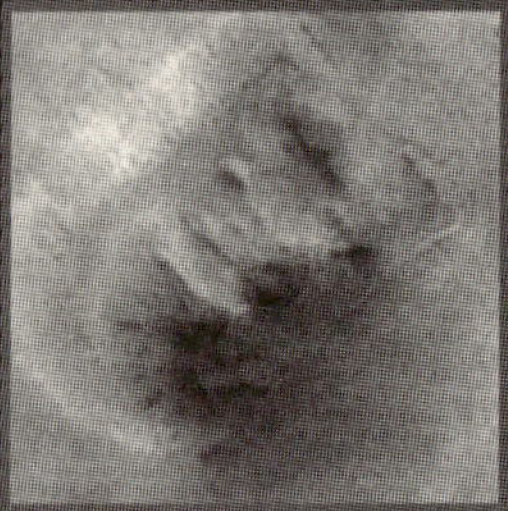

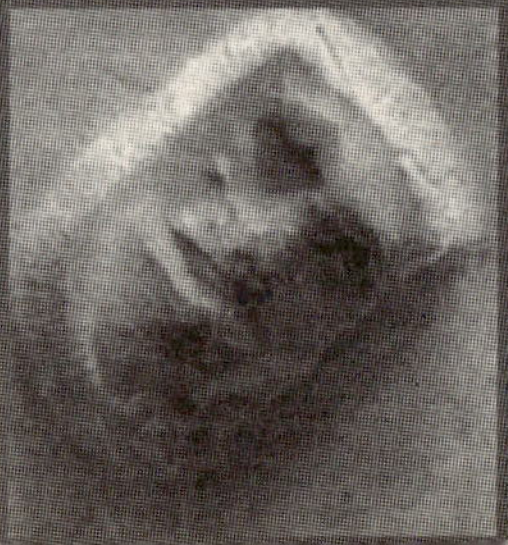

非難といっても、限られた情報のなかで議論は平行線をたどっていたともいえる。そこでNASAは、人面岩のさらなる「最新映像」を公開した。2001年4月5日にマーズ・グローバル・サーベイヤーが撮影した画像である。

このさらなる「最新映像」は、太陽の入射角がヴァイキング1号のときと同じであり、しかも解像度も1画素あたり1・56メートルという、きわめて鮮明な画像であった。そして、NASAはこの画像を示しつつ、やはり人面は「光と影のイタズラ」であり、人面岩は「ただの岩山にすぎない」と結論づけたのである。

これに対して、「NASAは情報を隠蔽している」との非難の声が、再び研究者たちから上がった。人面岩の撮影日が4月5日であったにもかかわらず、その画像が公開されたのが5月24日であったことが疑惑を呼んだのである。約2か月の空白期間に、なんらかの工作を加えたに違いないというわけだ。

また、科学ジャーナリストのリチャード・ホーグランドは、このさらなる最新映像について新たなコメントを発表した。

彼は「1998年の画像よりもさらに人工の構造物としての特徴を如実に示している」としたうえで、「この画像から、人面岩の東半分がネコ科の動物の顔を模したものであり、西半分が人間の顔を模したものであることがよくわかる。やはり火星の人面岩は、スフィンクスだったのだ！」と結論づけている。度重なる画像の〝更改〟を経てなお、人面岩が人工物である可能性が浮かび上がってきたのだ。

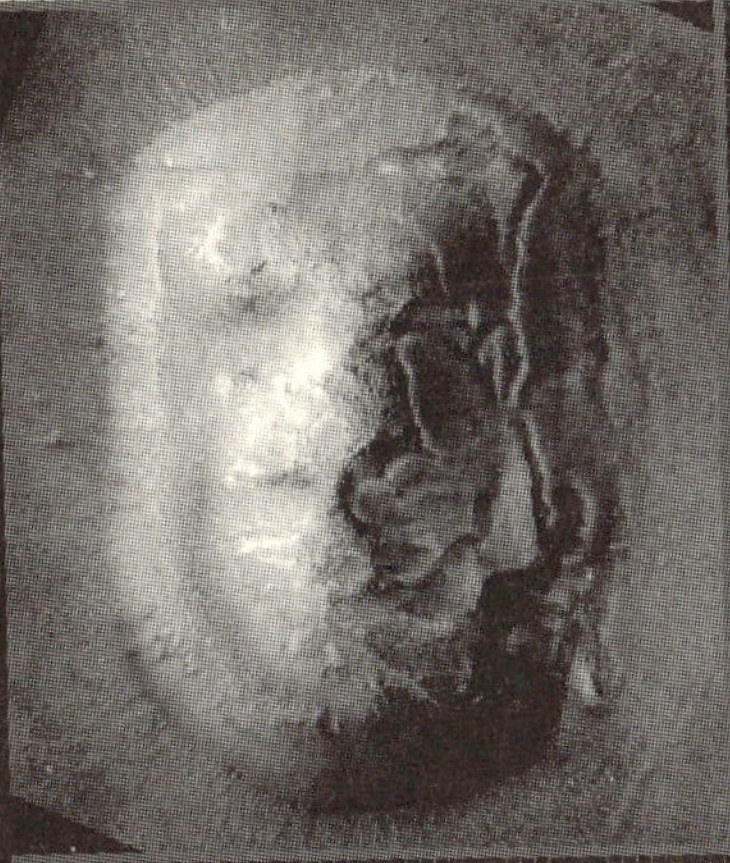

2001年5月に公開された最新かつ高解像度の写真。右側がかなり侵食されているが、左側の目の部分に眼球らしきものが認められる。

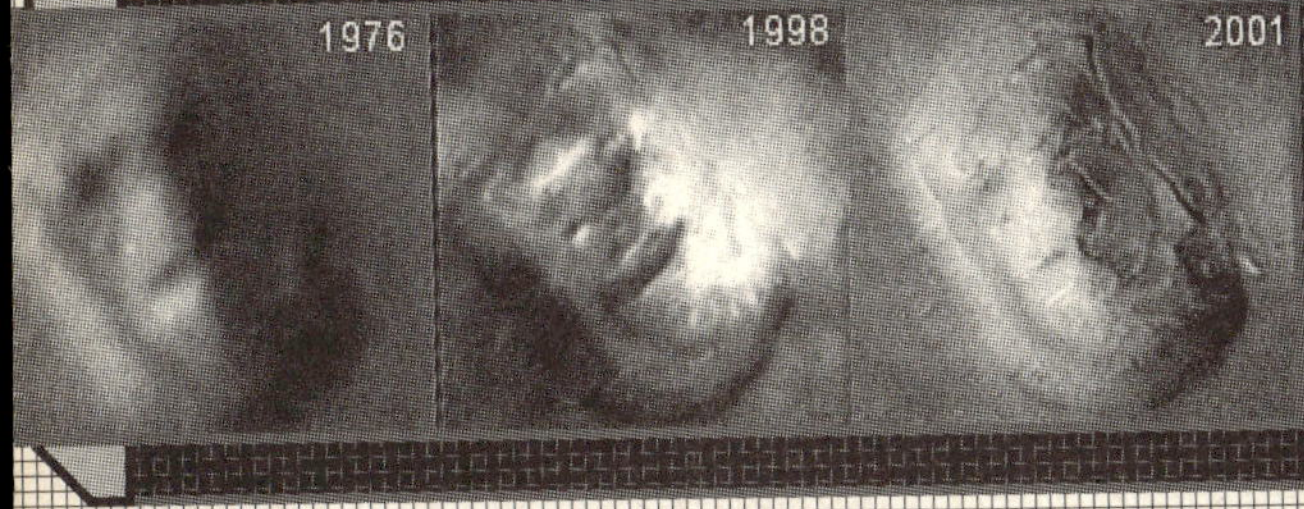

人面岩の写真3態。左からバイキングが撮影した画像、マーズ・グローバル・サーベイヤーが撮影した画像をNASAが修正して公開したもの、マーズ・グローバル・サーベイヤー撮影の最新画像。

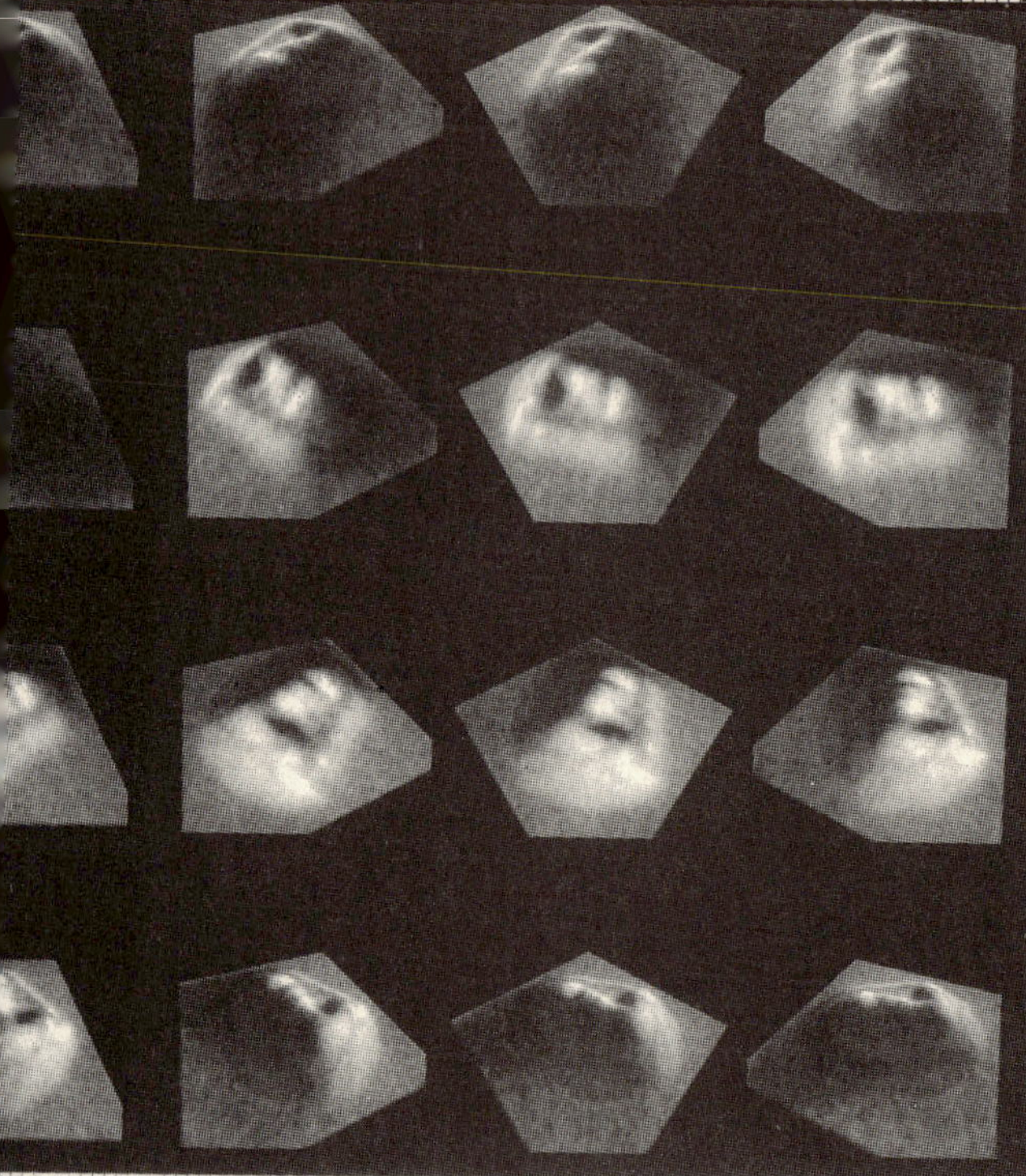

ヴァイキング1号の送信データを元にして創られた人面岩の立体画像。さまざまな方向から見ているが、どこから見てもこれは人工的な顔の構造物であり、とても自然の造形とは思えない。

NASAは執拗に追っている!?

火星人面岩は人工構造物か

1976年のヴァイキング計画以来、20年以上にわたって続く「人面岩論争」だが、はたして人面岩は人工の構造物なのか? それとも自然に形成された地形なのか? NASAと研究者の議論は完全に平行線をたどっており、決着を見る気配すらない。

客観的に眺めれば、1976年の画像では人工的な「人面」が存在し、1998年の画像では「人面」は存在せず、2001年以降の画像ではどちらともいえない——といった印象を受ける。しかし、人面岩が人工構造物であると主張する研究者によれば、その印象にこそ真実が含まれているのだともいう。

たとえば次のような見方もある。人面岩の建造当時の姿は1976年の画像のようなものだった。しかし、長年にわたる風化や崩落によって、現在では2001年の画像のような状態になっている。1976年の時点では画像の解像度が低かったため、人工構造物としての特徴がデフォルメされ、結果として人面岩の本来の姿に近い画像が得られた。それに気づいたNASAがあわてて大幅に修正を加えて発表したのが、1998年の画像なのだ——というのである。

また、前項で紹介したヴァン・フランダーン博士のように、「人面」には必ずしもこだわらず、人面岩の土台の部分に人為の痕跡を認め、人面岩を人工の構造物と解釈する見解もある。幾何学的に正確な直線や曲線や直角、そして左右対称という特徴を含む地形が、自然に形成されるとは考えられないというのである。

本章および第1章でご覧のとおり、人面岩の周辺に自然に形成されたとは思えない構造物が数多く存在することも、人面岩が人工構造物であることを示唆しているといえよう。ひとつだけならともかく、1か所にいくつも存在するということになれば、もはや「自然の気まぐれ」では説明できない。いずれにせよ、鍵は人面岩の周辺＝シドニア地区に隠されていそうだ。

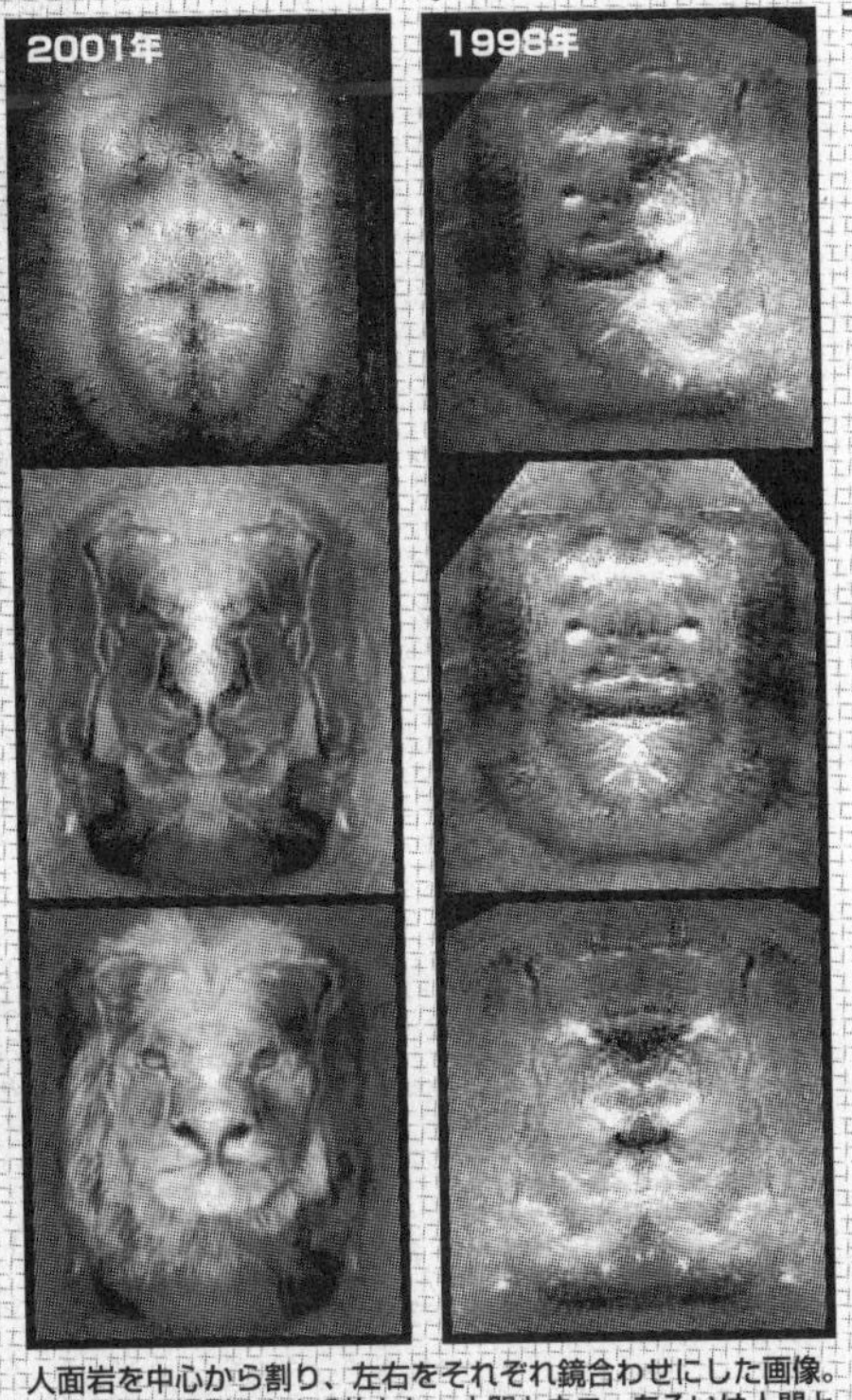

人面岩を中心から割り、左右をそれぞれ鏡合わせにした画像。違う時期に撮影された2枚とも、人間とネコ、あるいは人間とライオンの顔になるという2重構造になっていることがわかる。

CYDONIA Mystery 07

異常構造物の宝庫!

緻密な計画都市「シドニア地区」

ディピートロとモレナーによって先鞭をつけられた火星地表の異常地形に関する研究は、リチャード・ホーグランドの登場によって大いに進展することになる。

ホーグランドは、元NASAの技術顧問としてヴァイキング1号の火星探査に関与していた科学ジャーナリスト。独自の人脈と情報ルートを駆使して、人面岩周辺の異常地形を詳しく分析した。

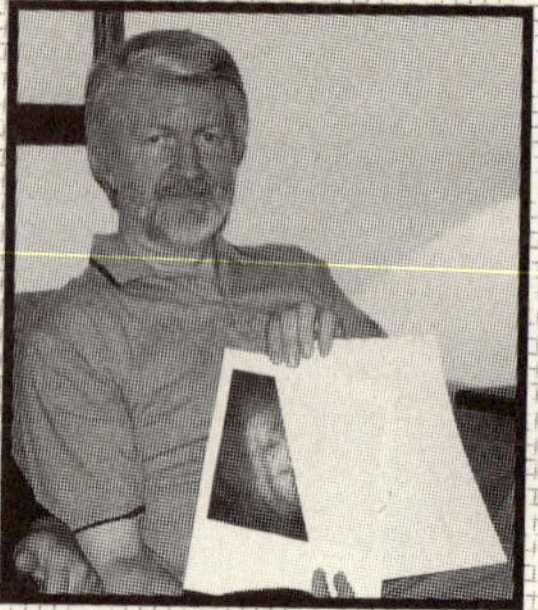

リチャード・ホーグランド。シドニア地区の都市構造について綿密な検証を行った最初の人物である。

このシドニア地区でまず目を引いたのが、五角形の構造物「D&Mピラミッド」だ。「D&M」とは、発見者であるディピートロとモレナーの名前にちなんだものである。D&Mピラミッドに関する詳しい分析は次項に譲るが、その整然としたフォルムは、とても自然に形成された地形とは考えられなかった。

また、人面岩から数キロ西に離れたところには、城壁を「逆くの字形」に組み合わせたような構造物が見つかった。城壁の内側は、ぽっかりと暗い穴になっている。

穴の北西に隣接してロケット形の物体が見えるが、まるで穴を覆っていた蓋がずり落ちたかのようだ。とても自然の地形とは考えられない幾何学的な構造を示しており、ホーグランドはこれを「要塞」と名づけた。

さらにその西側には三角形のピラミッド状構造物があり、その底面の2辺に相対するように、付属神殿を思わせるような構造物が認められる。また、この周辺には、崩壊が激しいピラミッド状構造物や、円錐状の構造物が集中していた。

そしてこれらは、互いに直角に隣接し、角をそろえて、全体として長さ約44キロ、幅約8キロの長方形のブロックを形成していることがわかったのである。

　ここから、ホーグランドは「造り手の意志」を感じとった。シドニア地区の異常地形は全体を統括する意志、いわば「都市計画」に従って建造された「シティ」だというのである。

「シティ」の中央部には、4個の小型ピラミッド群があり、その各辺はほぼ正確に東西南北を向いていた。さらに、各ピラミッドの対角線が交差する中央に、もうひとつ小型のピラミッドが建っていたのである。ホーグランドは、これらの構造物を「シティ・スクエア（広場）」と命名した。

　さらには、螺旋《らせん》状の盛り土構造が「トロス＝円形構造物」、まるで人工の山の尾根のような構造物が「クリフ＝崖」と名づけられている。


　もちろん、ただ名前をつけただけではない。シドニア地区に密集する謎の構造物群について、衝撃的な仮説を発表した。

「これら火星地表の構造物群はまさしく都市複合体の遺構であり、地球外知的生命体の遺産かもしれない」

　この大胆な仮説こそ、今なお続く真の火星論争の出発点であった。

多くの研究者たちが指摘するシドニア地区の主要構造物。驚くべきことに、これらの構造物群には、その形状や配置に高度な幾何学的・数学的概念が秘められていた。

CYDONIA Mystery 08

黄金分割に基づいて建造された!?

五角形のD&Mピラミッド

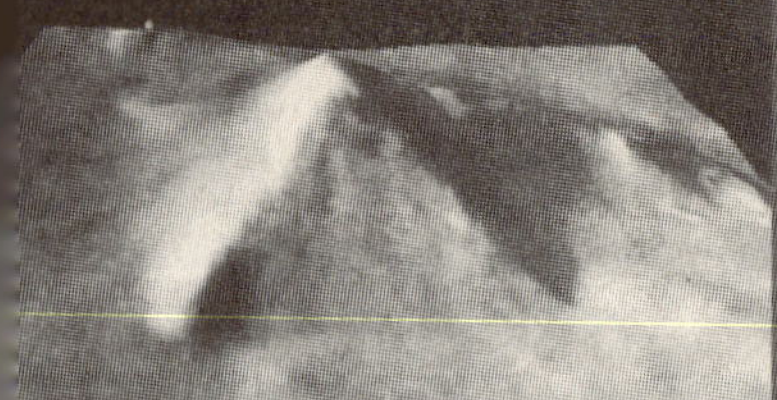
シドニア地区でひときわ偉容を誇るD&Mピラミッドの立体想像画。

人面岩の南西約13キロの地点に建つD&Mピラミッドは、まさに不可解という言葉がぴったりの構造物である。

この五角形ピラミッドの一辺は約2・6キロ、高さは約1キロ。五角形は、東側の側面に多少の崩落は見られるものの、完全な左右対称形。ピラミッドの側面は不自然なまでに平らであり、稜線も不自然なほど一直線である。一見して、自然に形成された地形ではなく、まさしく人工的な構造物を思わせる外観である。

これについて、1988年、アメリカ防衛地図作成局のエロール・トゥランは、D&Mピラミッドが自然に形成される過程を科学的に解明しようと試みた。だが、最終的には、D&Mピラミッドのような対称性のある多面体が、浸食、風化、重力作用、火山活動、結晶成長によって形成されることは不可能であると結論づけている。

D&Mピラミッドが構成する五角形は、短い3辺と、それに向かい合う長い2辺の比率が正確に1対1・6になっている。この比率から、リチャード・ホーグランドはD&Mピラミッドの幾何学的な輪郭が、秘教的比率を具現したとされるレオナルド・ダ・ヴィンチの「正方円内の男」（ヴィトルヴィウス的人間）とぴったり一致することを発見した。

つまりこれは、“火星”のD&Mピラミッドが、地球に太古から伝えられてきた神聖にして最も美しいとされる比率＝数学や美術でいう「黄金分割（1対1・61830）」に非常に近い比率に従って建造されているという、信じられない事実を示しているのである。

また、D&Mピラミッドの幾何学モデルを作成し、その構造を数学的に解明したところ、この五角形ピラミッドは黄金分割のみならず、$\sqrt{2}$、$\sqrt{3}$、$\sqrt{5}$、π（円周率）、e（自然対数の底）といった数値を基本として建造されていることまで明らかになった。太古の昔より宇宙の調和を示す神聖な数値と考えられていたものが火星にも見つかったのだ！

　さらにD&Mピラミッドの幾何学的な性質を詳しく検証すると、19・5度という角度が頻繁に登場することが判明した。

　たとえば、D&Mピラミッドの中心を通過する緯線（北緯40・868度）と、D&Mピラミッド北東部の稜線がなす角度はちょうど19・5度になる。また、D&Mピラミッドの北東角から引いた直線を、D&Mピラミッドの突起部まで伸ばすと、北東辺との角度が19・5度になる。そして北西辺と、突起部を通る北緯40・893度の緯線が19・5度をなす。

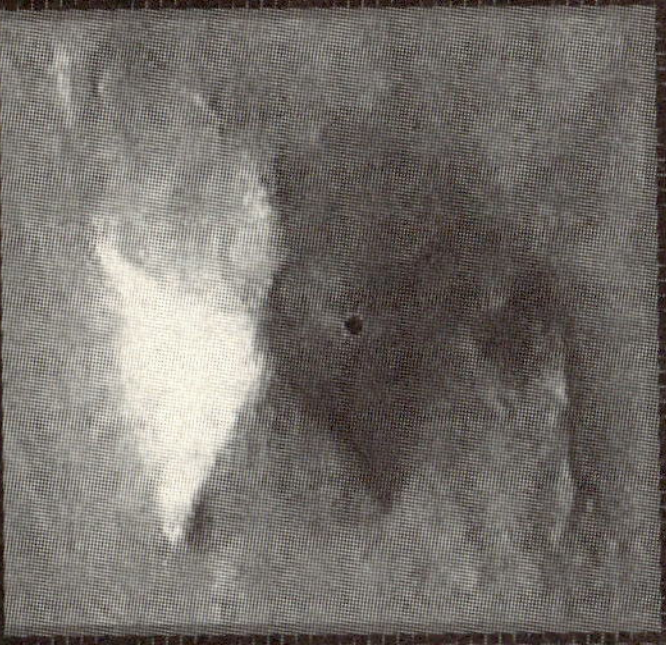

ヴァイキング1号が撮影した画像。
均整のとれた美しい形状がよくわかる。

　さらに、19・5度という角度は、D&Mピラミッドの配置にも大きく関わっている。たとえば、人面岩上の涙のしずくとD&Mピラミッドの突起部との距離は、緯度に換算すればなんと19・5分なのだ。

　実は、この19・5度という数値には、幾何学的に独特な意味があることがわかっている。球体（惑星）に正四面体を内接させた場合、正四面体のひとつの頂点を北極とすると、ほかの3つの頂点は南緯19・5度の地点に並ぶことになる。逆にひとつの頂点を南極とすると、ほかの3つの頂点は北緯19・5度の地点に並ぶことになる。

　ホーグランドは、この19・5度という数値に、現代物理学の常識を覆すような叡智が含まれているのではないかと推測しているが、これについては現時点では証明のしようもない。

　いずれにしても、火星のD&Mピラミッドは、人工の構造物である可能性が十分にあると同時に、知られざる火星文明の叡智をも秘めていると思われる構造物なのである。

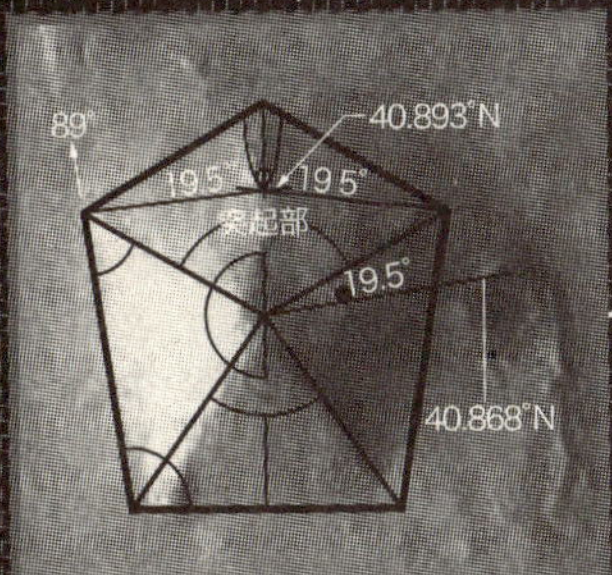

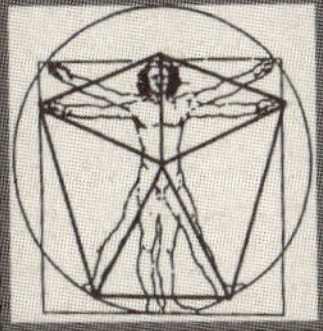

D&Mピラミッドに稜線を入れると、きれいな五角形が浮かび上がる。上図はD&Mピラミッドに封じられた角度。右に示したダ・ヴィンチの「正方円内の男」に書き込んだ五角形と比べてほしい。

シティは複合都市の遺構か!?

整然と配置された構造物群

人面岩やD&Mピラミッドなど、火星地表の構造物群を「地球外知的生命体」の遺産と考えたリチャード・ホーグランドは、彼らの居住区がそれらの構造物の付近に存在するはずだと考えた。その場所が「シティ」。シドニア地区西端のピラミッドが整然と群立するブロックを居住区と見なしたのだ。

シティの中心をなす「シティ・スクエア」から東を向けば、何の障害物もなく10キロ先の人面岩まで見渡すことができる。曲率が大きい火星で10キロ先の人面岩を見渡すことができるのは、人面岩の高さが約1000メートルもあるためだ。

この事実を知ったホーグランドは、まさにそこに「未知なる造り手の意志」を感じたという。

シティ・スクエアでは、4つの小型ピラミッドが正方形に並んでおり、その対角線の交差する中心には、さらに小さなピラミッドが存在する。

4つの小型ピラミッドは底面が長方形の角錐型ピラミッドだが、中心の小型ピラミッドは底面が円形の円錐型ピラミッドと思われる。中心の小型ピラミッドから見て、その周囲の4つの小型ピラミッドは、ほぼ正確に東西南北に配置されている。

シティ・スクエアの中心をなす小型ピラミッドは、さらに大きな構造の中心となっている。シティ・スクエアの周囲は、東側のメイン・ピラミッドな

シティの構造。中央にはメイン・ピラミッドがそびえ、右側に要塞がある。左のシティ・スクエアはさしずめ市民が集う広場といったところか。

ど5つの大型ピラミッドに囲まれている。これら5つの大型ピラミッドは左右対称の五角形を構成しているが、その五角形の中心をなすのがシティ・スクエアの中心にある小型ピラミッドだ。

また、大型ピラミッド群が構成する五角形の東側に位置するのが「要塞」。これはまっすぐな城壁が急角度で「逆くの字形」に合わさるような形状をしていることから名づけられたが、これら2枚の城壁は楕円形の丘状構造物を内包するような形で建っている。

要塞は明らかに三角形構造であること、また、城壁の接合部分が完全な左右対称をなしていることなどから、浸食や風化によって自然に形成された地形とは考えにくいのだ。

そして、要塞の北東側に破片らしきものが散乱していること、西側に巨大構造物の名残らしき部分が存在することから、要塞は巨大な構造物が内側に向かって崩壊したものと考えられている。

要塞の北西には、小穴が密集した「蜂の巣状構造物」がある。これは規則的に配置された立方体の「小部屋の集合体」で、人工物なら、幅1・6キロにも及ぶ巨大構造物である。

このように、「シティ」には、人工のものと思われる構造物が、明確な「都市計画」に従って整然と配置されているのだ。ホーグランドは、それぞれの構造物がきわめて巨大であることから、全体でひとつの複合的な都市を形成していると考えたのだった。

要塞と名づけられた構造物。ヴァイキング1号が撮影したもので、逆くの字形の壁と楕円形の丘状構造物で構成されている。

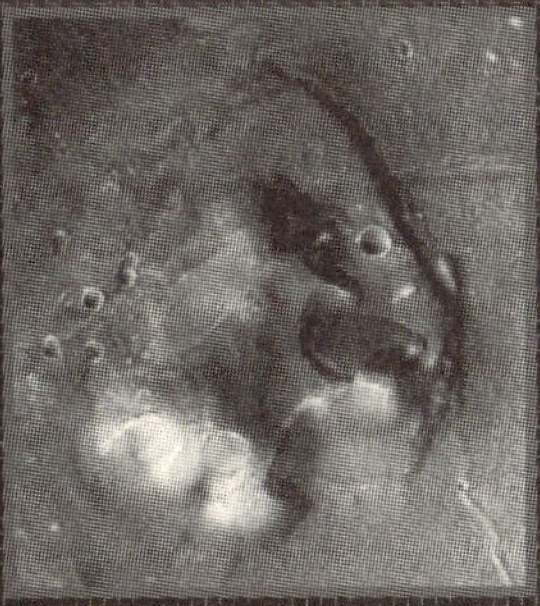

要塞の最新画像。これでは溶解した金属塊のようだ。

メイン・ピラミッドと付属神殿、さらに要塞近辺を再現してみるとこんな感じになる。

CYDONIA Mystery 10

火星古代戦争の痕跡発見!?
シティ周辺の謎の都市構造物

シドニア平原には「トロス」と呼ばれる丘陵が突出している。高さは約150メートル。シティの東32キロほどの地点に位置する。この構造物もまた、「造り手の意志」に従って配置された人工の構造物だと考えられている。

というのも、D&Mピラミッドの北西の稜線をそのまま延長すればシティ・スクエアの中心に到達し、北の稜線を延長すれば人面岩の「涙のしずく」に到達、そして北東の稜線を延長すると、このトロスの頂上に到達する。つまり、トロスも一定の法則に従って配置されているのだ!

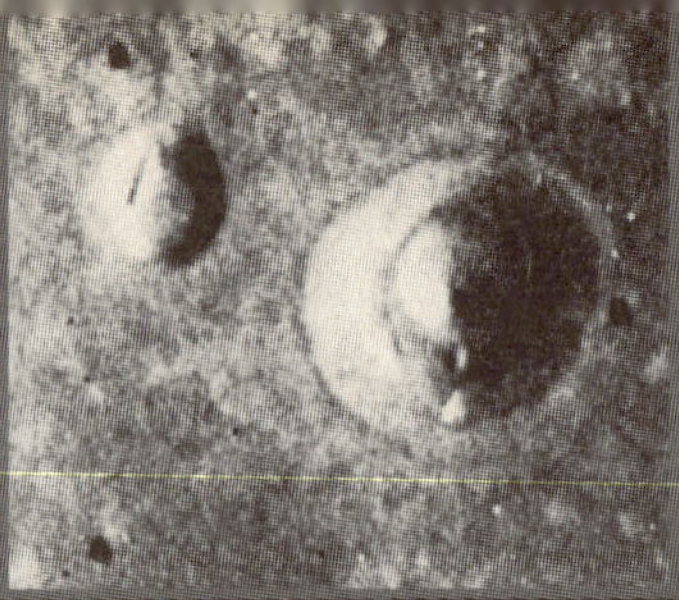

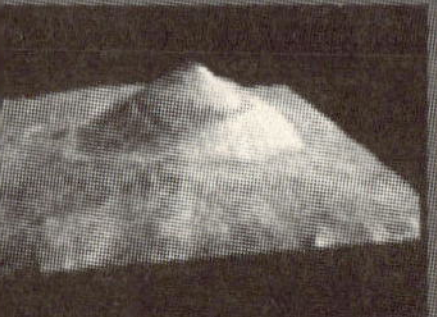

⬆螺旋状の道を持つと思われるトロス。ほかの構造物とはまったく違うこの形状の意味するものは、まだ謎のままだ。⬅研究者が作ったトロスの3次元画像。

しかし、トロスの形状はシドニア地区のほかの構造物とは大きく異なっている。ゆるやかな曲線で構成されるその外観は実になめらかで、周囲を溝のような構造が取り囲んでいる。その表面には螺旋状の模様が確認でき、これはトロスの頂上へと続く一種の登山道のようにも見えるのである。

なぜ、このような形状の構造物が存在するのか？　その疑問はいまもって解決されていない。

形状の謎でいえば、人面岩の北東23キロの地点には、「クリフ（断崖）」と呼ばれる巨大な壁状の構造物が存在する。これもまた多くの謎を含んだ構造物なのだ。

クリフの高さは約27メートル、長さは約3・2キロで、北西から南東方向に走っている。ナイフの刃、あるいは

直線状の崖のように見えるクリフ（左）。その右には巨大なクレーターがあり、右上の縁のところに四角錘ピラミッドが見える。いずれもクレーターやその近辺の土砂を使って建造されたのではないかと見られている。

薄いくさびのような形が特徴的である。

　このクリフの最大の謎は、シティ・スクエアの中心、人面岩の口、そしてクリフの中心と一直線に結ばれていることだ。もちろんこれは、クリフが人工の構造物であることを示す証拠にほかならないが、さらにこの直線は、太古の「夏至線」だと推測されているのである（これについては詳しく後述する）。

　このクリフは、隕石によって形成されたクレーターから1・6キロほど離れた地点にある。そして、クレーターの近くからは、人工的に掘削したような溝が見つかっているのだ。これはクリフを建造するにあたって、建材となる土砂を掘りだした跡とも考えられる。

　このクレーターを挟んで、きれいな四角錐のピラミッドが、クリフと向かい合うように建っている。このピラミッドにも隕石の衝突による損傷がまったく見られないことから、隕石の衝突後にクレーターの縁を削って建造された人工の構造物というのが、研究者たちの一致した見解である。

　ちなみに、1997年9月11日に火星に到達した探査機マーズ・グローバル・サーベイヤーが送信してきた画像データから奇妙なクレーターを発見したという報告がある。

　それは、一見すると隕石が激突してできた普通のクレーターのようだが、よく見ると状況が少し変だ。普通のクレーターなら、その縁が鋭くシャープなはずだが、そのクレーターの縁は明確でないばかりか、内部から液状の物質が流れでたような感じなのである。ならば火山かというと、それは明らかに違う。あくまでも普通のクレーターと同じく、火星地表にできた穴にすぎないのである。

　火山でもなく、隕石の落下痕でもないクレーター。その正体は何なのだろうか？

　これについて、リチャード・ホーグランドは驚くべき仮説を提唱した。彼は、このクレーターが核爆発によって形成されるものと似ていることから、「マーズ・ウォー」の痕跡であると主張している。太古の火星において、人面岩などを建造した知的生命体は、最終的にみずから起こした戦争によって滅亡した。その戦争の痕跡が、このクレーターだというのである！

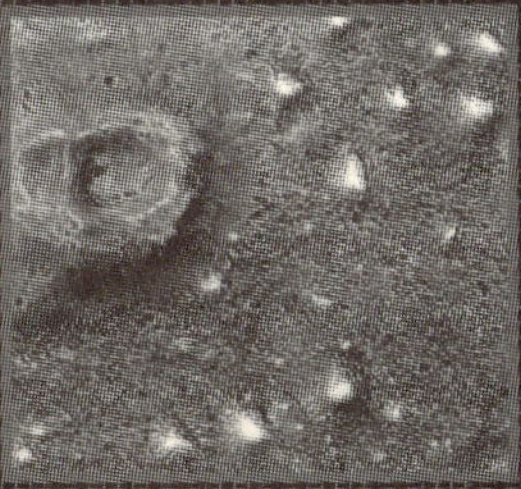

火星探査機マーズ・グローバル・サーベイヤーが送信してきたクレーターの画像。縁がシャープな普通のクレーターと違い、高熱で溶解した金属の流出を思わせる実に奇妙な形状をしている。

クリフの最新拡大画像。かなり侵食が進んでいるクリフに隣接して謎のチューブ状構造物が写っている。

CYDONIA Mystery 11

都市構造に秘められた神聖幾何学

「太古夏至線」の発見

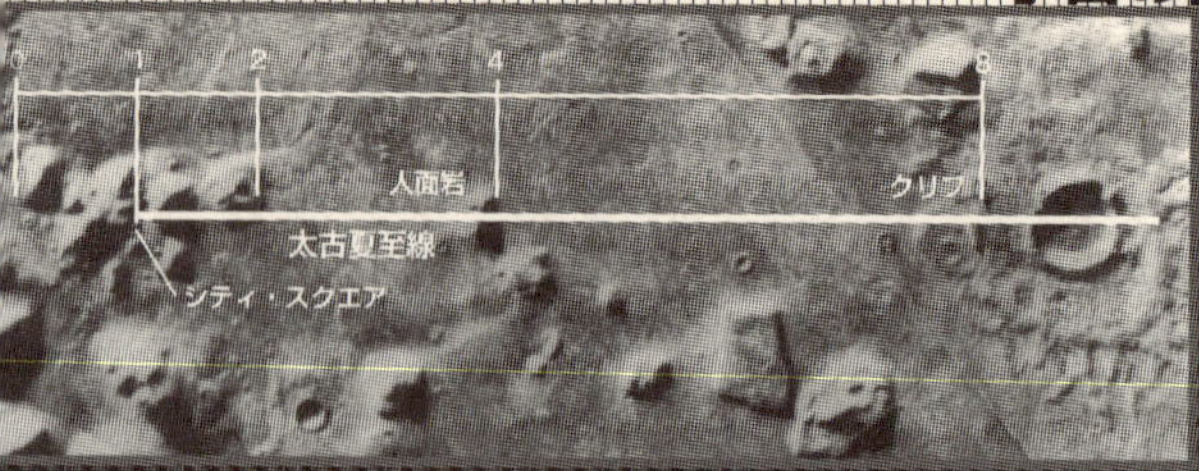

シティ・スクエアから人面岩の口を通りクリフにぶつかる太古夏至線。各構造物間には正確な等比関係がある。

「火星の構造物群は、地球外知的生命体が建造したものである」

ホーグランドのこの仮説を実証するには、実地調査がいちばんなのだが、現時点では不可能。ならば、構造物が自然には形成されえない地形であることを完全に証明できればいいのだが、探査機が送信してくる画像だけでそれを判断するのはむずかしい。となると、もうひとつのアプローチが必要になる。それが構造物の配置である。

地球上には、高度な数学や天文学の知識に基づいた太古の建造物が数多く存在する。ホーグランドは、火星地表の構造物群にも同じようなことがいえるのではないかと考えた。

そこで、シドニア地区の中心部を基準にして、東の地平線を望む地域を分析してみた。その結果、構造物同士の配列や方位から「太古夏至線」の存在を導きだした。

火星の地軸の傾きは約100万年周期で15度から35度の間を行ったり来たりしており、現在の地軸の傾きはほぼ中間点の25・19度になっている。

ホーグランドはシティ・スクエア中央の円錐形の小型ピラミッドから、人面岩の口を通る一本の直線を引いてみた。そして、それを基準線とし、その基準線が太古の夏至線として機能する時代（つまり、火星の夏至の日の出と日の入りの方向に走っている時代）を割りだした。それは、火星の地軸の傾きが約20度のとき、つまり約50万年前という数字になったのだ。

さらに、この太古夏至線を北東に延ばすと、クリフにピタリとぶちあたる。クリフの壁は太古夏至線に対して、正確に垂直をなしているのだ。

驚くのはそれだけではない。太古夏至線に沿って、シティの南西端からシティ・スクエアの中心点までを1とすると、シティの北東端までが2、人面岩までが4、そしてクリフまでが8と、正確な等比関係をつくっていたこともわかったのである。

こうなると、もはやこれらの構造物は何者かによって計画され、人工的に建造されたものとしか考えられなくなってくる。

さらにホーグランドは、シドニア地区の構造物の配置全体に、前述した「19・5度」という角度が大きな役割を果たしていることを発見した。

たとえば、トロスの中心部からクリフと四角錐ピラミッドに引いた直線のなす角度が19・5度である。また、D&Mピラミッドの北西の両端から、クレーターの縁の四角錐ピラミッドの頂点に向けて直線を引くと、やはり19・5度という数値が得られるのだ。

ここでは割愛するが、こうした特定の数値はほかにも数多く現れる。これを単なる偶然の一致とするのは簡単だ。

しかし、エジプトのピラミッドを例にとるまでもなく、幾何学的な数値が封じられた構造物には、必ず知性の関与がある。その意味で、火星の構造物に知性が関与している可能性は、ますます濃厚になってきたのである。

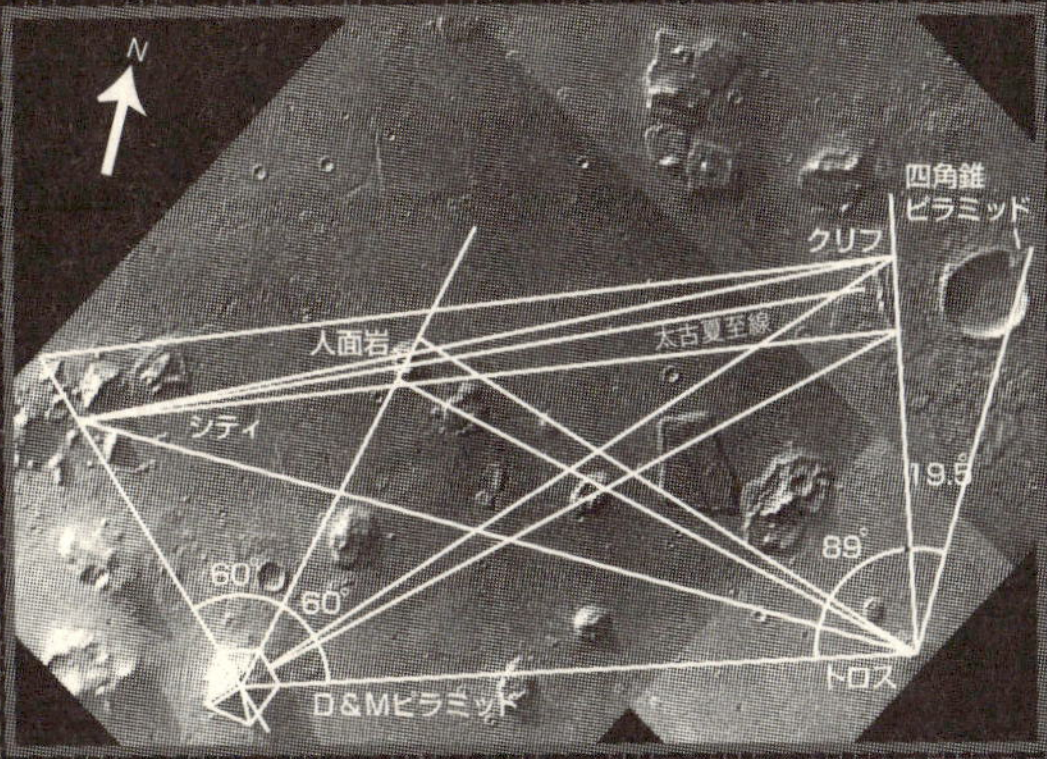

シドニア地区の主要構造物を幾何学的に計測すると、それぞれの構造物に複雑な関係が見出せる。また、19・5度の特別な数値をはじめ、60度、89度など、なんらかの意味を込めたと思われる数値も出現する。

シドニア地区の都市遺構の復元イラスト。ホーグランドの説に従えば、火星にこうした風景が広がっていたのは、今から約50万年前ということになる。

CYDONIA Mystery 12

太古宇宙文明の痕跡か!?

イギリスで発見された縮小モデル

ホーグランドは火星の構造物群の配置を統括する「都市計画」を明らかにしたが、なんと驚くべきことに、この地球上にも同じ配置の構造物群が存在するという。

イギリスのハンプシャー、エイブベリー地区にあるエイブベリー・サークルとシルベリー・ヒルがそれだ。

いずれも4500年前に建造されたと推測される構造物で、エイブベリー・サークルは直径320メートルもの円形の遺跡、シルベリー・ヒル

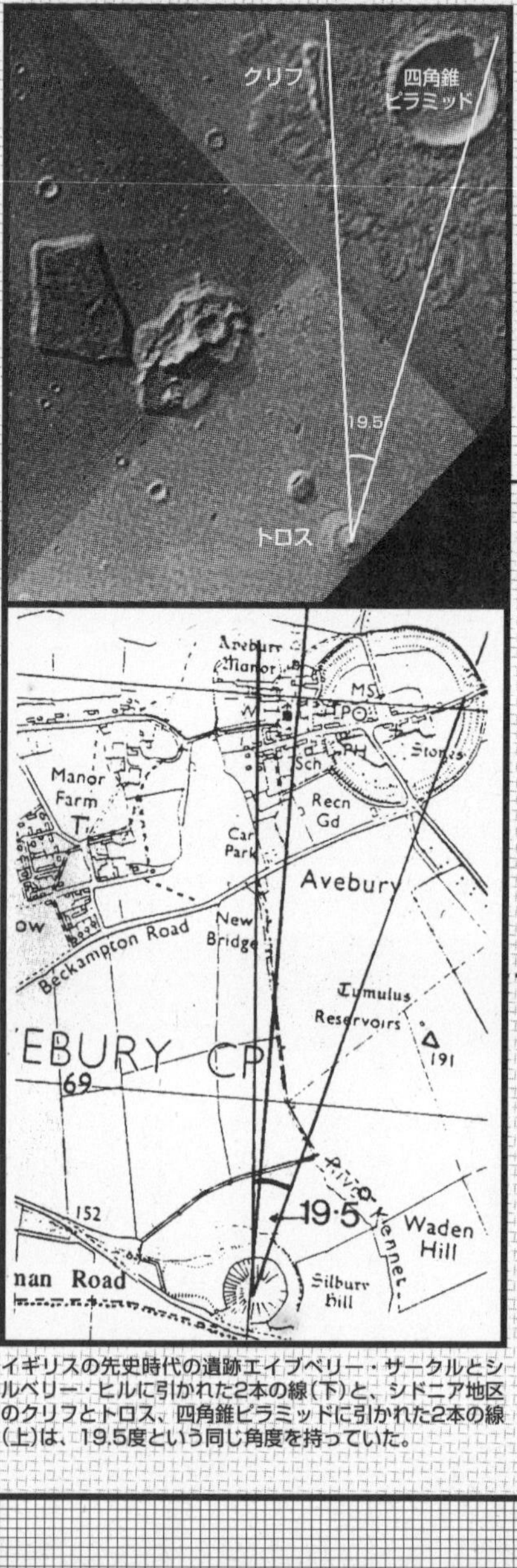

イギリスの先史時代の遺跡エイブベリー・サークルとシルベリー・ヒルに引かれた2本の線(下)と、シドニア地区のクリフとトロス、四角錐ピラミッドに引かれた2本の線(上)は、19.5度という同じ角度を持っていた。

エイブベリー・サークル（中央の円形建造物）。写真右上には人工古墳としてはヨーロッパ最大級の規模を誇るシルベリー・ヒルがある。このエイブベリー地区はミステリー・サークルの多発地帯としても知られている。

は高さ約39メートルの円錐形の人工丘陵である。

ホーグランドは火星のシドニア地区と、イギリスのエイブベリー地区の遺跡に共通点があることに気づいた。シドニア地区の巨大クレーターとトロスの位置関係が、エイブベリー地区のエイブベリー・サークルとシルベリー・ヒルのそれに酷似していたのである。

そこでエイブベリー地区の地図を用意して、シルベリー・ヒルとエイブベリー・サークル間の距離が、火星のトロスとクレーター間の距離と等しくなるように倍率を設定、地図のコピーを作成した。そして、そのコピーとシドニア地区の写真を重ねてみると、驚くべき結果が出来した。

なんと、エイブベリー・サークルとシドニア地区のクレーターは、ピッタリ同じ大きさだったのだ。

そして、イギリスのエイブベリー地区の遺跡配置が、火星のシドニア地区の構造物群を１００分の７の縮小率で「再現」したものであることが明らかになったのである。

それならばエイブベリー地区には、トロスとクレーターのみならず、シティや人面岩など、ほかの構造物に対応する遺跡も存在するのではないか？

さっそくホーグランドは、彼が主宰する「エンタープライズ・ミッション」のふたりのスタッフをイギリスに派遣し、実地調査を行わせた。すると彼の思惑どおり、エイブベリー地区には、シドニア地区の構造物に対応する遺跡がいくつも発見された。それは次のようなものだ。

✣ ✣ ✣

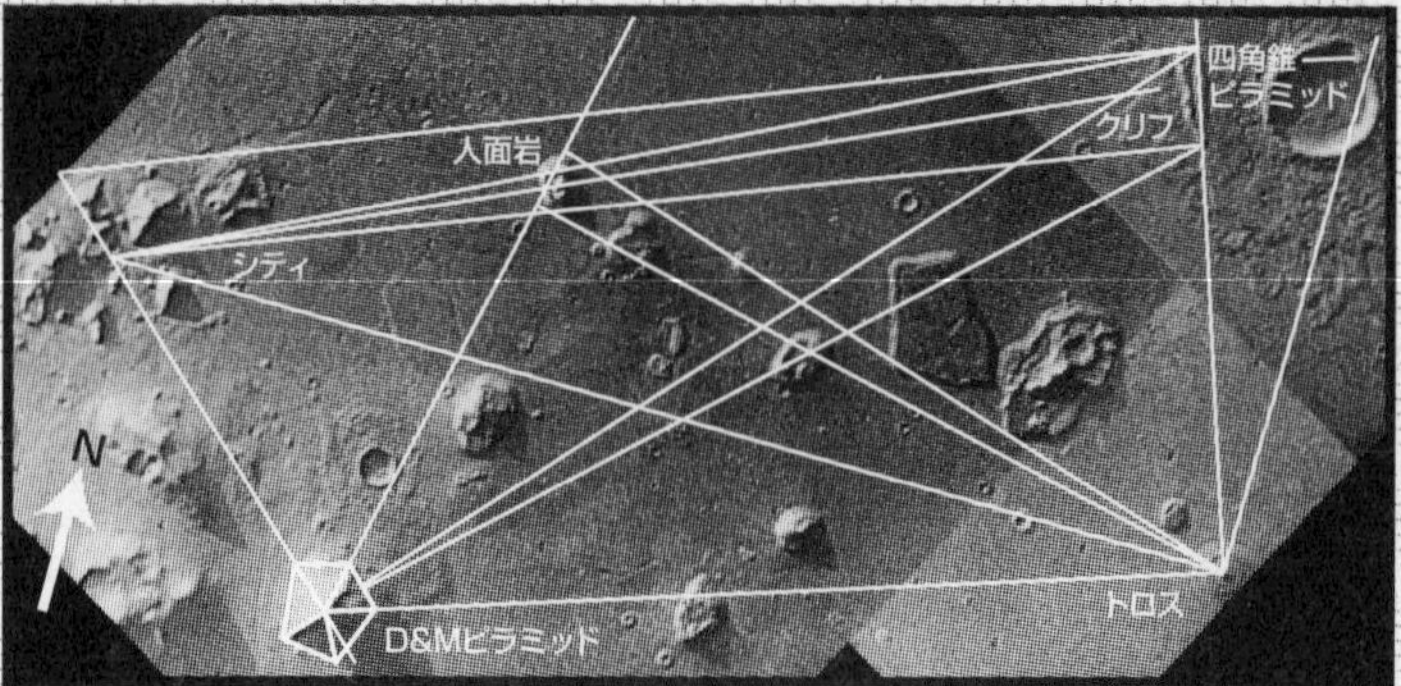

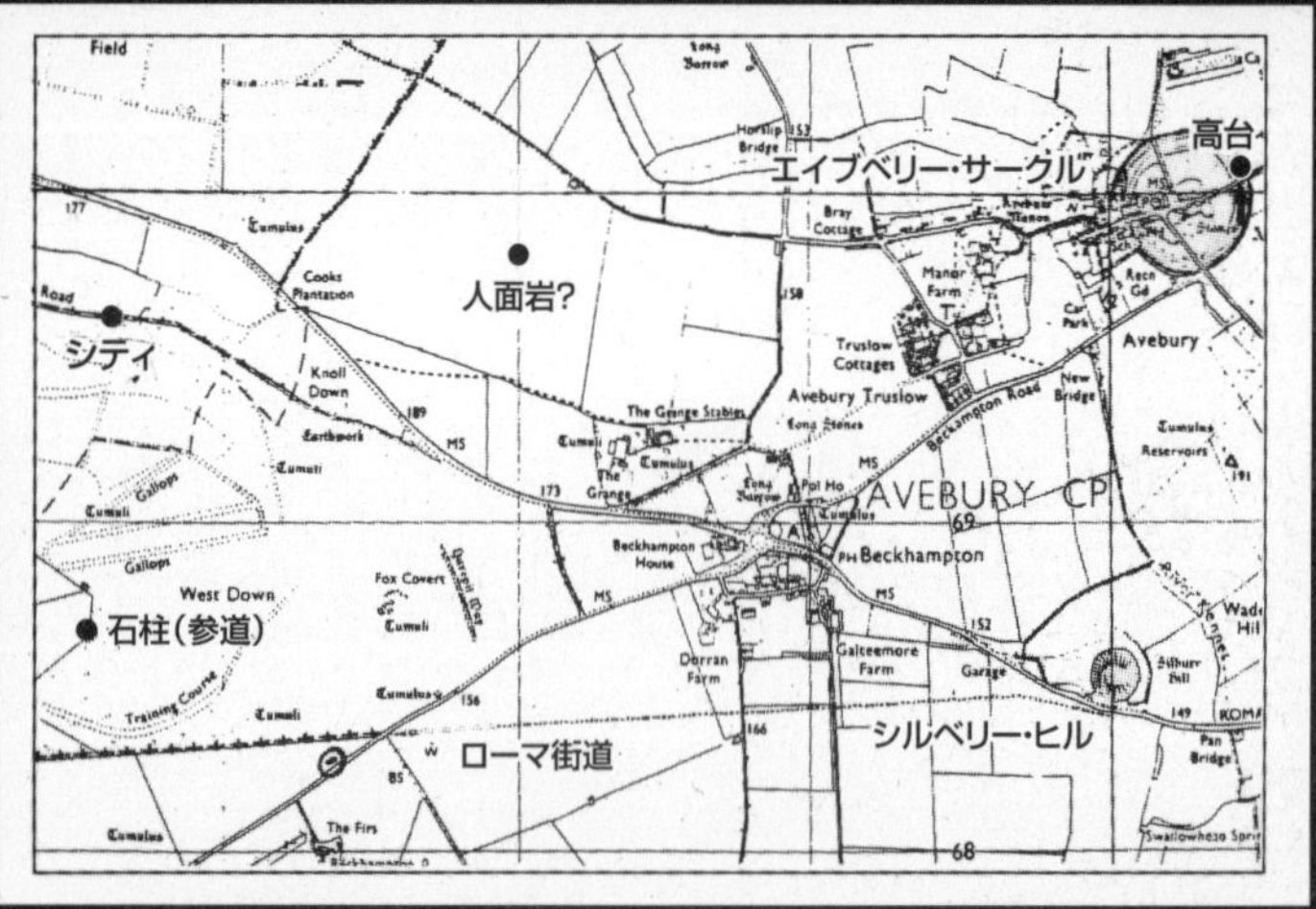

シドニア地区の各構造物を結んだ写真（上）と、エイブベリー地区全体の地図（下）を比べてみてほしい。右ページの拡大図で示したほかにも数多くの一致点が見出せる。ホーグランドが発見したように、火星のシドニア地区の100分の7の縮小モデルが、地球のエイブベリー地区だとしたら、これは、火星と地球の密接な関係を証明する驚くべき証拠といえる。

■クリフ：エイブベリー・サークルの西側にある溝状の窪地がこれに対応する。窪地の長さはクリフの長さと縮尺的に一致する。

■四角錐ピラミッド：エイブベリー・サークルの外縁上の高台がこれに対応する。

■D&Mピラミッド：地図上の対応する位置には何もないが、かつてそこに何かがあったことを示すように、盛り土の上に石柱が立てられている。これはD&Mピラミッドの参道と同じ役割を果たしているものと推測される。

■シティ：地図上の対応する位置に、3つの丘に囲まれた畑地がある。この3つの丘は、シティ・スクエアを囲むピラミッドに対応するものと考えられる。畑地の中心部には楕円形をした特異な地形があり、これはシティの中心を示すものと推測される。

■人面岩：地図上の対応する位置に、人面岩を思わせる稜線が存在するが、そこに何かがあったという痕跡しか残っていない。

人面岩のように、時の流れによって失われてしまった構造物もあるだろうが、イギリスの田園地帯に広がる古代遺跡と火星地表に存在する構造物がこれほど完璧に符号するという事実――これが驚異でなくてなんであろう。

この事実は、かつて地球と火星を結ぶ宇宙文明が存在したことを示唆するものではないのか。

それはいったいなんなのか？

NASAはその答えを知っているのではないか？　いずれにせよ、火星の謎は、地球の過去にまでさかのぼって追究しなければならないものといえよう。

こうした類似性が注目されているのは、イギリスの古代遺跡だけではない。次項で見るように、古代エジプトの遺跡でも興味深い指摘がなされている。

エイブベリー地区で見出されたシドニア地区との相関関係。❶クレーター外縁の四角錐ピラミッドに相当する高台。❷D＆Mピラミッドの参道を示すと思われる石柱。❸シドニア地区のシティに相当する平原。❹シティの中心部に相当する畑。三方を丘に囲まれている。残念ながら人面岩やD＆Mピラミッドに比定されるべきものは、時の流れで失われたようだ。

CYDONIA Mystery 13

宇宙文明の存在を示唆するものか？

火星のオリオン・ミステリー

古代火星文明の建設者と古代地球文明の建設者には密接な関わりがあった――この仮説の証拠として、火星のシドニア地区とイギリスのエイブベリー地区の符合を紹介したが、さらに壮大な規模の符合が存在することが明らかになっている。

地球において符合の対象となるのは、ギザの三大ピラミッドだ。これらがオリオンの三つ星の配置と一致しているという説は、ピラミッド研究家のロバート・ボーヴァルが著書『オリオン・ミステリー』で明らかにしている。古代エジプトのピラミッドはオリオン信仰をもとに建造され、オリオン座の南中高度と一致する約1万年前がその時期にあたる、というものだ。

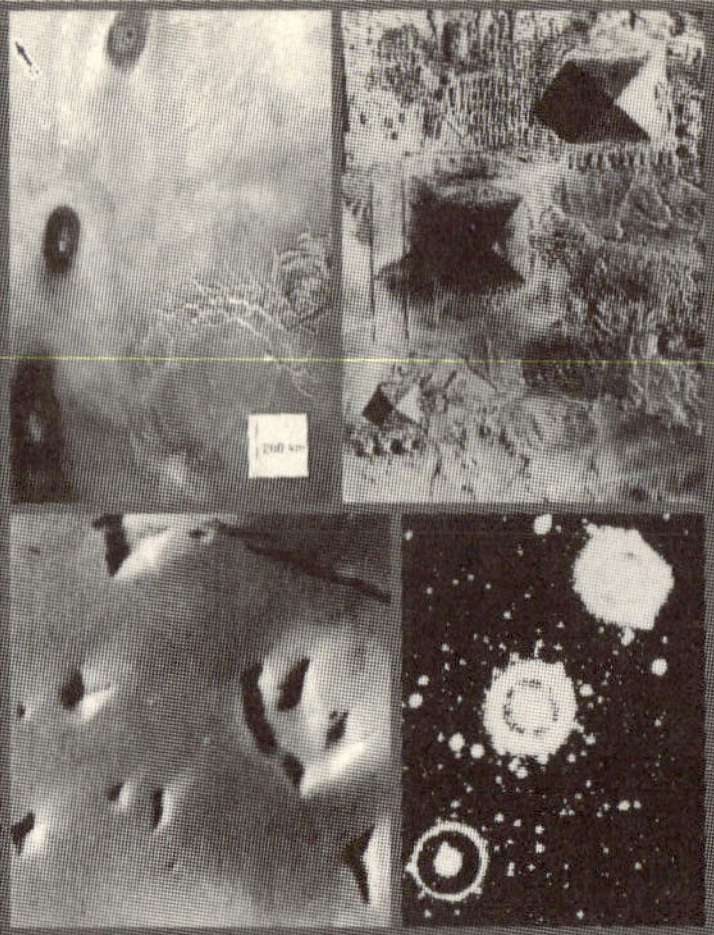

ギザの三大ピラミッド（右上）と火星のタルシス三山（左上）は、その配置が一致する。火星のシドニア地区の三連ピラミッド（左下）とオリオンの三つ星（右下）の配置も同じだ。

実は、オリオンの三つ星の配置と一致する地形が、火星にも存在する。それはタルシス三山と呼ばれる火山群で、いずれも裾野の広がりの直径が400キロ、高さが20キロを超える巨大な山塊である。この三山を構成するアスクレウス山、パボニス山、アルシア山の配置が、アルニタク、アルニラム、ミンタカと呼ばれるオリオンの三つ星の配置とぴったり一致する。

ということは、火星のタルシス三山は、ギザの三大ピラミッドの配置とも一致するということになる。つまり、北から南へ、クフ王のピラミッドがアスクレウス山、カフラー王のピラミッドがパボニス山、そしてメンカウラー王のピラミッドがアルシア山という具合に対応しているのだ。
火星のタルシス三山と地球の三大ピラミッドが同一の配置にある。

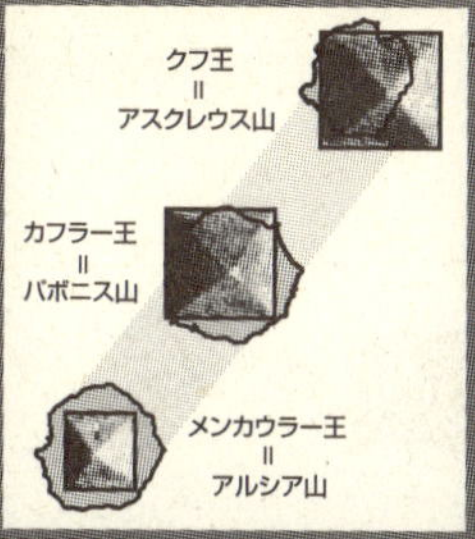

この符合は、単なる偶然の一致なのだろうか？　いや、そうではない。偶然ではないことを示す傍証が、数多く存在する。

たとえば、エジプトのピラミッド建設の基礎となった数的最小単位キュビト(1キュビト＝約42・65センチ)だが、これは火星の円周距離2万1333キロの5000分の1に当たる。

また、ギザの三大ピラミッドが、φ比例(黄金分割)やπ(円周率)やe(自然対数の底)を基本として配置・建造されていることはよく知られている事実だ。これらの定数が、火星のD&Mピラミッドやほかの構造物群の配置や構造にも見られることは、別項においてすでに述べたとおりである。

こうした火星と地球、さらにはオリオンの三つ星との符合——そこには、火星と地球を結ぶ壮大な宇宙文明の存在が感じられる。

では、火星と地球を結ぶ宇宙文明の建設者は、オリオンの三つ星を大地にしるすことによって、何を表現しようとしたのか？　そこにはどのような叡智が隠されているのだろう？

これについて、エジプト学者ナイジェル・アップルビーが意味深長な指摘をしている。アップルビーによれば、ギザの地下には失われた超古代文明の叡智を保管した「記録の宝庫」が存在するという。そして、オリオンの三つ星がギザの大ピラミッドの真上にくるとき、シリウス星の真下にくるのが、その「記録の宝庫」なのだという。

火星と地球を結ぶ宇宙文明、失われた超古代文明、そして失われた叡智——にわかには信じがたい話ばかりである。しかし、火星ピラミッドの真の意味が解明された暁には、すべての謎が解けるに違いない。地球の古代文明の鍵を握るものこそ、火星なのである。

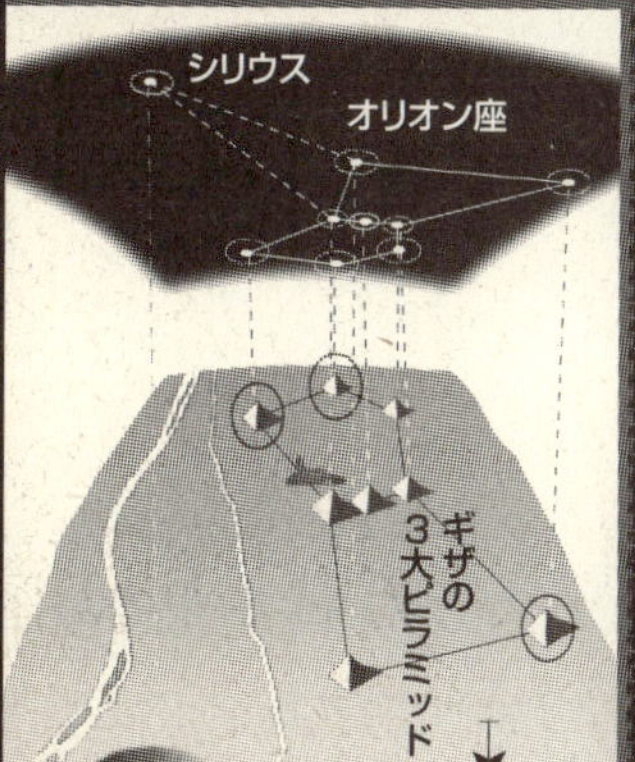

エジプト学者のアップルビーが推定するオリオン座とエジプトのピラミッド群との相関関係。丸のついたピラミッドは未発見のもの。彼は、オリオンの三つ星がこの配置になったとき、シリウスの真下には超古代文明の叡智を保管した「記録の宝庫」が位置するという。

月探査機

1964年NASAのレインジャー7号が、月面に衝突する2.3秒前に撮影した写真には、クレーターから突き出た3つの物体が写されていた。これにより、月面に人工物があるのではないかという疑問が表面化することになった。

有人月面着陸が華々しいアポロ計画では、15号からSIMと呼ばれる各種カメラやレーザー高度計、スペクトル計などが軌道船に装備され、解像度1メートルの高精細な月面写真や、重力異常などが精密に測定されていた。その後もクレメンタイン資源探査機により100万枚の写真で月面全体が撮影されたが、一般に公開されている画像はごく限られたものだ。そのNASAは2020年に再び人類が月を目指す計画を示している。

一方で、ロシアにも、幻の有人月着陸計画N－1計画が存在した。しかしN－1計画は1974年に開発中のロケットを廃棄、資料はすべて焼かれ、指揮を担当したコロリョフ氏も事故死しているため、いっさいが謎に包まれてしまった。

最近では、日本のかぐや、中国、ヨーロッパの探査機が続々と月を訪れており、これらの探査機による情報公開が待たれる。

アポロ15号の軌道船。露出している機械装置がSIM（各種カメラやレーザー高度計、スペクトル計）

レインジャー探査機と、月面に衝突する2.3秒前の画像。左上のクレーター内に構造物が存在する。

ANCIENT REMAINS in SPACE: The Best

第3章 月面のオーパーツ

MOON ANOMALY

[No.046~073]
頭蓋骨とチューブ状構造→被写体背後のレゾマーク

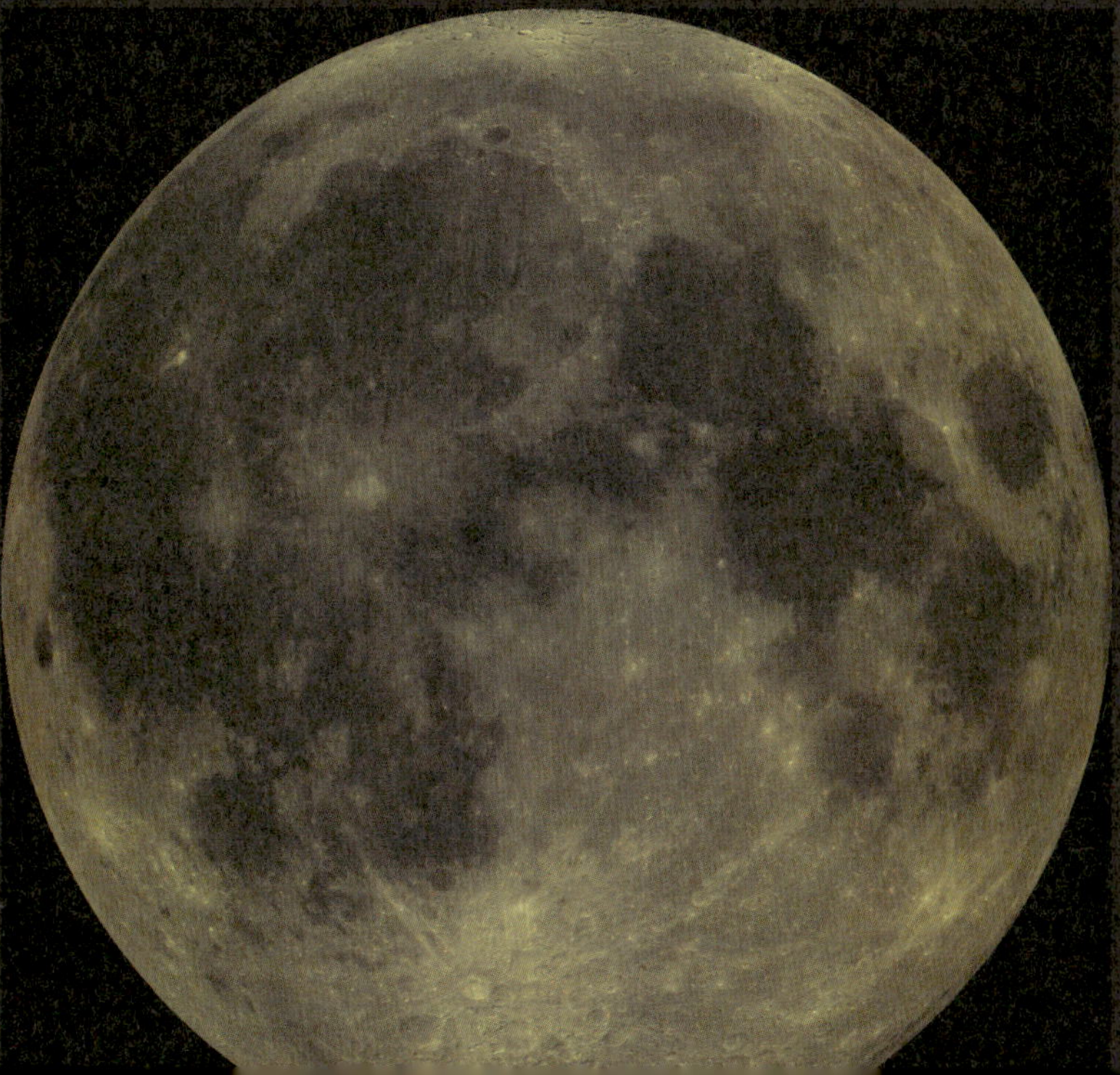

FILE No.096

クレーター周辺に異形の加工物！

頭蓋骨とチューブ状構造

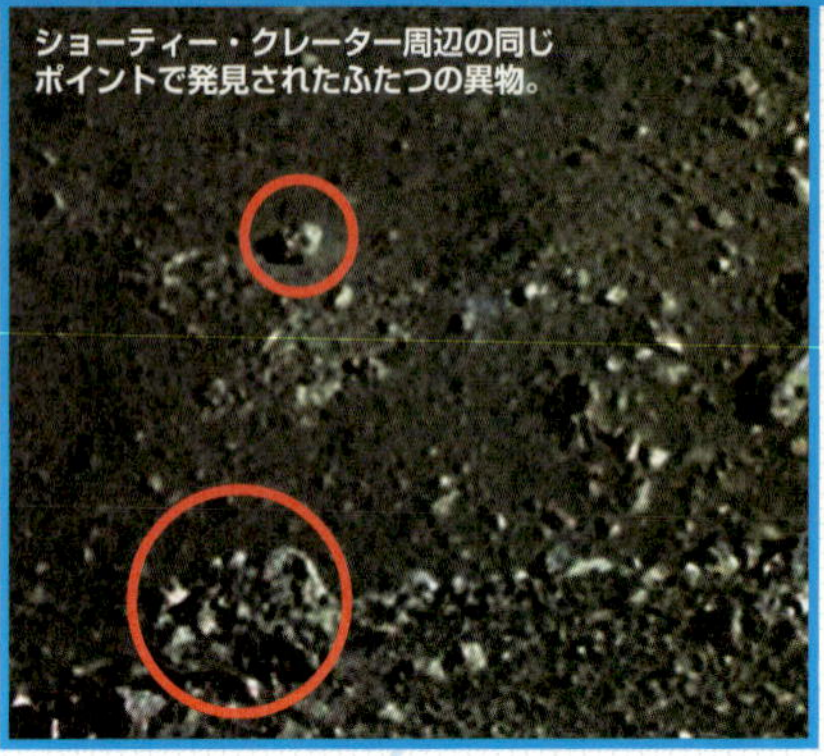

ショーティー・クレーター周辺の同じポイントで発見されたふたつの異物。

1972年12月11日、アポロ17号は月面「晴れの海」の南縁南西にあるタウルス山地に降り立った。その搭乗者ユージン・サーナンとハリソン・シュミットの両宇宙飛行士が「ショーティー・クレーター」周辺で活動したとき撮影した写真に、とんでもないものが写り込んでいるのが発見された！

それがここに紹介する頭蓋骨と人工的な物体である。

当時、月面探査でクレーターに到着し、内部をのぞいたシュミットは興味深い発言を残していた。

「外縁部は黒っぽい物質で囲まれている。地表を覆うのは明るいマントル質だが、内部は…ウワーッ……」

彼は何に反応したのか？

続けてサーナンは「おい、写真を撮影するのか」といっている。つまりふたりはクレーター内部で何か驚くべきものを発見したのだ。

彼らの活動中、カメラは固定されていた。そこで撮影された写真に写っていたのが、機械部品らしき物体だ。

「七面鳥」と呼ばれる金属的質感のチューブ状構造物。

頭蓋骨の形をした物体。不自然な赤い部位が確認できる。

その写真をコンピューターで分析したのは研究家のリチャード・ホーグランドである。彼が詳しく観察すると、金属的質感のチューブ状構造や幾何学的配列が見てとれた。その形状から〝七面鳥〟というニックネームをつけた。

この七面鳥のすぐ近くにあったのが問題の頭蓋骨である。拡大すると頭骨の口にあたる部分に赤い線が見える。また、眼窩《がんか》、額《ひたい》、眉弓、鼻、頬骨、上顎といった各部位も確認できる。下顎は欠損しているようだが、人間の頭部および顔を彷彿とさせずにはおかない。大きさは人間の頭大。ただの岩石でなければ、シュミットらはこの人面岩を月面から持ち帰っているはず……。

アポロ計画は20号までの打ち上げ予定が、この17号で突然中止になった。その理由は謎のままだが、ふたりがここで見たものに原因があるとしたら……。月には先住者が存在していたのかもしれない！

FILE No.047

月の裏側の超巨大タワー

クレメンタイン画像は改竄されている?

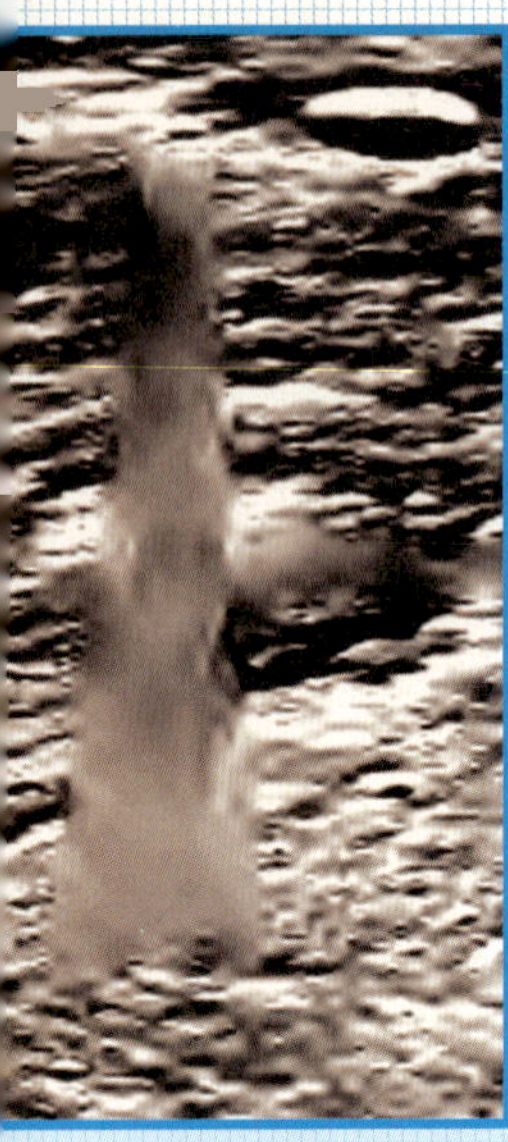

タワーのクローズアップ。輪郭に沿って周囲の風景がゆがんでいる。

NASAは1994年に打ち上げられた月探査機クレメンタイン探査機によって撮影された約200万枚の写真から、全月面を網羅したライブラリを公開。そして2004年、アメリカの研究家ジョゼフ・スキッパーが詳しく調べた結果、超巨大タワーの存在を発見した。

場所は、経度250度、緯度65度付近、今までデータのなかった極地域を含む高緯度地域の一帯だ。写真では一部にボカシによる修正が施されているように見えるが、拡大すると、輪郭にそって周囲の風景が溶け込むようにゆがんでいることがわかる。タワー自体も、その影も消されてしまっているが、光の屈折によるゆがみを伴うとするなら、半透明のまさにクリスタル製のタワーが存在している可能性もある。

公表された解像度から計算すると、影を含めて数十キロの高さがあると推定される。だが、そのような超巨大タワーがなぜ今まで気づかれなかったのかという疑問が起こるのが当然だろう。それは、経度250度は月の西の地平線の彼方、月の裏側に位置し、地球からの観測では絶対に見ることができないためだ。

日本の月探査機かぐやが北極付近の飛行をハイビジョン中継したことは記憶に新しいが、その位置はタワーのちょうど反対側だった。つまり、かぐやの中継も意図的に反対側で行われた可能性が考えられる。これは異星人が建造し、月の重力環境を最大限に利用した超巨大モニュメントなのだろうか。

FILE No. 098

地質学の理論では説明不能！
クレーター内の正三角形構造

月面には大気も水もなく、地球で起こるような浸食作用はありえない。そこでもし層状や幾何学的パターンのものが見られるとすれば、地質学の理論では説明できないことになる。そんな異常地形が存在する。

場所はウケルト・クレーター。アポロ計画の際に、月面の中央部付近で撮影された画像から見つかったものだ。白く光る円環状のクレーター内に、黒い正三角形構造体が浮かび上がっているのだ。

三角形は、各頂点がクレーターの中心部である最も暗い部分にピタリと収まるようになっていて、クレーターの縁の部分が明るく輝くことで、内部の三角形がより強調されている。

クレーターの中心点を通るように直線を引くと、その直線が三角形をきれいに二等分する。こうした幾何学的規則性が自然に形成されたとは考えにくい。NASAは、地質学的な偶然の産物としているが、謎は解決されないままになっている。

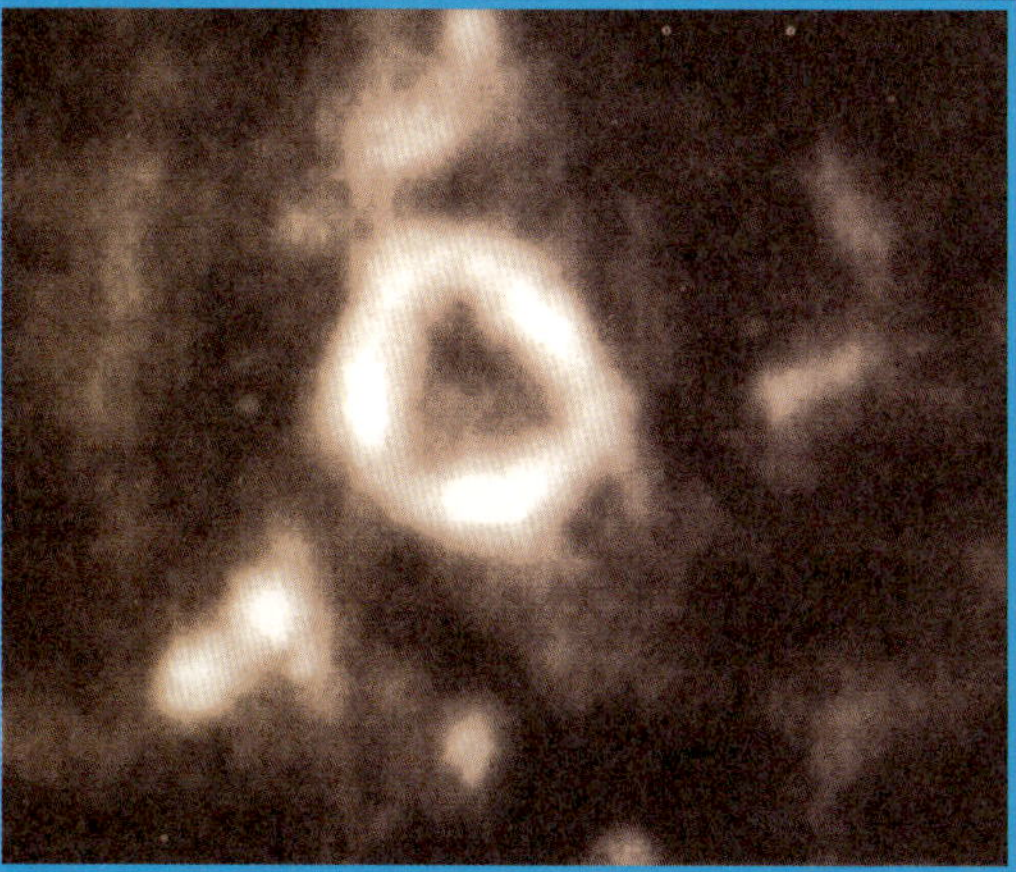

ウケルト・クレーター内に正三角形構造が見える。正体は不明だ。

FILE No. 099

地上14キロの超巨大人工構造物
月面のキャッスル

アポロの月面探査のとき、CBSニュースのサイエンス・アドバイザーとして活躍していた科学ジャーナリストのリチャード・ホーグランドは、NASA内部から入手した月面探査機が持ち帰った写真を分析し、月面の人工構造物をいくつか発見している。そのひとつが写真のキャッスル、タワー、シャード(後述)だ。

キャッスルは巨大な三角形の複雑な幾何学的パターンをもった建物で、地上から約14キロという途方もない高さでそびえ立っている。

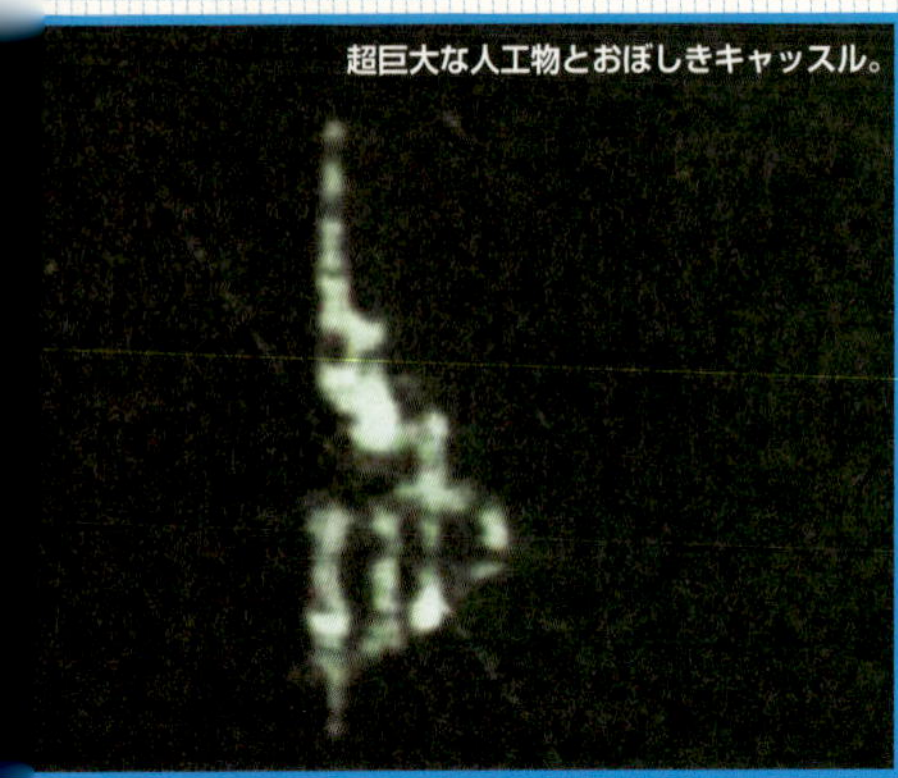

超巨大な人工物とおぼしきキャッスル。

ホーグランドの言葉を借りれば、それはまさに“ガラスの宮殿”だ。

タワーは中でも謎に満ちた建造物で、地表からの高さは約8キロ。さまざまな角度から撮影されており、それぞれ違った姿を見せている。タワーの頂上部分には、立方体を基調とした極めて規則的な構造が認められ、しかもこの部分は一辺の長さが1・6キロに達する立方体がいくつも集合する形で形成されているのである。また頂点の表面にはなんらかの理由で生じた損傷が認められるという。

いずれも太陽光線の反射率が異常に高いことから判断するとクリスタルのような素材で造られていると思われる。

すでに廃墟と化した月文明の痕跡だろうか?

周辺には、やはり同様の塔らしき物体が確認できる。

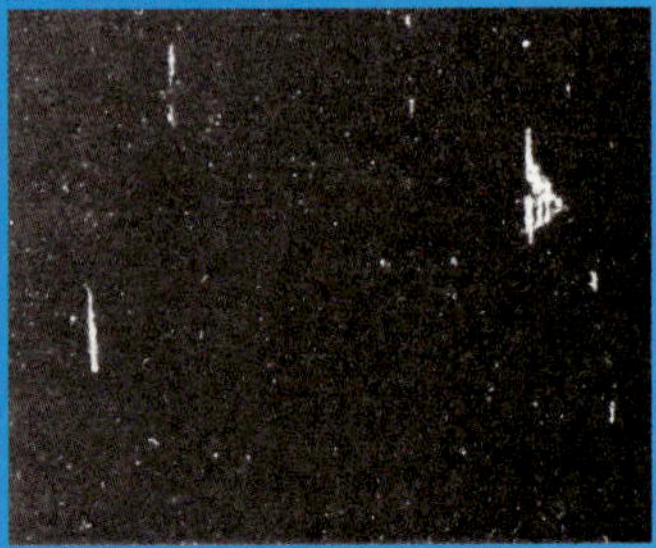

FILE No. 050

謎の幾何学的反射体

月面のシャード

科学ジャーナリストのリチャード・ホーグランドが一連の異常構造物を発見したのは、月面のナスメドル南西部と中央部分、さらにマーレ・クリシュム、そして前述の構造物がいくつか存在するウケルト・クレーターだ。

そのひとつ、シャード（欠片の意味）は高さ1・6キロ以上。一見すると何かの塔のような構造物である。全体の構造は非対称形で、ねじれている部分に幾何学的パターンが認められる。つまりとても自然にできる形状とは言い難いというのだ。

さらにホーグランドがシャードをコンピューターで拡大してみると、太陽光を強く反射する部分とそうでない部分があることがわかった。太陽光をここまで強く反射することができる物質は、クリスタルのようなガラス質のものしかない。したがって、シャードはガラス質の原材料を用いて造られた人工建造物である可能性が極めて高いと結論できるという。

月面には大気も水もないため、地球のような浸食作用は起こりえない。そのような状態の中でこうした構造物が見つかることは驚異なのだ。

月面に屹立する謎の物体。ちなみに上方の十字形は写真の方眼マークである。

FILE No.051

宇宙飛行士を監視する機械装置か
センサー装置

写真中央に写った謎の物体。

拡大すると機械的な印象を受ける。

再現イラスト。

アポロ宇宙飛行士を監視するセンサーかカメラか？　まるでそうとしか思えない球形の機械装置らしき謎の物体が月面の写真に写り込んでいる。

写真中央にあるこの物体は、周囲の岩や地質の特徴とは明らかに異質だ。大きさは直径数十センチほどと思われる。全体は茶色く、くっきりとした幾何学的な模様をともなっている。

また球形の物体は、転がっているというよりも、なんらかの支えの上に乗っているように見える。下部のパイプで地上に接続されているのだろうか。あるいは低空飛行しているようにも見える。これは、ますます自然界に存在するものではなさそうだ。

着陸船から落下した地球上の物体である可能性も捨てきれないが、アポロの月面活動に支障はなかった。飛行して移動するセンサーかカメラのようなものか、それとも地下基地から月面を監視する潜望鏡のようなものなのだろうか？

(左)遠景に見える囲みの中に謎の物体が。
(上)不鮮明ではあるが、十字の物体が見てとれる。

FILE No.052

宇宙飛行士は十字の物体を見た!?
謎のクローバーリーフ

1972年に月面着陸に成功したアポロ17号。その宇宙飛行士ロナルド・エヴァンズと地球との間で奇妙な会話がやりとりされたと伝えられている。南極エイトケン盆地で「クローバーリーフ」を見たというのだ。

だが、これは宇宙飛行士たちが用いる暗号で、クレーターの密集地であるとされている。四葉のクローバーや、その形状をしたインターチェンジではなさそうだ。

ところで、この写真ではアポロ17号のハリソン・シュミット宇宙飛行士がヘンリークレーターの巨石の近くから遠方の丘を見ている。

実は、その視線の先に、四葉のクローバー状の物体が存在するのだ！　その構造物は全体が平たく、手前がせりあがっている。自然に形成された物体ではありえない。もしこれが火星に残された人工的な遺物であれば、エヴァンズが発言した「クローバーリーフ」とは、地球外生命体にまつわる〝何か〟だった可能性もあるのだ。

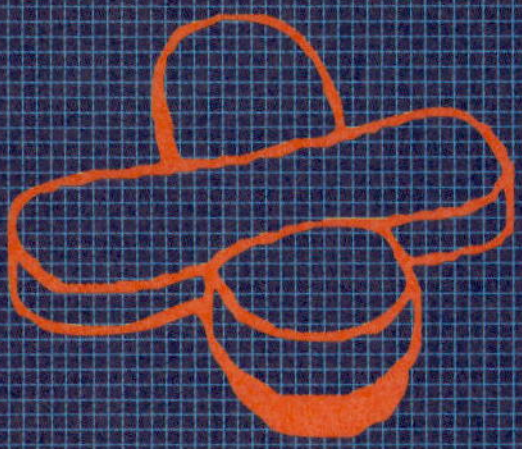

再現イラスト。

FILE No.053

パイプライン

月面の谷に橋が架かっている!?

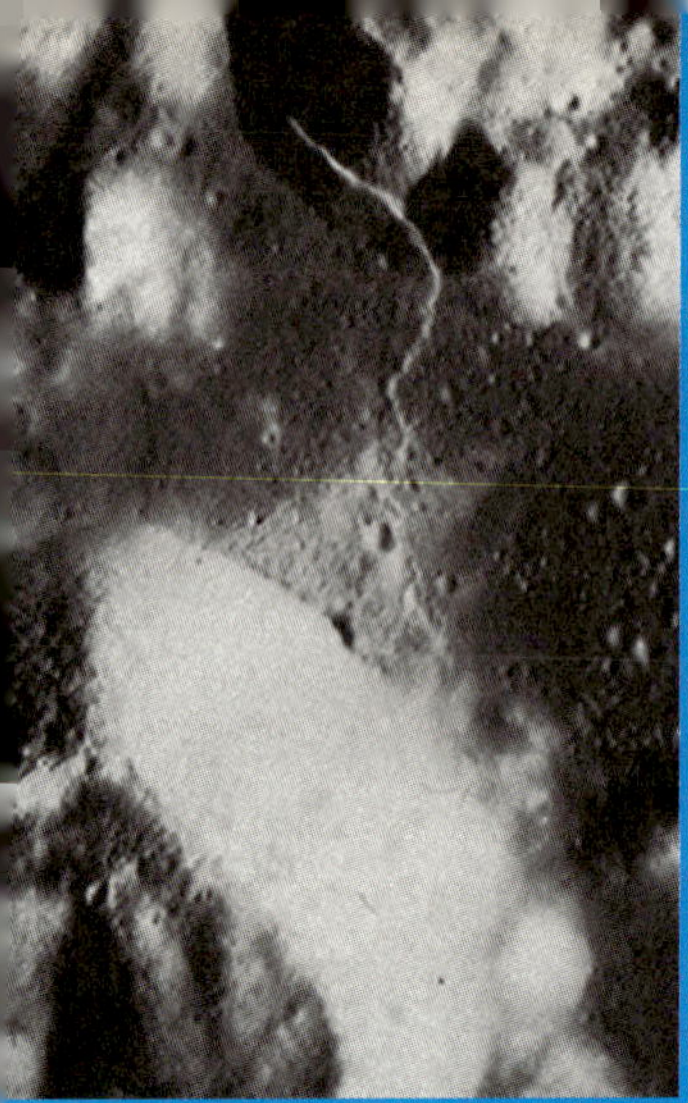

月面のパイプライン。

アポロ17号による画像が捉えた月面写真には、謎のパイプラインとおぼしき物体が写り込んでいる。地中から現れた白い筋状の何かが、途切れることなく山まで伸びていき、なんとその中腹を横に回り込んでいるのだ。

これは、明らかに通常の谷や溝とは異なる見え方であり、施設の間をつなぐパイプラインのような設計意図を感じさせる構造である。といっても、その規模は地球で見られるパイプラインのそれをはるかにしのぐ太さと長さである。

さらにパイプラインの下方先端あたりをご覧いただきたい。筋は右下の白くぼやけた場所に通じているのだが、なぜかこの一帯は画像がぼけている。おそらくは「恒常的な施設」が存在するはずの部分に、ぼかしによる修正が加えられている可能性がある。

さらにアポロ10号による画像には、縦に走る亀裂が中央付近で分断されているものがある。拡大すると、橋状にパイプが架かっていることがわかる。まるで、月面に埋設されたパイプラインが谷をまたぐために露出したもののようだ。

いずれも、採掘された資源を施設へ供給するためのものなのだろうか？

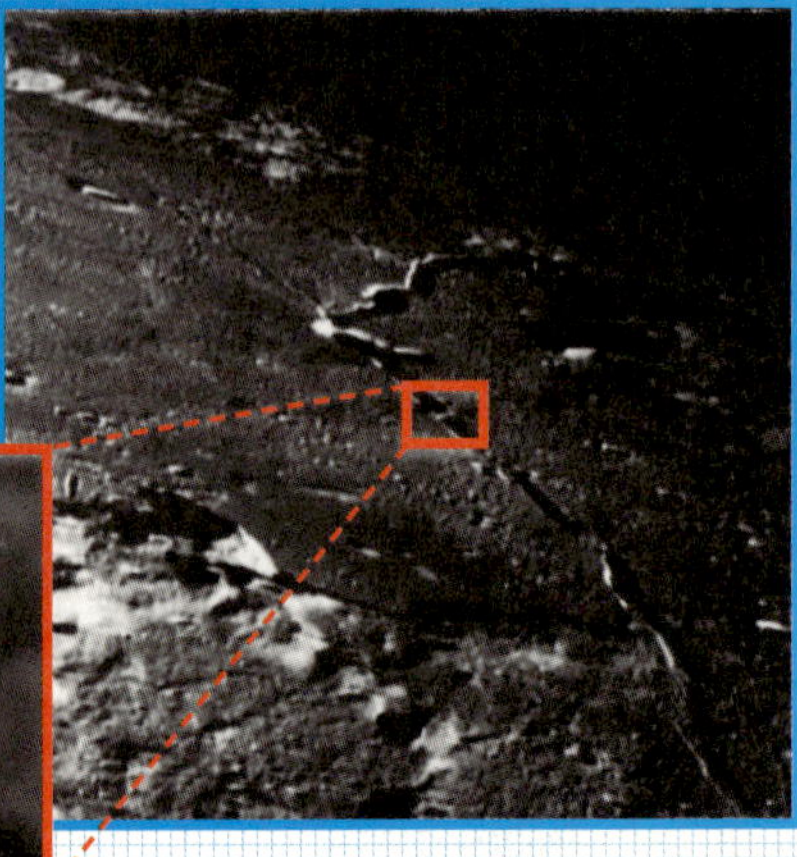

アポロ10号による「橋」の画像とその拡大(左)。

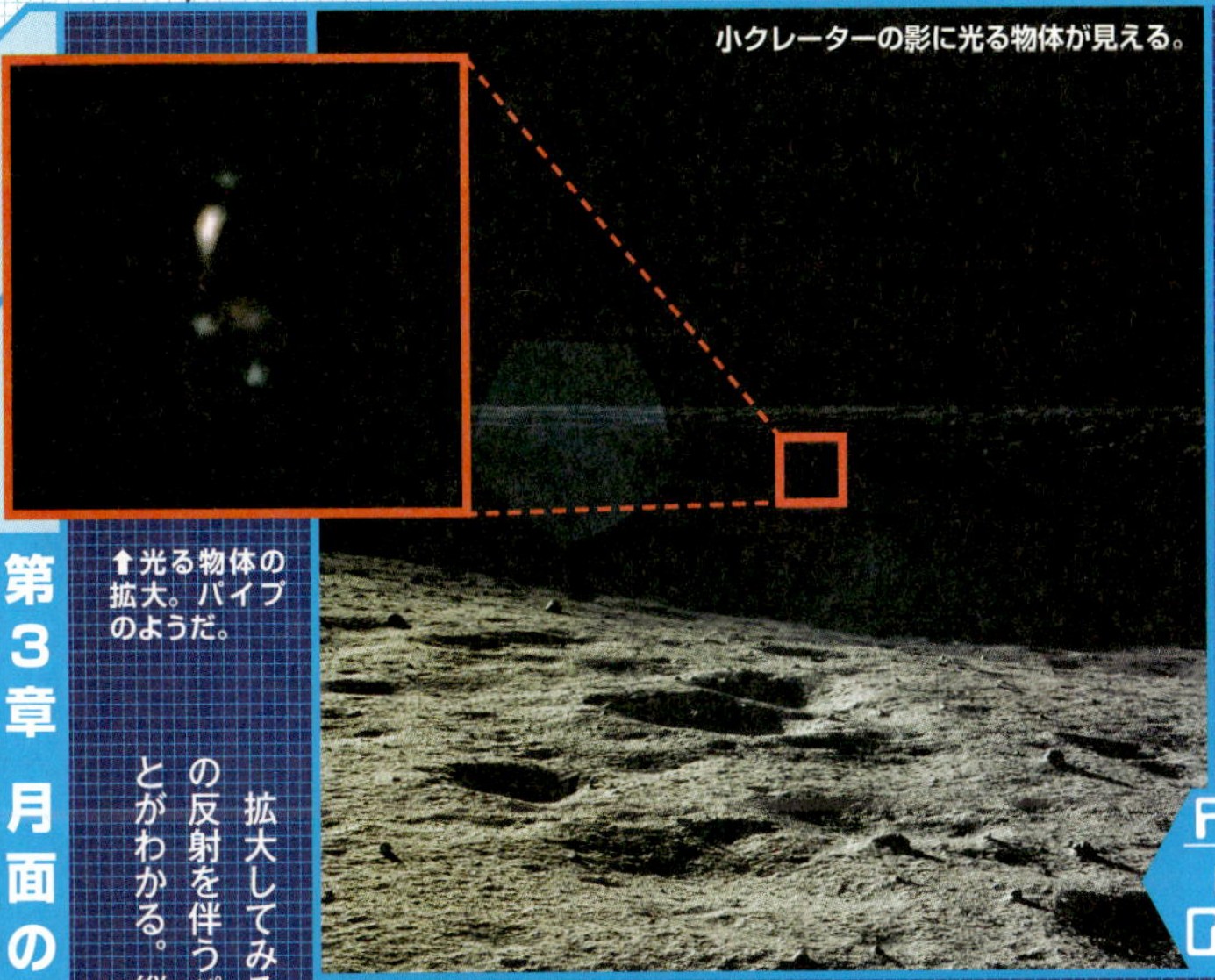

小クレーターの影に光る物体が見える。

↑光る物体の拡大。パイプのようだ。

FILE No 054

パイプ状機械

クレーターの地下に埋設?

アポロ12号の飛行士が撮影した小クレータに人工的な物体が映し出されている。太陽は画面の左上方にある。逆光に近いアングルのため、写真には数個のレンズゴーストが写りこんでいるが、問題の物体はクレーターの影の部分に位置し、ゴーストとは明らかに異なった複雑な形状を見せている。

拡大してみると、縦長の鈍い金属質の反射を伴うパイプ状の物体であることがわかる。縦のパイプは上部がクレーターの壁の方向に曲がっており、取っ手のような状態で設置されている。下部はコネクタを介して別のパイプに連結しているようだ。

加工されたクレータに取り付けられた小規模なパイプ装置なのだろうか。あるいはクレータが形成されたことによって地下に埋設されていたパイプラインが露呈したものなのだろうか。いずれにせよ、自然に存在する物体でないことは確かだろう。

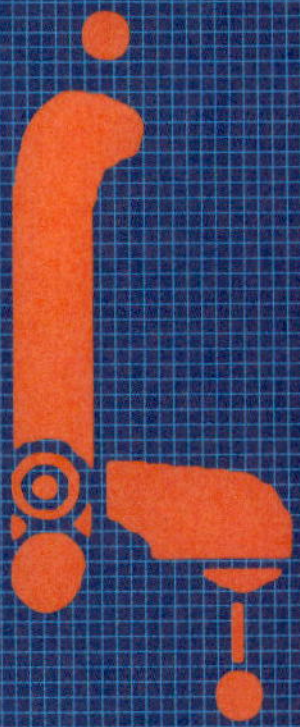

再現イラスト。

FILE No. 055

謎の人工物が写り込んでいた!
アンテナ

以前から月周回軌道ではクレーターなど自然の地形にまぎれるように多くの月面構造物の痕跡が捉えられてきたが、中には地球上の常識では想像も及ばないほど巨大な構造物が写し出されている写真も存在する。

それはNASAの修正漏れではないかと思えるほどのものだ。そして、月面活動で撮られた3万2000枚に及ぶ写真にも多くの疑惑が存在する。アポロが月面に持ち込んだ観測機材とは明らかに異なる機械装置や構造物が写真に数々写り込んでいるのだ。

このようにアポロ計画には、表向きの成果とは裏腹に、多くの疑惑がもたらされているのである。忘れてならないことは、アポロをはじめ、すべての月探査において、長時の月面発光やモヤなどの現象が頻繁に観測される地域や月の裏側への着陸は一度も行われていないということだ。月はまだまだ解明されていない、謎に満ちた天体なのだ。

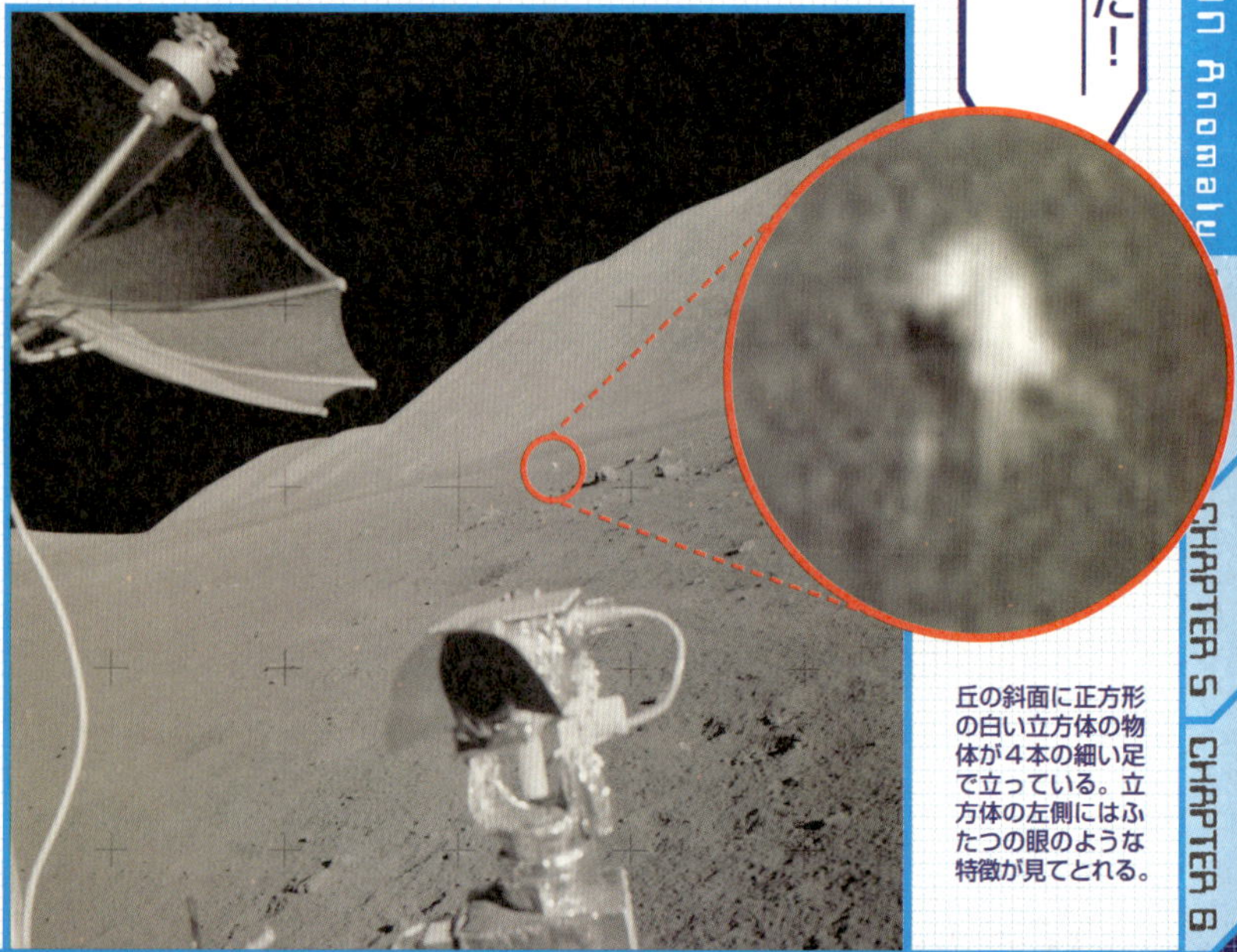

丘の斜面に正方形の白い立方体の物体が4本の細い足で立っている。立方体の左側にはふたつの眼のような特徴が見てとれる。

地平線上に十字型のアンテナのような物体が存在している。

FILE No.056

後に画像修正された超巨大な塔
ボーリング・ピン

1966年11月、月周回軌道上から、月面を撮影することが主な目的だった無人探査機ルナオビーター2号。撮影されたその写真のうち、歴史的にもっとも有名な写真がここに挙げるコペルニクス・クレーターの写真である。

コペルニクス・クレーター。中央に白い謎の塔が見える。

コペルニクス・クレーターは直径93キロ、深さ3700メートルあり、地球から双眼鏡でも見ることができるほど巨大なクレーターだ。実は、この写真の後方に謎の〝異物〟が写り込んでいる。まるでボーリング・ピンのような構造物なのだ。

ボーリング・ピンといっても推定数百メートルはあると思われる超巨大な物体だ。周囲とは異質な存在であるため、自然にできたものとは思えない。

なお、この画像については、現在、NASAから入手はできる。だが物体そのものは見ることができない。どうやらこの〝異物〟の箇所だけ修正されてしまったようなのだ。やはり何か知られたくない存在だったのだろうか？

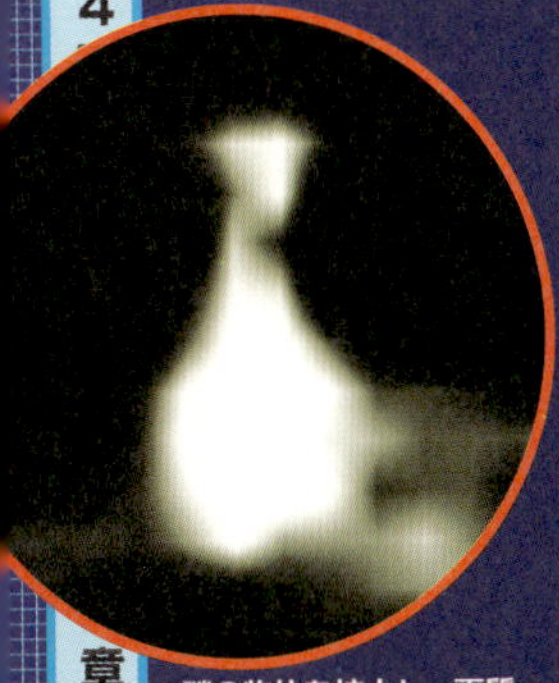

謎の物体を拡大し、画質をなめらかにしたもの。

FILE No.057

なぜ層構造地形が造られたのか？

テラス状構造

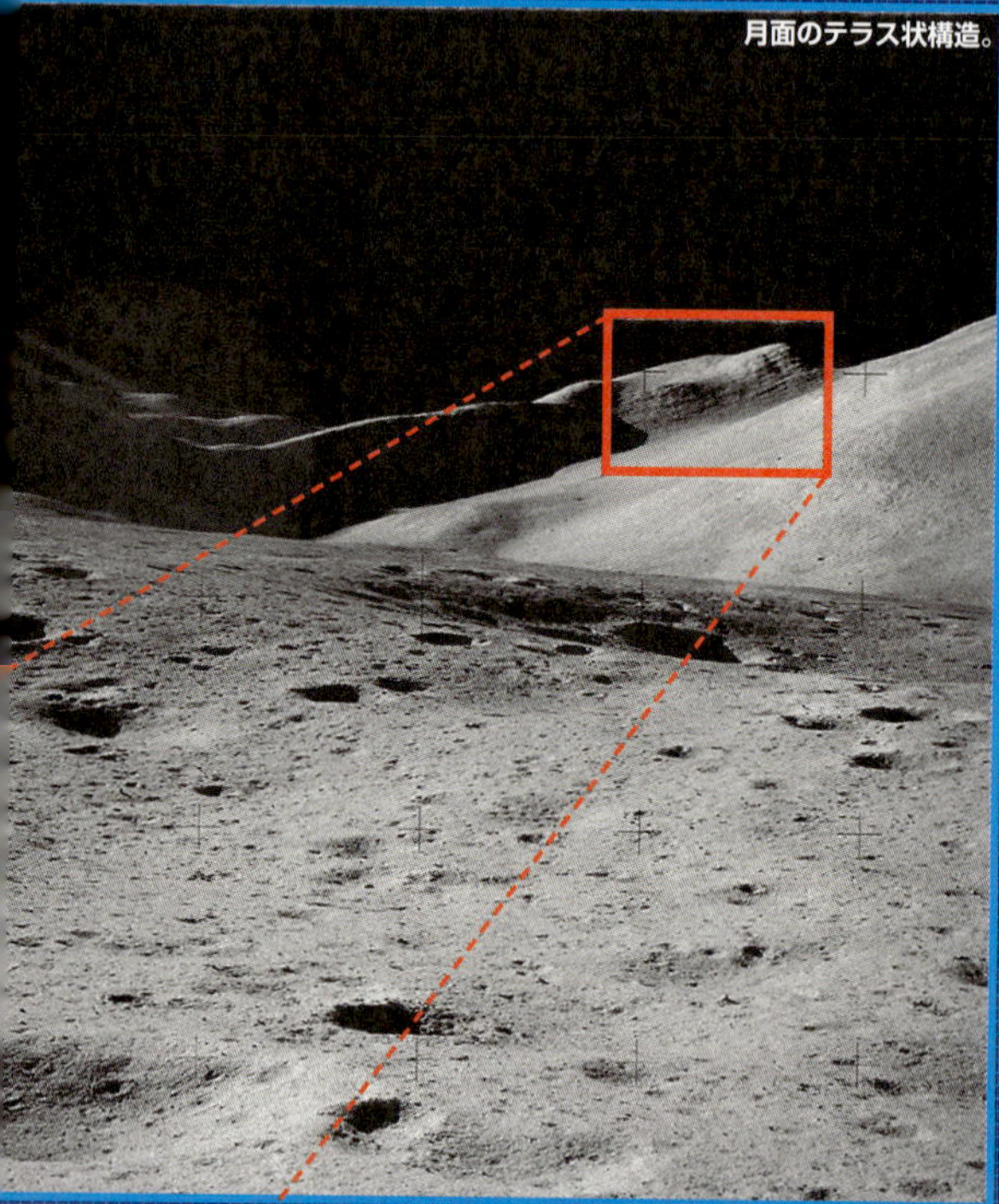

月面のテラス状構造。

月には大気も水もなく、また火山活動もないとされており、一度形成された地形は、何億年もの間、微小隕石による粉砕を受けてなめらかになる一方だといわれている。

しかし、どうしても説明のつかない構造物が月面には存在する。

アポロ15号によるこの写真の右上の丘には、地球や火星によく見られるテラス状の層構造を持つ地形が写されているのだ（拡大写真参照）。

もし月に風や雨、火山などの自然のサイクルがないとすれば、このような層構造地形が自然に生じることなどありえない。そうなると、月でも地球と同じような侵食が繰り返されてきたか、あるいは何者かによってテラス状の層構造が造られたかの、どちらかなのである。いずれにせよ常識を疑うものであるのは間違いない。

もしかするとこれは、巨大施設の一端なのかもしれない。

FILE No. 058

ブロック片

月面で製造された建材か？

もしテラス状構造のようなものが存在するのであれば、それを構成するブロック片が存在したとしても不思議ではない。アポロ15号では、まさにそんなブロック状の物体が撮影されている。

ご覧のとおり、月に存在するにしてはあまりにも不自然な石ではないか。

たとえばその四角く切りだされた形状、平坦な面、ちょうど中央にあるくぼみ、そして層構造などから、自然の産物とは考えにくい。また、四隅の角はほとんどが垂直のように見える。これは人工的な技術によるものであることを彷彿とさせる。

やはり不思議に思ったのであろう、アポロ15号の宇宙飛行士も興味深げにこのブロックを何枚もの写真に収めている。

これは何者かによって月面で製造された建材ではないだろうか。そして、このブロックを用いてテラスが形成されているのではないか。

写真のブロック片は、はるか昔に投棄されたか、あるいはテラスから破壊されて飛散したものなのだろう。だが偶然にも古代の遺物が本来の形状をとどめたまま、発見されたものだったのかもしれない。

四角く切りだされたブロック状の構造物。

テラス状構造の拡大。

FILE No. 059

月には大気がある!?

月の常識を覆す大気現象

月には大気がなく真空の状態――ところが、この常識を全否定するような月面写真と映像がある。

アポロ12号によって撮影された大気現象。もやによって月面が白く輝き、中央の地平線がぼやけている。

月は大気をとどめておくには重力が弱すぎると考えられている。計算上では、最も軽い水素分子で数時間、比較的重い酸素分子でも100万年で宇宙空間に飛散するとされる。その一方で、月面探査によって観測された月面の気体分子は水素であった。

天体の重力と大気の関係は実はわかっていない。事実、月よりも重力が小さい土星の衛星タイタンには、地球並みの濃厚な大気が存在する。これらの矛盾を考えれば月に大気が存在しても不思議ではないのだ。

月面には、光の散乱によって地表を明るくするほどの大気が存在しているのではないだろうか。もし、月に大気があれば、月が真空の世界であることを前提に積み上げられてきたこれまでの常識は、すべて訂正を余儀なくされることになるのである。

月の夜明け。まだ太陽の光が当たっていない月面が輝きはじめている。大気によって薄明現象が起きている証拠だ。

FILE No. 060

有機的な生命感を感じさせる！

月の大地、真の色

1970年代のアポロ月面着陸についても、火星と同じく写真の発色に関する謎がつきまとう。

アポロのカラー写真に見られる月面は、やや青みがかったグレー一色で、色彩感に乏しいものがほとんどだ。ところが、一部の写真には豊かな色彩のものもある。

月面に降り立った宇宙飛行士たちは、その目で見た月面の色を次のように報告している。

「月表面は太陽を背にするとやや茶色がかった明るい灰色となった。太陽光と直角ではずっと暗い灰色となり茶色味は薄れた」

つまり、月面は茶色なのである。月の反射光が太陽光線よりも赤みがかっていることは、地球からのスペクトル分析でも知られている。

しかし、公開されているカラー画像は青みがかったグレーのものがほとんどである。もし、茶色の月面をそのまま見せてしまえば、月のイメージは地球に近いものとなってしまう。すると、過去から現在にかけて、生命が存在した可能性がクローズアップされてしまうだろう。月もまた火星と同様に死の世界をイメージづける必要があったのではないだろうか。

アポロ17号ではオレンジ色の土壌が撮影されている。カラーチャートの発色も正確で、きわめて自然な中間色を再現している。

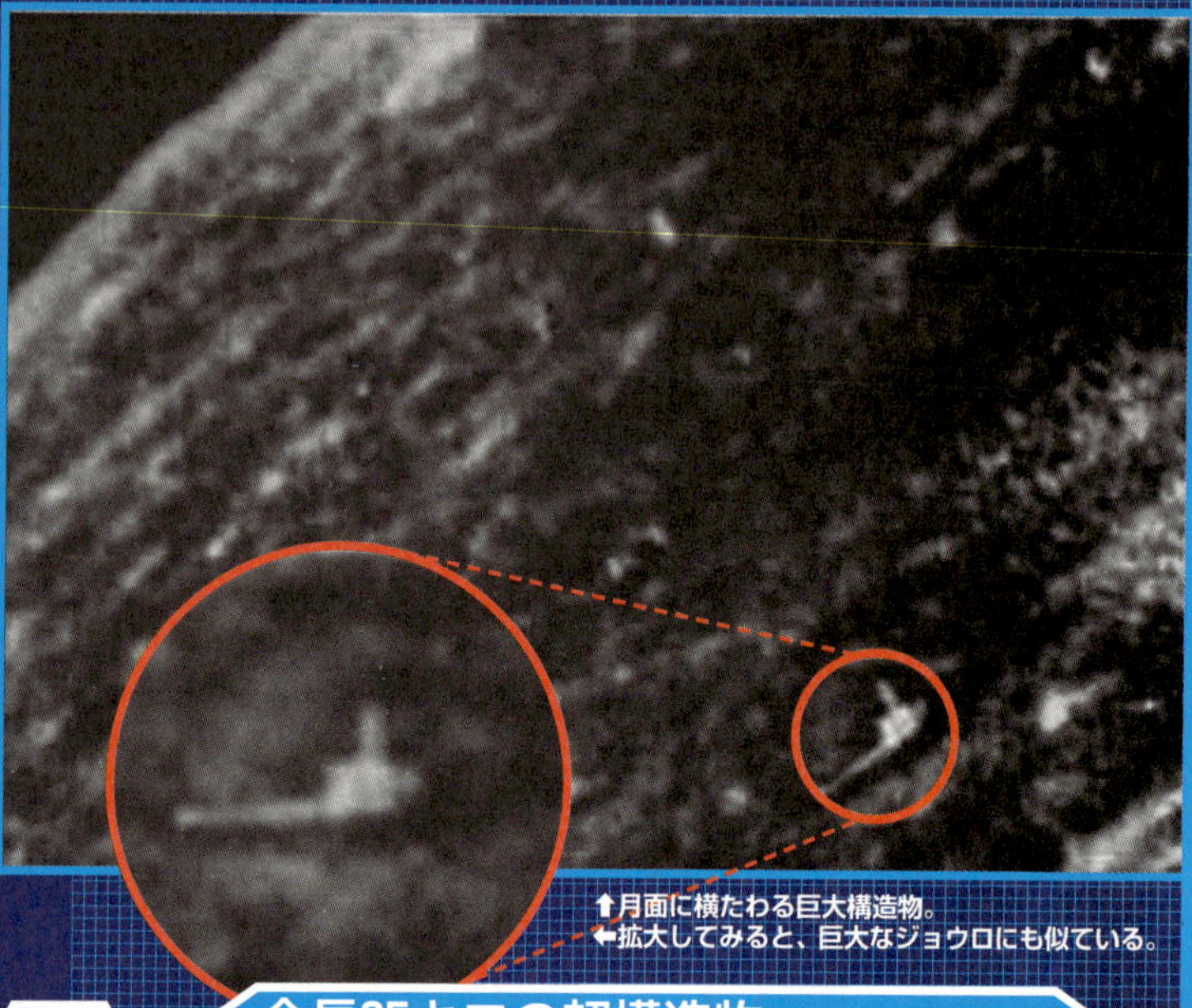

⬆月面に横たわる巨大構造物。
⬅拡大してみると、巨大なジョウロにも似ている。

FILE No. 061

全長25キロの超構造物

巨大な航空母艦

1968年にアポロ8号が月の周回軌道上から撮影した写真には、とても自然の産物とは考えられない巨大で異様な形状の構造物が写されている。

その構造は、月面に横たわる20キロの構造物と5キロメートル四方のビル状の構造物が連結し、さらにその上に5キロの煙突状の物体が重なり合っている。すなわち、トータルで全長25キロ、高さ10キロにも達する巨大さだ。

その形状は、まさに航空母艦を思わせるものだ。しかし、このような巨大な構造物を造ることは物理的に可能なのだろうか。それを可能とするのは、地球のわずか6分の1という低重力の月面環境だ。月にはわれわれの常識を超えた巨大構造物が他にも数多く指摘されているのだ。

月面らしい黒ベタの背景が写る写真。

FILE No. 062

消された巨大工場

月面写真は修正されている!

アポロ12号による、月面のパノラマ写真。一見、なんの変哲もない月面写真に見えるが、画像の明度を上げていくと、黒ベタの地（背景）に修正がほどこされている様子が浮かび上がってくる。

月の地平線上に横たわる「何物か」が塗りつぶされた跡のようだ。原型は不明。だが、最小の修正がほどこされているとすれば、建物と煙突、そして、煙突の先端からたなびく煙のようなものが消されているように見える。工場を思わせる形状だ。月面上の煙の存在は、以前から研究者によっても数多く指摘されている。

さらに驚くべきことに、この影はアポロ8号が撮影した航空母艦と形状がそっくりだ。これはもしかすると同一の構造物なのかもしれない。そして、もうひとつ、パノラマ画像の空の色が黒ベタではないことにも注意が必要だ。空に明るさがあるということは、真空とされる月面に大気が存在することを示すものなのだ。

画像の明度を上げると、アーム状の何かが隠されていたことがわかる。

FILE No.063

幾何学的配置にオベリスクが立つ!

月面の巨大尖塔群

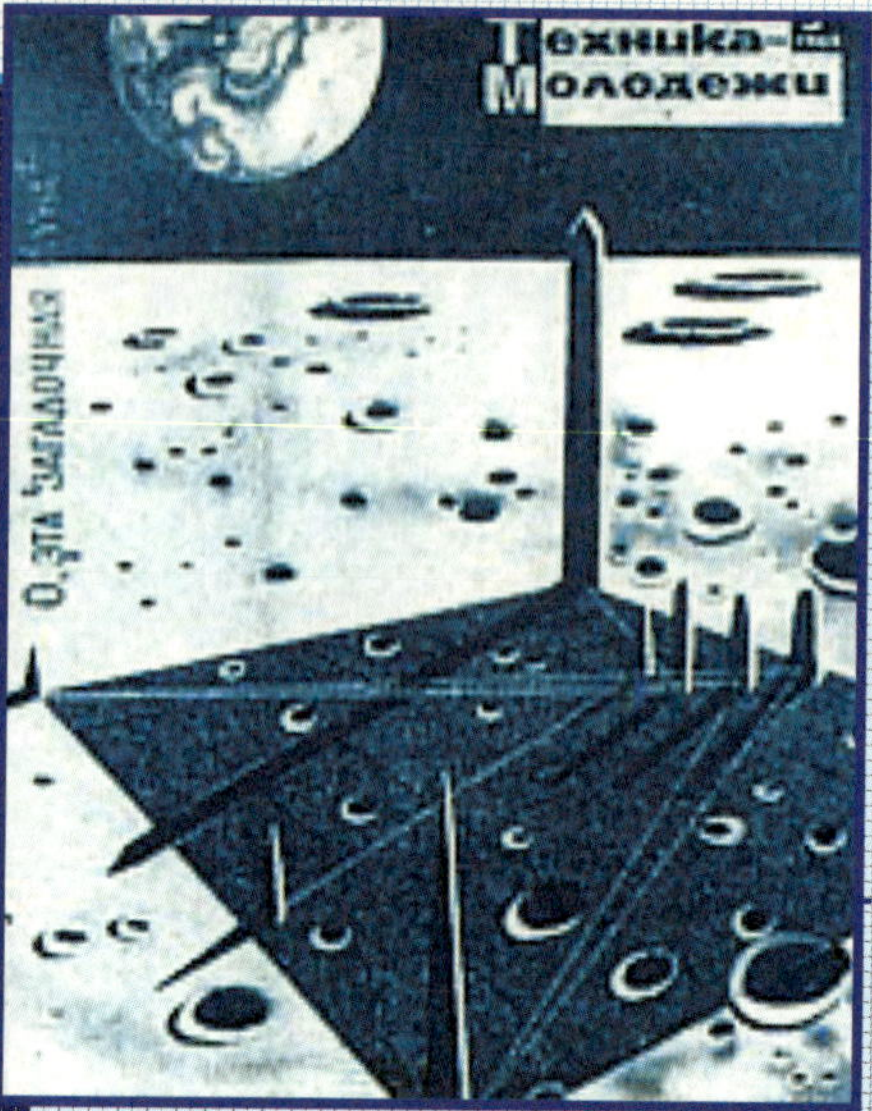

アブラモフによる尖塔群の幾何学的な配置を分析した想像図。エジプトのオベリスクの形状が特徴的だ。

1966年11月、アメリカのルナオービター2号が「静かの海」上空にさしかかったおり、真下に奇妙な塔状のものを撮影している。旧ソ連のルナ9号も同じ地形を同時期に確認しており、どうやら7~8本ほどの尖塔が月面に屹立しているらしいのだ。

写真を見ると、確かに異様な長さの影が伸びている。太陽の角度と影の長さから計算すると、最大の尖塔の高さはおよそ100~200メートルあるらしい。

そう主張したのは、ボーイング社の生物工学研究所のウィリアム・ブレア。彼によれば、塔同士の間に6つの二等辺三角形、長方形、正三角形などが描ける幾何学的な配置があるという。そして、これらの尖塔群は地球外文明によって造られた遺跡ではないかとしている。そのため、この尖塔群は「ブレア・カスピッド（犬歯状物体群）」と俗称される。

さらに旧ソ連の科学者アレキサンドル・アブラモフは、最大の塔の左側にある3本の小さい尖塔が、エジプト・ギザの三大ピラミッドと同位置に配置されていると指摘し、注目を浴びるにいたった。

だが、こうした主張すべてに対して、NASAは否定的な態度をとっている。

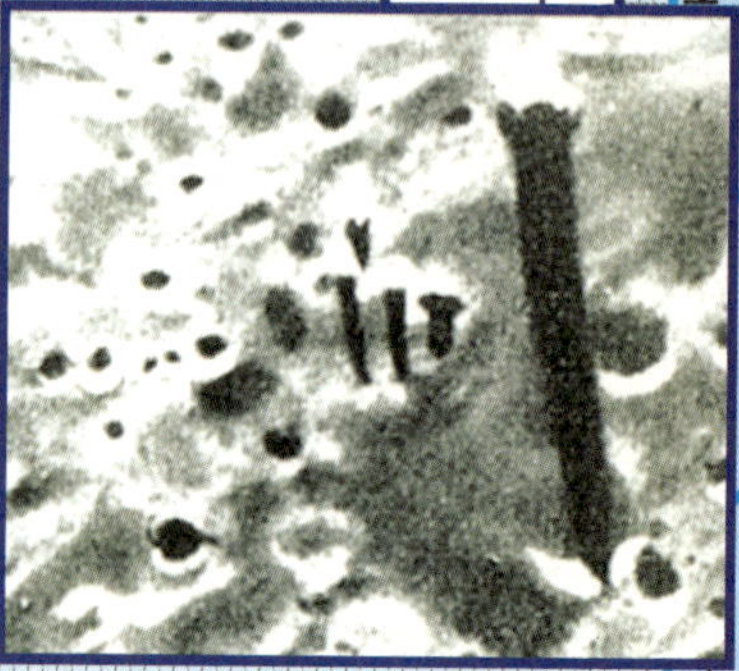

アメリカと旧ソ連が同時に確認した月面の不可思議な尖塔。

FILE No. 064

クレーター内に複雑地形を発見

月面の古代都市

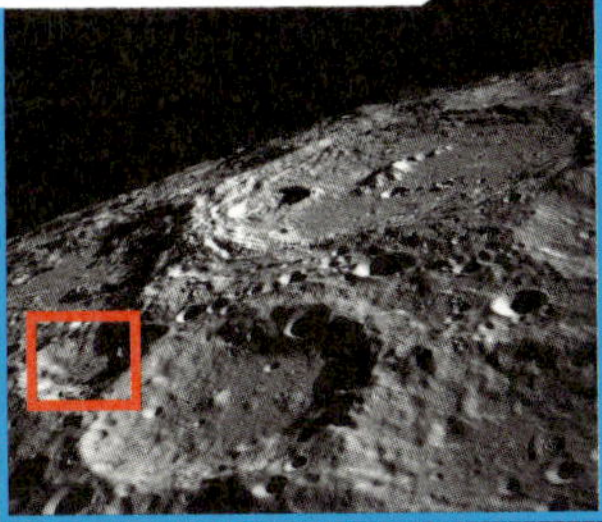

問題の異物があるクレーター。

月面の写真にはときに奇妙に複雑な地形を発見することがある。それがこの写真のクレーターである。

四角で囲んだクレーターの内部には、巨大な円形の構造物と四角い構造物が連結されている。さらに、四角い構造物には、階段状の巨大な「祭壇」が連結しているように見えるのだ。

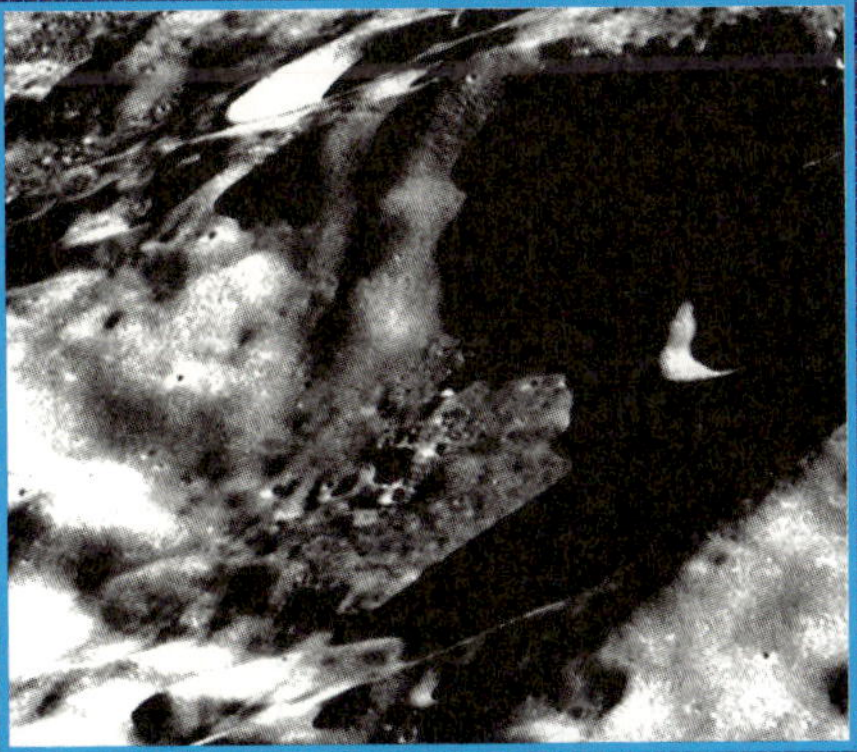

四角部分の拡大写真。人工的な印象を受ける。

この祭壇の高さは、クレーター壁の高さから推定すると、数百メートルの超高層ビルほどもあると思われる。さらに写真をよく見ると、これらの巨大構造物を取り囲むように、整然と区画整理された街並みが見えてくる。ただしこれらの施設が今も使われているわけではなさそうだ。

このクレータの底面全体は、古代都市の遺跡なのではないだろうか。地球上の遺跡と比較すると、その分厚い壁やドーム状構造にオーバーラップする。

地球上の古代遺跡。月面の遺跡とオーバーラップする。

FILE No. 065

アポロ飛行士は監視されていた!?

頭上のサーチライト

(上)頭上のUFOを写したものではないかといわれているアポロ12号による写真。(下)問題の2枚目の写真。明るい領域が移動し、飛行士の手前の月面が明るくなっていることがわかる。

以前から指摘されていることだが、月面写真については、逆光の被写体が明るすぎるという問題がある。また、一般にいわれている月の環境と地球を比較すれば、月の空は漆黒であるため、影を照らす光は地表からの照り返ししかない。このため、仮に太陽高度が45度の逆光とした場合では、被写体は直射日光の３パーセント程度の光を受けることになる。つまり、影と直射日光下では約30倍の明るさの違い、カメラの絞りに換算して5段階の差があるわけだ。

　それにもかかわらず、アポロの機材や飛行士を見ると、直射日光の部分がトンんでしまうことも、影の部分が闇に埋もれてしまうこともない。

　ここで問題にしているのは、単に逆光で見た月面が反射角の大きさによって暗く見えるということではない。アポロの機材は月面とは性質が異なり、われわれのよく知る材質でできている。このような環境にもかかわらず、まるで強力なフラッシュを使ったように影の部分が鮮明に写しだされていることが問題なのだ。アポロではフラッシュなど、補助光源の機材はいっさい使われていない。それでは、影を明るくする光源はいったい何だったのだろうか？

　その答えは、アポロ12号の2枚の写真にあった。２枚を見比べると、1枚目の写真は、飛行士や機材の頭上から光が照らされているのに対し、２枚目では、明るい領域が移動して飛行士の手前の月面が明るくなっていることがわかる。光源は上空を移動しているのだ。比較的狭い範囲で明るさの変化が起きていることから、頭上を通過した光源は横に長いサーチライトのような光の列であることが推測される。

　ちなみに、有名なアポロの記録映画「宇宙からの帰還」にも、月着陸船と宇宙飛行士が2機のＵＦＯに監視されているシーンが存在する。そう、月面で影を照らす光源の正体はＵＦＯだったのかもしれない。そして、アポロの月面活動は、常にＵＦＯに監視されていたのである。

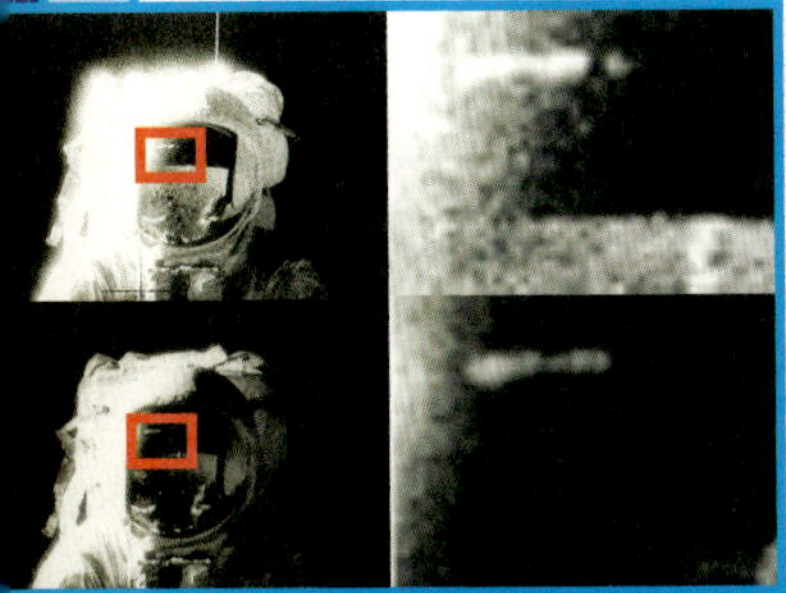

このＵＦＯは光の列として飛行士のヘルメットにも写っていた。ＵＦＯが飛行士に接近した上の画像では列の横幅が広がっている。

FILE No.066

無数の光体が乱舞している！
地球に群がるUFO

宇宙開発史上最大のイベントであり、輝かしい成功を収めたアポロ計画。アポロ計画は月の謎についてすべてに答えを出してくれたのだろうか。否、逆にアポロ計画には多くの疑惑がつきまとっているのだ。
たとえば、アポロ計画は常にUFOに監視されていたという説を裏付ける写真が存在する。アポロ16号が撮影した北アメリカ西海岸の写真には、星のような無数の光点が写されている。しかし、地球に露出を合わせれば、星の光は相対的に露出不足となり、

北アメリカ西海岸上空。無数の光体が飛び交っている。

FILE No.067

アポロ16号が謎の球体を捉えていた！
巨大な光体

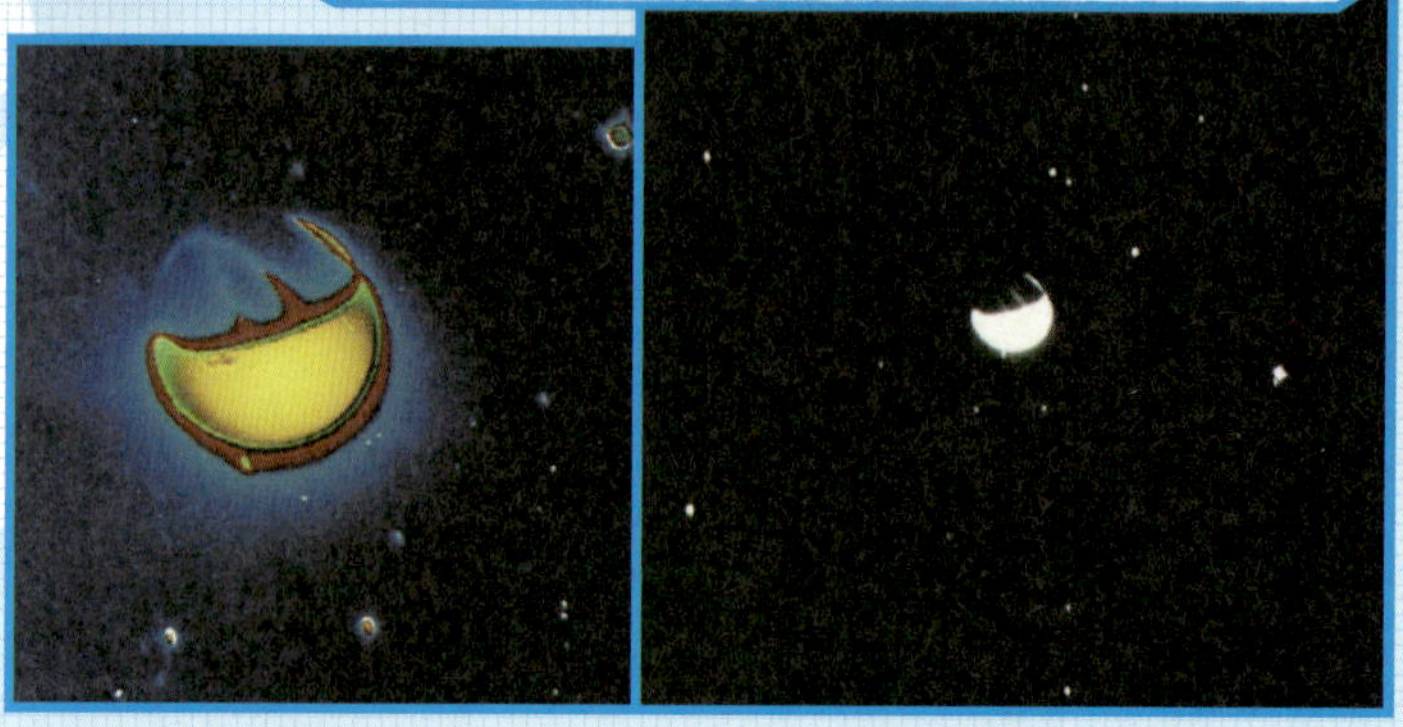

上方を何かに覆われた三日月状の光体(右)とその解析画像(左)。

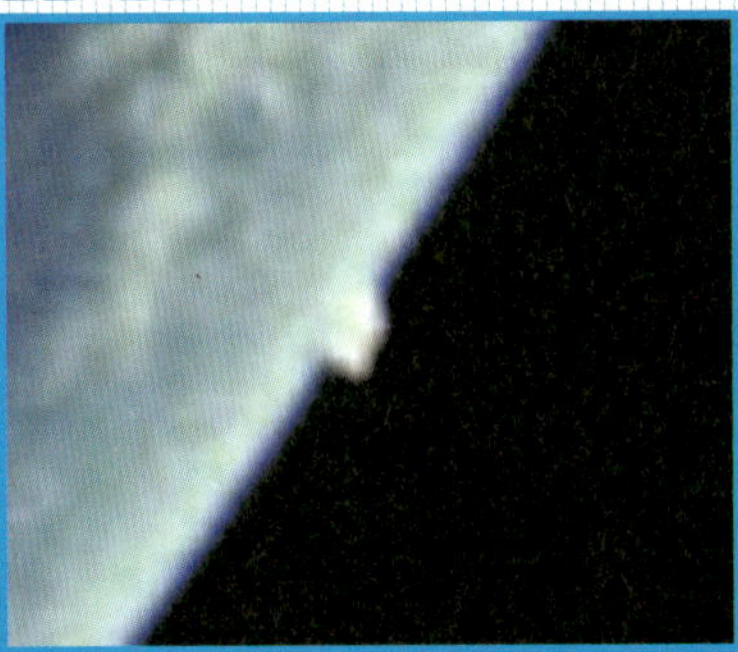

地球の輪郭上に見えた光点の拡大。

宇宙空間は暗黒となるはずなのだ。

そして、これらの光点は宇宙空間のみならず地球の上にも存在する。まさにUFOの大群が地球に群がっているかのようだ。

地球全体を詳しく見ると、同じ形状の光体が数多く存在することがわかる。さらに拡大して見ると、立体的な形状が浮かび上がってくる。

スペースシャトルや宇宙ステーションが到達できない数千キロメートル上空では、日常的にこのような光景が繰り広げられているのだろうか。

不鮮明ではあるが、十字の物体が見てとれる。

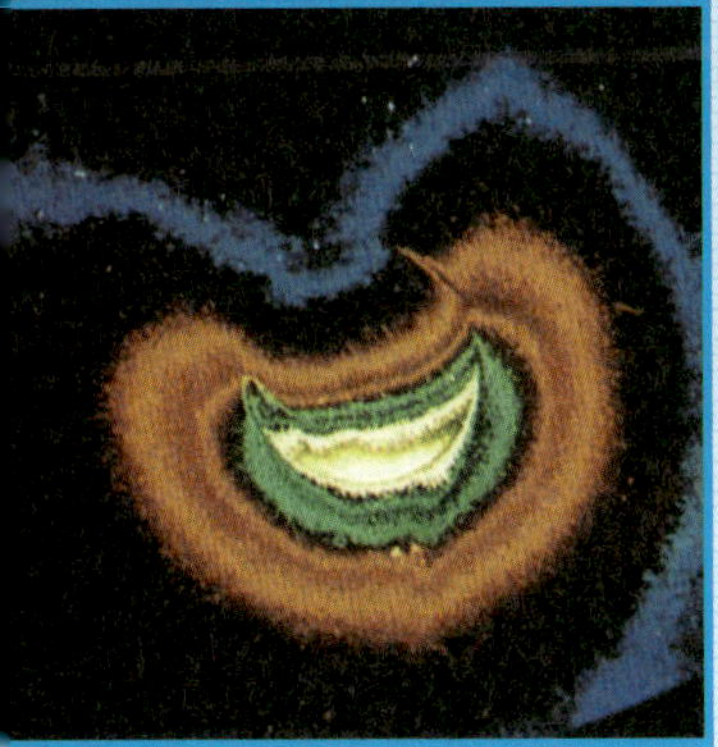

やはりアポロ16号はUFOに遭遇していたのだろうか？ そう思える証拠はまだ存在する。それがこの三日月状の光体だ。

星を背景に、巨大な三日月状の光体が存在している。上方は何かに覆われており、その上に筋状に光が漏れているようだ。コンピュータによる解析画像では、覆いの部分を含めて全体が一体の球形であり、球体の一部が三日月状に発光している構造がわかってくる。つまり、自然の物体でないことは明らかだ。

また、同じ光体がさらに強く発光する様子も捉えられている。

この写真では周囲が明るくなったことにより、球体の輪郭がはっきり見える。コンピュータの解析画像では、光を発している部分から光芒の外周にかけて、異なる波長の層が取り巻いていることがわかる。成分の異なるガスを規則的に放出しているのかもしれない。

それは、規則的な光の信号を発しており、あたかもアポロと交信しているかのようだ。

FILE No.068

月上空を滞空するUFOか?

ヘルメットの光体

月面の灰色とヘルメットに写る色が違う。

アポロ11号で撮影された写真。太陽を背にしている飛行士のヘルメットに、ふたつの光体が写りこんでいる。飛行士の前方に自然の光源は存在しない。無論、月面上空にライトなどの人工光源を設置することもできない。これは、月面上空に浮かぶUFOの発する光がヘルメットに反射したものではないだろうか。

実は、それを裏付けるシーンが、アポロ計画の記録映画『宇宙からの帰還』に存在する。飛行士が月面から帰還する直前、月着陸船に乗り込むシーンで、月面上空にふたつの光体が滞空しているのだ。ヘルメットに写りこんだ光体と見事に一致している。

また、この写真では手前の月面が灰色であるのに対して、ヘルメットに写る月面が土色である点にも注目したい。NASAは月面の本当の月面の色をわれわれに伝えてはいないのだ。

ヘルメットを拡大すると謎の光体が写っている。

FILE No. 069

月面上空から着陸船を照らす
ドーナツ状の光体

アポロ12号のふたりめの飛行士が、着陸船のタラップを降りる一連の写真には奇妙な物体が写りこんでいた。問題の物体が写りこんでいるのは着陸船の窓だ。窓を拡大すると、反射した月面の風景とともに、ドーナツ状の光体が写りこんでいることがわかる。

写真は逆光で撮られているため、この光体が太陽光による反射でないことは確かだ。また、同じアングルの連続写真の中で光体は次第に上昇していくことから、着陸船内部の機械装置でもないことがわかる。

さらに、光体の上昇に従って着陸船の映像が暗くなっていくことがわかる。これらの状況から推測すると、月面上空からサーチライトで着陸船を照らす物体が、次第に遠ざかっていくと考えられるのだ。

アポロ計画は常に異星人によって監視されていたのだろうか。

タラップを降りる宇宙飛行士(上)と、その写真に対応する窓の拡大画像(下)。

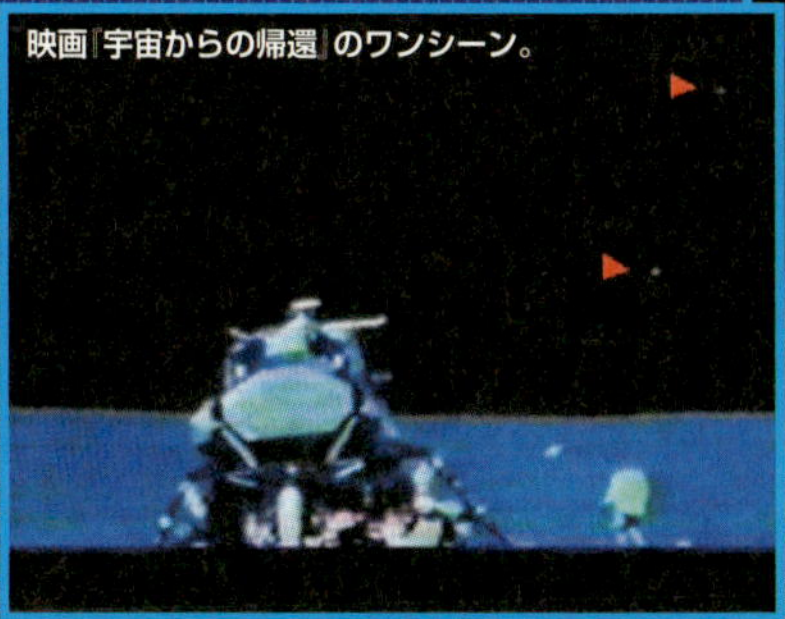

映画『宇宙からの帰還』のワンシーン。

FILE No.070

アポロ疑惑①
真空ではためく星条旗

人類の月面到達というアポロと宇宙飛行士たちの偉業を否定する話題が持ち上がったのは2001年のこと。アメリカ、FOXテレビが放映した番組からだといわれている。詳細な全体像は後章に譲るとして、ここでは「アポロ疑惑」の発端となった〝証拠画像〟とNASAの反論をいくつかあわせて紹介する。そのひとつがこの「真空ではためく星条旗」の謎である。

写真はアポロ11号が持ち込んだ星条旗である。だが、エドウィン・オルドリン宇宙飛行士の前では真空の月面で星条旗がた

はためく星条旗とオルドリン。

なびいているように見えるのはなぜだろうか？　大気がないはずの月面で星条旗がはためくはずがない。そのため、月面着陸は茶番であり、ネバダ州の砂漠やスタジオ内で撮影されたものであろう、というのが番組の主張だった。

これに対してNASAは次のように反論している。星条旗は水平にのびた棒に吊されている。その棒は垂直に立てられたポールにはめこまれているのは写真からもわかるだろう。宇宙飛行士たちはこの棒を完全に伸ばすことができず、星条旗はまるで開ききっていないカーテンのように、半ばしわのよった状態になってしまった、というのだ。つまり、錯覚であるというわけだ。

FILE No. 071

アポロ疑惑②
Cと書かれた岩

アポロ疑惑、2番めの疑惑画像はアポロ16号の写真にある。なんと、写り込んだ岩を拡大してみるとアルファベットのCの文字がその表面に書かれているというのである。

画像の左手前にある岩には確かにCの字が見てとれる。月面着陸が欺瞞であると主張する人々によれば、これこそスタジオ内でのセットに割り振られた記号であるとする。

だが、不思議なことにCの入った画像は、ジョンソン宇宙センターの画像保管所にある写真のみで、アポロで撮影された元画像はもちろん、他の保管所にある画像にもCは入っていないのだ。

原因として挙げられるのが写真管理上のゴミ。つまり、1980年代の終わりごろ、画像を複写する際に、髪の毛または糸くずがまぎれこみ、Cの字を形作ったまま焼かれてしまったためだと考えられるのである。

アポロ16号が月面に着陸した際、撮られた問題の画像。

疑惑部分の拡大。確かにCの文字が見えるが……。

FILE No.072

アポロ疑惑③
太陽以外の光源

アポロ疑惑、3つめの問題は光源である。

まずアポロ11号の着陸船から降りてくるオルドリン宇宙飛行士の写真をご覧いただきたい。着陸船の影にいるにもかかわらず、その姿ははっきりと見えている。仮に月面の光源が太陽だけであり、光が散乱する条件から外れているならば、影の中は黒くなるはずではないか？

またもう一枚の写真はアポロ14号着陸船の画像だが、手前の岩の影の方向が異なっているという指摘がなされている。つまりこうしたことから、月面には複数の光源があるのではないか、というのだ。

だがNASAによれば、影の長さは物体の高低差であるという。また月の土壌には、ガラス質という光を反射させ、屈折を大きくする物質が含まれているため、光源を背にしても明るく見えるそうだ。

宇宙飛行士は真空状態の中で直立しており、月面で反射した太陽光を直接受けるような状態となっている。背景の空が黒いのはこうした理由からでもある。

アポロ11号着陸船から降りるオルドリンは影の中でも明るく見える。

手前の岩の影の方向が異なっているアポロ14号の画像。

FILE No. 073

アポロ疑惑④ 被写体背後のレゾマーク

アポロ疑惑、4つめの謎が「被写体の背後にある画レゾマーク」である。

写真はアポロ11号の着陸船と、そのすぐ近くで観測装置をセットしているオルドリンだ。宇宙飛行士が持参するカメラには、被写体の大きさを測定しやすくするために、レゾマークと呼ばれる十字線が設定されている。

アポロ11号着陸船の写真。疑惑の焦点は手前にある観測装置にかかったレゾマークだ。

ところが、一部の画像には物体がこのレゾマークの前にあるように見えるものがあるのだ。本当にレゾマークがカメラに設定されているのなら、このようなことは起こりえないのではないか？　疑惑をもつ人々は、これはNASAが後から画像に手を加えたものだという。確かに、NASA自身も画像の見栄えをよくするために、いくつかの写真に手を加えたことがあることは認めている。

この写真の場合は、白い被写体の場合に起こる露出オーバーが原因である可能性が高いが、こうした画像修正とおぼしき行為がさまざまな憶測を呼んでいるのも確かなことである。

以上、代表的な4つのアポロ計画の疑惑画像をご紹介したが、「アポロ計画陰謀論」の説得力はかなりとぼしいといえる。だが、別に多くの謎も秘めているのは確かだ。詳しくは次章以降をご覧いただきたい。

別の写真では確かにレゾマークの一部が欠けている。

水星探査機

マリナー10号。327キロまで最接近し、初めて水星の詳細を明かした探査機。

水星に初めて接近した探査機はマリナー10号である。327キロを最接近点とする数回の接近で、4165枚もの写真が撮影された。公表された写真はモザイク画像だけであったが、最接近時の距離から推定すると、非常に高精細の画像が存在すると思われる。また、2011年に水星軌道に投入されるメッセンジャーが、2回の水星スイングバイを行った際に撮影した至近距離の画像からは、クレーター内の白い物質など、新たな謎がもたらされている。

金星探査機

1960年代、旧ソ連のベネラ4号からは、セ氏270度の表面温度と22気圧の大気圧、NASAのマリナー5号からは、セ氏260度以上の表面温度と15気圧以上の大気圧というデータが送られてきた。これにより、金星は液体の水や生命の存在できない死の世界というイメージが定着し、二酸化炭素による温室効果が注目されるきっかけとなった。それにもかかわらず、60年代以降、金星探査はますます過熱し、これまでにざっと20以上の探査機が送り込まれている。現在のセ氏465度、92気圧というデータは、1970年に初めて金星表面に着陸したベネラ7号によってもたらされたものである。

ベネラ探査機。上部の円盤はエアブレーキ。内部の電子部品はセ氏30度に保たれていたというが、セ氏465度の環境で排熱が可能とは思えない。

ANCIENT REMAINS in SPACE: The Best

第4章 NASAの陰謀 ～知られざる秘密結社～

NASA CONSPIRACY

PART1　火星探査の謎
PART2　宇宙開発の目的

文＝北周一郎（PART1）、深沢久夫（PART2）

火星の謎の構造物は、地球のピラミッドの原形なのだろうか？

1

火星超文明の存在は隠されている!?
NASA設立の真相

われわれはなぜ火星を目指すのか？　この問いに対する多くの科学者の答えは、現在のところ、「火星に地球誕生と人類誕生の謎を解くカギがあるからだ」ということで一致している。

地球は浸食作用や地殻変動などによって、惑星誕生時や生命誕生時の姿をとどめていない。一方、火星は地球に比べれば変動が少なかったため、惑星誕生時や生命誕生時の痕跡を残していると思われる。つまり、火星ははるか昔の地球の姿をとどめているのに等しい。その火星を探れば、地球と人類の失われた足跡も明らかになるというわけだ。

だが、この答えでは不十分だと考える人も少なくない。そういった人々は、われわれが火星を目指すのは、「火星には地球超古代文明の謎を解くカギがあるからだ」というのである。これらの人々は、火星の人面岩やピラミッドが、エジプトのスフィンクスやピラミッドの原形であることは明らかであり、地球の超古代文明のルーツは、火星の超古代文明にあると主張するのだ。

「火星に地球誕生と人類誕生の謎を解くカギがある」のに加え、さらに「文明誕生の謎を解くカギもある」ということになれば、もちろん大発見だ。だが、火星探査を実施している当のNASAは、後者の〝カギ〟については完全に否定的である。

火星超文明の存在を説く人々（以下〝火星文明存在派〟）が、その証拠をNASAの資料から発見しているにもかかわらず、NASAは証拠の存在自体を頑強に否定するのだ。これに対し、火星文明存在派は「NASAは何かを隠している」と批難する。

だが、NASAの隠蔽体質を糾弾するのは、火星文明存在派のみに限らない。各方面の研究者からも、NASAに対する批難の声が上がっているのだ。

「NASAが何かを隠している」というのは（何を隠しているかはともかくとして）、すでに周知の事実なのである。

そして、火星文明存在派は、その隠蔽体質こそ〝火星に地球文明誕生の謎を解くカギがある〟ことの証左だと主張しているのだ。

これはどういうことなのか？

このことを理解するためには、NASAの誕生時にさかのぼる必要がある。

❖ ❖ ❖

第2次世界大戦終結から間もない1950年代後半のこと。アメリカは焦っていた。1957年10月4日、ソ連が世界初の人工衛星スプートニク1号の打ち上げに成功したからだ。米ソ両大国が覇を競う冷戦下、宇宙進出の差は科学技術の差を意味し、アメリカの国威は大いに傷つけられ

威信を傷つけられた当時の米大統領アイゼンハワー。

た。加えて、ロケット技術の開発は軍事的な問題でもあったから、宇宙進出はまさにアメリカの急務となったのだ。

NASA、JPL（ジェット推進研究所）内部のコントロールセンター。

こうして1959年に設立されたのがNASA（米航空宇宙局）である。

このように、NASAは科学の発展のためというよりは、むしろ政治的・軍事的理由で設立された機関だったため、設立当初から政治的・軍事的守秘義務を負わされていた。つまり、NASAにしてみれば、一般に情報を開示する義務がないのはもちろんのこと、情報の種類によっては開示する権利すらなかったのだ。

では、NASAが開示できない情報とは何か？ 国防政策や軍事技術に関する情報は当然のこととして、それ以外にも軽々に開示できない情報があるのか？

その「開示できない情報」について指針を示しているのが、俗に『ブルッキングズ・レポート』と呼ばれる文書である。

1960年、アメリカの著名なシンクタンクであるブルッキングズ研究所は、下院の科学・宇宙開発委員会の諮問に応じて、宇宙探査に関する指針を示した報告書を提出した。これが『ブルッキングズ・レポート』だ。その内容は、基本的には平和目的での宇宙探査と宇宙開発に関するものだが、同時に地球外生命体の存在とその文明に言及している点が注目された。

報告書には『地球外生命体発見の意味』と題する項目があり、そこには次のように記されていた。

「地球外生命体との遭遇は（その科学技術が地球訪問を可能にするほど進歩していなければ）今後20年は発生しないだろう。だが、月、火星、金星探査の過程において、そういった生命体が建造した構造物が発見されるかもしれない」

そして「人類史において、思想も習慣も異なる高度な文明と接触したことにより、崩壊した文明の例は枚挙にいとまがない」ので、われわれ人類が地球外生命体の高度な文明と遭遇した場合も、それによって発生する影響を配慮したうえで、その情報を開示するか、それとも隠蔽するかを決定しなければならないとあった。

ここに示されているように、NASAは地球外生命体の文明と遭遇した場合も、情報を軽々に開示することはできない。地球文明の崩壊を防ぐために、情報を隠蔽せざるをえないということなのだ。

前述のように、NASAの隠蔽体質は周知の事実だ。しかし、冷戦が終結したいま、何から何まで隠す必要はない。それにもかかわらず、いまだに情報を隠蔽しつづけているのはなぜか?

これについて、火星文明存在派は、次のように主張する。「それはNASAがすでに〝地球外生命体の文明と遭遇〟してしまったからではないか」と……。

はたして、NASAはほんとうに、「地球外生命体の文明と遭遇」してしまったのだろうか? それを検証すべく、NASAの「火星探査における情報操作と隠蔽工作の歴史」を振りかえってみることにしよう。

ブルッキングズ・レポートの表紙とその中身。

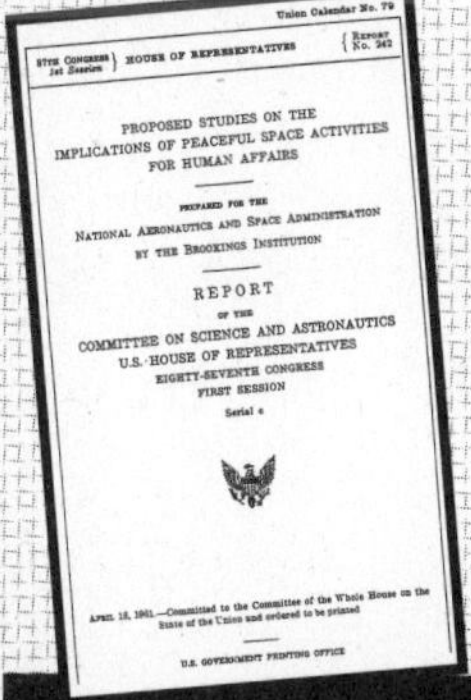

Union Calendar No. 79

87TH CONGRESS 1st Session } HOUSE OF REPRESENTATIVES { REPORT No. 242

PROPOSED STUDIES ON THE IMPLICATIONS OF PEACEFUL SPACE ACTIVITIES FOR HUMAN AFFAIRS

PREPARED FOR THE

NATIONAL AERONAUTICS AND SPACE ADMINISTRATION

BY THE BROOKINGS INSTITUTION

REPORT

OF THE

COMMITTEE ON SCIENCE AND ASTRONAUTICS

U.S. HOUSE OF REPRESENTATIVES

EIGHTY-SEVENTH CONGRESS

FIRST SESSION

Serial e

APRIL 18, 1961.—Committed to the Committee of the Whole House on the State of the Union and ordered to be printed

U.S. GOVERNMENT PRINTING OFFICE

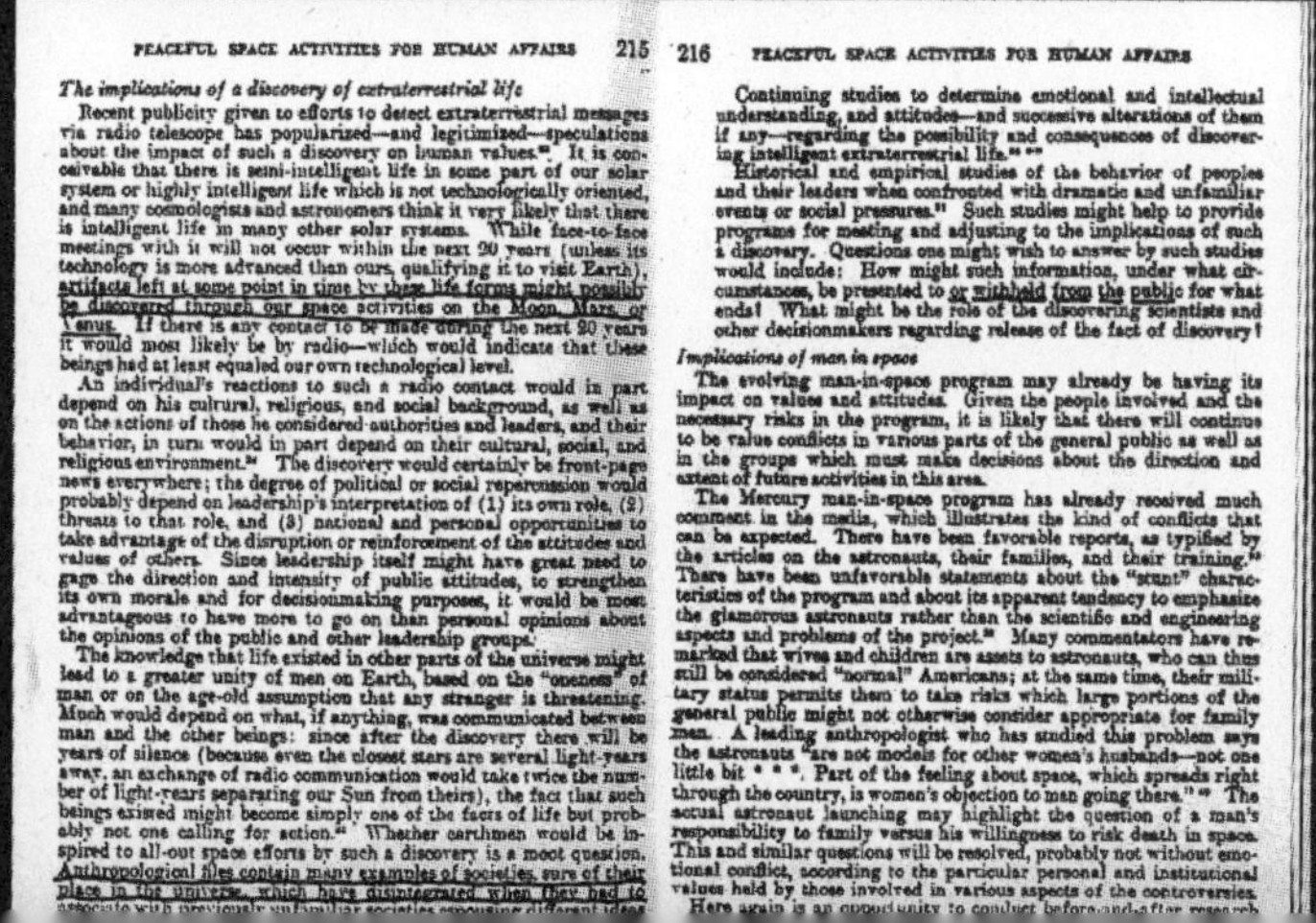

PEACEFUL SPACE ACTIVITIES FOR HUMAN AFFAIRS 215

The implications of a discovery of extraterrestrial life

Recent publicity given to efforts to detect extraterrestrial messages via radio telescope has popularized—and legitimized—speculations about the impact of such a discovery on human values. It is conceivable that there is semi-intelligent life in some part of our solar system or highly intelligent life which is not technologically oriented, and many cosmologists and astronomers think it very likely that there is intelligent life in many other solar systems. While face-to-face meetings with it will not occur within the next 20 years (unless its technology is more advanced than ours, qualifying it to visit Earth), artifacts left at some point in time by these life forms might possibly be discovered through our space activities on the Moon, Mars, or Venus. If there is any contact to be made during the next 20 years it would most likely be by radio—which would indicate that these beings had at least equaled our own technological level.

An individual's reactions to such a radio contact would in part depend on his cultural, religious, and social background, as well as on the actions of those he considered authorities and leaders, and their behavior, in turn would in part depend on their cultural, social, and religious environment. The discovery would certainly be front-page news everywhere; the degree of political or social repercussion would probably depend on leadership's interpretation of (1) its own role, (2) threats to that role, and (3) national and personal opportunities to take advantage of the disruption or reinforcement of the attitudes and values of others. Since leadership itself might have great need to gage the direction and intensity of public attitudes, to strengthen its own morale and for decisionmaking purposes, it would be most advantageous to have more to go on than personal opinions about the opinions of the public and other leadership groups.

The knowledge that life existed in other parts of the universe might lead to a greater unity of men on Earth, based on the "oneness" of man or on the age-old assumption that any stranger is threatening. Much would depend on what, if anything, was communicated between man and the other beings: since after the discovery there will be years of silence (because even the closest stars are several light-years away, an exchange of radio communication would take twice the number of light-years separating our Sun from theirs), the fact that such beings existed might become simply one of the facts of life but probably not one calling for action. Whether earthmen would be inspired to all-out space efforts by such a discovery is a moot question. Anthropological files contain many examples of societies, sure of their place in the universe, which have disintegrated when they had to

216 PEACEFUL SPACE ACTIVITIES FOR HUMAN AFFAIRS

Continuing studies to determine emotional and intellectual understanding, and attitudes—and successive alterations of them if any—regarding the possibility and consequences of discovering intelligent extraterrestrial life.

Historical and empirical studies of the behavior of peoples and their leaders when confronted with dramatic and unfamiliar events or social pressures. Such studies might help to provide programs for meeting and adjusting to the implications of such a discovery. Questions one might wish to answer by such studies would include: How might such information, under what circumstances, be presented to or withheld from the public for what ends? What might be the role of the discovering scientists and other decisionmakers regarding release of the fact of discovery?

Implications of man in space

The evolving man-in-space program may already be having its impact on values and attitudes. Given the people involved and the necessary risks in the program, it is likely that there will continue to be value conflicts in various parts of the general public as well as in the groups which must make decisions about the direction and extent of future activities in this area.

The Mercury man-in-space program has already received much comment in the media, which illustrates the kind of conflicts that can be expected. There have been favorable reports, as typified by the articles on the astronauts, their families, and their training. There have been unfavorable statements about the "stunt" characteristics of the program and about its apparent tendency to emphasize the glamorous astronauts rather than the scientific and engineering aspects and problems of the project. Many commentators have remarked that wives and children are assets to astronauts, who can thus still be considered "normal" Americans; at the same time, their military status permits them to take risks which large portions of the general public might not otherwise consider appropriate for family men. A leading anthropologist who has studied this problem says the astronauts "are not models for other women's husbands—not one little bit * * *. Part of the feeling about space, which spreads right through the country, is women's objection to man going there." The actual astronaut launching may highlight the question of a man's responsibility to family versus his willingness to risk death in space. This and similar questions will be resolved, probably not without emotional conflict, according to the particular personal and institutional values held by those involved in various aspects of the controversies.

NASA Conspiracy Part 1 火星探査の謎

2

虚偽に満ちた探査計画①

マリナー計画

惑星探査においても、米ソ両国は覇を競った。最初に火星に向かった探査機は旧ソ連が1962年に打ち上げたマルス1号だが、これは火星から19万キロのところを通過しただけで、これといった成果を残すことなく宇宙空間に消えた。

次いで1964年、アメリカはマリナー3号を火星に送りこんだが、それを火星の衛星軌道に乗せることはできなかった。

続いて、1964年11月28日にアメリカが打ち上げたマリナー4号は、1965年7月14日に火星から9600キロのところを通過した。そして火星地表の写真を22枚撮影し、地球に送信してきたのである。それらの写真には、クレーターだらけの火星地表の様子が写しだされていた。

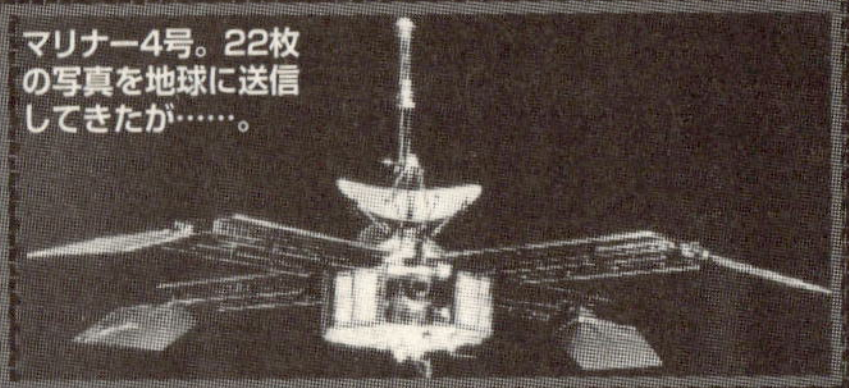

マリナー4号。22枚の写真を地球に送信してきたが……。

ところが、この写真を見たスペインのアマチュア天文家であるアントニオ・リベラとホセ・オリバーは、ここで初めてNASAの情報隠蔽工作が行われたと主張する。マリナー4号が撮影したという「写真」には、明らかな嘘が含まれているというのだ。

ふたりは、火星軌道上から撮影されたという写真が、あまりにも月面に似ていることに疑問を抱く。そして、マリナー4号が撮影した写真と月面写真を照合し、全22枚のうち11枚目の写真が、月のクラビオス・クレーター付近を撮影した写真と「完全に同一物」であることを発見した。

専門家によれば、月と火星に同一の地形が存在する可能性はほとんどゼロに近いという。このことから、リベラとオリバーは、「この11枚目の写真には、世間に公表できない『何か』が写ってしまっていたのだろう」と推測している。

だが、なぜNASAは火星地表の写真の中に月の写真をまぎれこませたのか？　そもそも「11枚目の写真」には何が写っていたのか？　この件に関して、NASAはいっさい沈黙した。そ

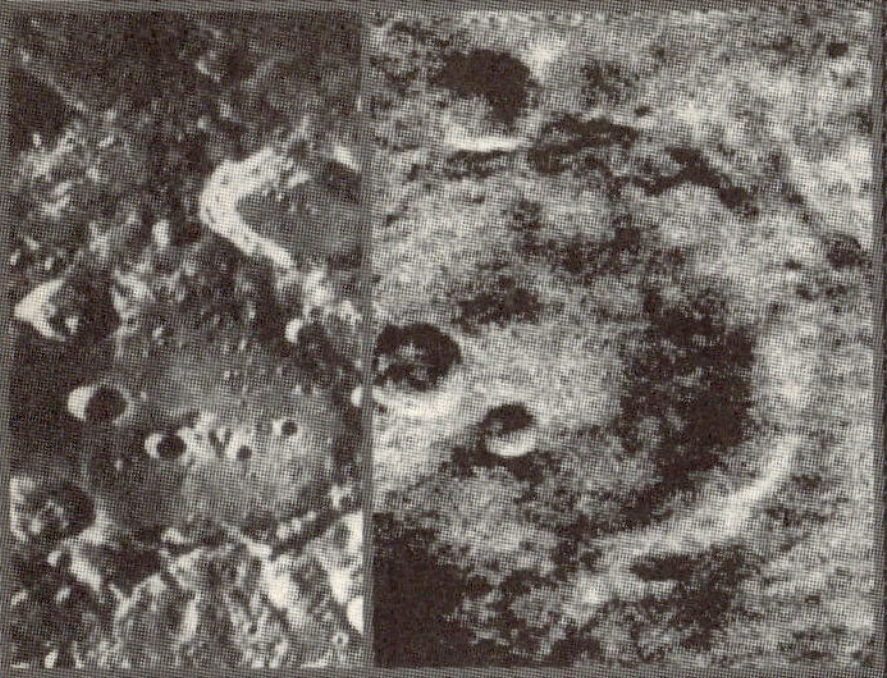

右がNASAが公開した11枚目の写真、左が月面写真。

して、そのまま今日に至っている。

❖　❖　❖

1971年11月4日、マリナー9号が火星の衛星軌道に乗った。そして、地球以外の惑星の人工衛星となったのだが、これは人類の惑星探査史上初の快挙だった。その日以降、マリナー9号が燃料切れとなる1972年10月27日までに送信してきた画像は7239枚にのぼり、結果として火星地表の70パーセントを撮影することに成功した。

ところでマリナー9号は、1972年2月8日、火星のエリシウム地区上空を通過したとき、不思議な地形をとらえている。撮影した写真に、大小のピラミッド状構造物が写っていたのだ。この構造物は四面体（三角錐）で、エジプトのピラミッド（四角錐）とは形が異なる。大きさは底辺が3キロ、高さが1000メートルにもおよぶ。これほど巨大なピラミッド状構造物が少なくとも6個、さらに周囲の多角形構造物を加えると、10個の人工構造物らしきものが写っていたのだ。

当初、NASAはその事実を黙殺しようとした。たんなる「陰影のイタズラ」に過ぎないというのである。だが、異なる角度から撮影した写真にも、このピラミッド状構造物群が写っていたこと、また、構造物群の影が規則的であることから「陰影のイタズラ」という見解は完全に否定された。

そこでNASAは、これらのピラミッド状構造物群が自然に形成された地形であることを証明すべく、さまざまな説明を試みた。

いわく円錐状の丘陵が強風で削られてピラミッド状になった、氷河が地盤をピラミッド状に削り残した、溶岩が回転しながら流出するうちに、ピラミッド状に固まった……等々。

さらにNASAは、これらの見解を裏づけるために、各種のシミュレーション実験まで行ったのだが、その結果は惨澹《さんたん》たるもので、「ピラミッド状構造物群が自然に形成されることはありえない」ことを逆に証明してしまったのだ。

それにもかかわらず、NASAは、エリシウム地区のピラミッド状構造物群は「自然の力による幾何学的形成物」であると主張しつづけている。そのため、ここにこそ何らかの情報の隠蔽があるのではないかと指摘する人々もいるが、現時点では、その確証はない。

虚偽に満ちた探査計画②
ヴァイキング計画

ヴァイキング1号の着陸船(手前)と火星のクリュセ平原。

1975年、ヴァイキング計画の始動により、火星探査は新たな段階を迎えた。

この年、軌道船と着陸船を組みこんだ双子の探査機ヴァイキング1号・2号が打ち上げられ、翌1976年7月20日、まずヴァイキング1号の着陸船が火星のクリュセ平原に着陸した。そして同年9月3日、ヴァイキング2号の着陸船もクリュセ平原の反対側に位置するユートピア平原に着陸した。

いずれの着陸船も周囲の状況を撮影して地球に送信してきたが、それこそは人類が初めて見る火星の風景だった。

探査船はそのまま火星地表にとどまり、1983年に送信がとだえるまで4500枚以上の画像を撮影したほか、着陸地点における生命探査、土壌分析、気象観測などを行った。

一方、軌道船は火星の衛星軌道を周回しながら、地表の写真撮影を繰り返し、5万5000枚以上もの画像データを地球に送信してきた。こうして2機の軌道船が上空から写真を撮影することにより、火星地表のほぼ100パーセントが、映像に収められた。このほか、2機の軌道船は火星の大気を分析し、温度変化を測定し、気象状況を観測するなど、火星に関する膨大なデータを収集した。現在、われわれが持つ火星に関する知識のほとんどは、このヴァイキング計画によってもたらされたものなのだ。

このようにヴァイキング計画が大きな成果をもたらしただけに、NASAによる情報隠蔽工作も大規模に行われたとされている。前述のように、ヴァイキング1号の着陸船は火星に着陸し、クリュセ平原を撮影した画像を地球に送信してきた。ところが当初、公表されたその画像では、なんと火星の空が地球とそっくりのブルーだったのである。

「火星には地球と同じく大気があったのか!?」

だが、世間をあっといわせたのも束の間、NASAは「コンピューターによる画像処理のミス」と発表して、青い空

ヴァイキング2号の軌道船。

を即座にオレンジ色に修正してしまった。火星の空の色が本当は何色だったのかわからない。しかし、このことによって、探査機から送信されてくるデータなど、NASAの一存でいかようにも操作することが可能だという事実だけは明らかになったのである。

NASAは他にも情報操作しているのではないか？ NASAの発表する情報はどこまで信頼できるものなのか……？ この一件により、NASAに対する拭い去りがたい疑惑が生まれたのだった。

✣ ✣ ✣

ところで、ヴァイキング計画は大きな成果をもたらすいっぽうで、看過できない謎ももたらした。

いわゆる「人面岩騒動」も、本来はこの計画によってもたらされた「成果」のひとつなのである。

事の発端は、ヴァイキング1号が撮影した通称シドニア地区の写真だった。そこには台地のような巨大な岩山が写しだされていたのだが、目や鼻や口を備えており、どこからどう見ても「人間の顔」としか思えなかったのである。

これは人工の構造物なのではないか？ 「人面岩」の発見は小さからぬ騒動を引きおこしたものの、NASAが「光と影が産みだした偶然の産物」と公式にコメントしたため、騒ぎは一時的に終息した。

ところが、NASAのコンピューター技師だったV・ディピートロとG・モレナーが、これらの画像を詳しく検証したところ、異なる角度から写された2枚の写真のいずれにも人面岩が写っていたのだ。このことから、それが「光と影が産みだした偶然の産物」ではありえないことが明らかになった。

さらに、人面岩には左右対称構造が見られ、明らかに「人間の顔」としての特徴を備えていると判断したふたりは、これは人工の構造物としか考えられないと結論づけたのである。

これによって「人面岩騒動」は再燃した。人面岩の付近でピラミッド状構造物や都市を思わせる構造物が発見されたことも、この騒動に拍車をかけた。

前述の、マリナー9号によるピラミッド状構造物の発見と相まって、「地球外知的生命体が、これらの構造物を建造したのではないか？」「太古の火星には、高度な文明が栄えていたのではないか？」といった仮説が、さかんに提唱されるようになったのである。

だが、これらの騒動にもかかわらず、NASAは火星に人工構造物が存在する可能性を一貫して否定している。そして後々の火星探査計画において、人面岩にまつわる一連の仮説を葬るために、さまざまな情報工作を行ったとされているのだ。

虚偽に満ちた探査計画③
マーズ・オブザーバー

ヴァイキング計画の後、米ソ両国による火星探査計画は失敗続きだった。1988年、旧ソ連は火星の衛星フォボスとデイモスを調査するため、探査機フォボス1号と2号を打ち上げたが、1号は火星に向かう途中で姿を消し、2号も火星の衛星軌道上で通信不能になってしまった。アメリカも1992年に、火星の詳細な地図をつくるために探査機マーズ・オブザーバーを打ち上げたが、これも火星の衛星軌道の直前で消息を絶ってしまった。

実はこれら一連の失敗には、火星に拠点を持つ地球外生命体が介在しているとの説がある。

まず、火星の衛星軌道上で通信不能に陥ったフォボス2号だが、通信が途絶する直前に撮影した2枚の写真に「未確認飛行物体」が写っていたことが明らかになっている。また、通信不能に陥った状況も、「まるで何かに撃ち落とされたかのよう」だったという。

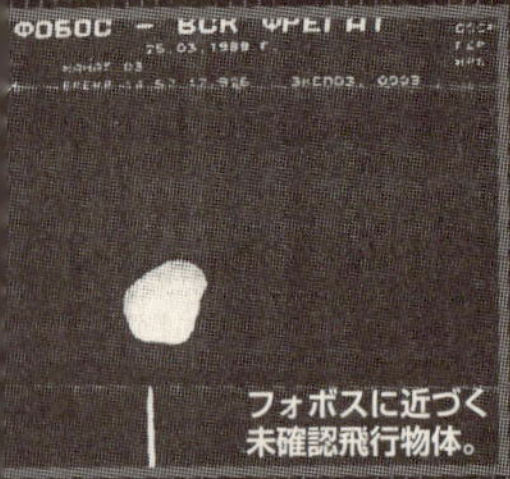

フォボスに近づく未確認飛行物体。

このため、フォボス2号は未確認飛行物体によって撃墜されたのではないかという推測もある。

さて、アメリカの探査機マーズ・オブザーバーが地球を飛びたったのは1992年9月25日のこと。順調に航行を続ければ、1993年8月21日には火星に到達する予定だった。ところが、火星の衛星軌道に達する寸前、この探査機にまったく予期せぬ事故が起こる。

「マーズ・オブザーバーは明日にも火星の衛星軌道に乗ることが期待されていたが、突然、地球との交信が不能となった。原因は不明。これにより、ミッションの成功が危ぶまれている」

1993年8月23日、アメリカの火星探査機に関するショッキングなニュースがAP電を通じて世界中を駆けめぐったのである。

マーズ・オブザーバーに緊急事態が発生したのは8月21日午後2時のこと。地上からのコマンドにまったく反応しなくなってしまったのだ。同探査機からは、衛星軌道への到達時や、セルフタイマーの始動時など、要所要所におい

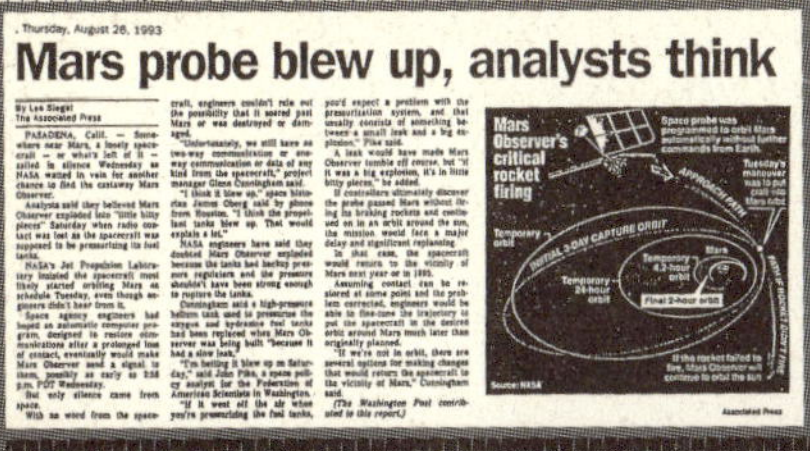
, Thursday, August 26, 1993

Mars probe blew up, analysts think

By Lee Siegel
The Associated Press

PASADENA, Calif. — Somewhere near Mars, a lonely spacecraft — or what's left of it — sailed in silence Wednesday as NASA waited in vain for another chance to find the castaway Mars Observer.

Analysts said they believed Mars Observer exploded into "little bitty pieces" Saturday when radio contact was lost as the spacecraft was supposed to be pressurizing its fuel tanks.

NASA's Jet Propulsion Laboratory insisted the spacecraft most likely started orbiting Mars as schedule Tuesday, even though engineers didn't hear from it.

Space agency engineers had hoped an automatic computer program, designed to restore communications after a prolonged loss of contact, eventually would make Mars Observer send a signal to them, possibly as early as 1:58 p.m. PDT Wednesday.

But only silence came from space.

With no word from the spacecraft, engineers couldn't rule out the possibility that it soared past Mars or was destroyed or damaged.

"Unfortunately, we still have no two-way communication or one-way communication or data of any kind from the spacecraft," project manager Glenn Cunningham said.

"I think it blew up," space historian James Oberg said by phone from Houston. "I think the propellant tanks blew up. That would explain a lot."

NASA engineers have said they doubted Mars Observer exploded because the tanks had backup pressure regulators and the pressure shouldn't have been strong enough to rupture the tanks.

Cunningham said a high-pressure helium tank used to pressurize the oxygen and hydrazine fuel tanks had been replaced when Mars Observer was being built "because it had a slow leak."

"I'm betting it blew up on Saturday," said John Pike, a space policy analyst for the Federation of American Scientists in Washington.

"If it went off the air when you're pressurizing the fuel tanks, you'd expect a problem with the pressurization system, and that usually consists of something between a small leak and a big explosion," Pike said.

A leak would have made Mars Observer tumble off course, but "if it was a big explosion, it's in little bitty pieces," he added.

If controllers ultimately discover the probe passed Mars without firing its braking rockets and continued on in an orbit around the sun, the mission would face a major delay and significant replanning.

In that case, the spacecraft would return to the vicinity of Mars next year or in 1995.

Assuming contact can be restored at some point and the problem corrected, engineers would be able to fine-tune the trajectory to put the spacecraft in the desired orbit around Mars much later than originally planned.

"If we're not in orbit, there are several options for making changes that would return the spacecraft to the vicinity of Mars," Cunningham said.

(The Washington Post contributed to this report.)

突然の通信途絶を報じる米新聞。

て通信が発せられることになっていた。ところが、予定の午後2時になっても通信はなく、以後、マーズ・オブザーバーとの交信は途絶えてしまったのだ。当初は単純な計器の故障だと考えられていた。しかし、回復の兆しはなく、探査機は完全に消息を絶ってしまう。

ここで浮上したのが「マーズ・オブザーバー爆発説」だ。マーズ・オブザーバーは火星の衛星軌道に乗るために減速するが、そのためにはエンジンを逆噴射させる必要がある。そのときに爆発事故が発生し、通信機器を破壊したのではないかという見解が、一部の関係者の間で唱えられはじめたのだ。NASAもその可能性を考慮して、専門の調査グループを組織した。

ところが、この見解は数日後に取り消された。マーズ・オブザーバーには、爆発するような可能性はほとんどないことが判明したからである。仮に爆発したとすれば、それは「外的な要因」でしかありえなかった。

これを受けて、NASAのダニエル・ゴールディン長官は迅速に行動を起こした。海軍研究所のティモシー・コフィー調査部長を招喚し、彼の下にマーズ・オブザーバー事故調査特別委員会を組織させたのだ。

この事故調査委員会は、マーズ・オブザーバーが打ち上げられてから消息を絶つまでの状況を完全にシミュレートし、その事故原因を解明したといわれる。だが、その結果は、結局公表されずじまいだった。

果たして、マーズ・オブザーバーはフォボス2号と同じく「未確認飛行物体」によって撃ち落とされてしまったのか？　それとも別の「外的な要因」によって爆発してしまったのか？　あるいは、消息を絶ったという情報自体が虚偽で、じつは、秘密裏に「人面岩」周辺の調査を行っているのではないか……？

そのような多くの憶測が飛び交うほど、これは不可解きわまりない事故だったのである。

いずれにしても、マーズ・オブザーバーについての情報は、完全に隠蔽されたのだった。

火星軌道上のマーズ・オブザーバーのイラスト。

虚偽に満ちた探査計画④
マーズ・パスファインダー&マーズ・グローバル・サーベイヤー

1997年7月4日、火星のアレス峡谷にアメリカの探査機マーズ・パスファインダー（以下MP）が着陸した。火星に探査機が着陸するのは、ヴァイキング計画以来、実に21年ぶりのことである。MPは着陸するやいなや、3枚の太陽電池パネルを開き、360度のパノラマ・カラー画像を送信してきた。

探査機の周囲では赤茶けた砂漠にごろごろと岩が転がり、空は大気中の塵で赤褐色に染まっていた。

軌道上をめぐるマーズ・グローバルサーベイヤーのイラスト。

同年9月11日、同じくアメリカの探査機マーズ・グローバル・サーベイヤー（以下MGS）が火星の衛星軌道に乗った。先に火星に到着していたMPの任務が火星地表における地質調査や生命探査であったのに対し、MGSの任務は詳細な火星地図を作成するために、火星上空から解像度の高い写真を撮影することであった。

NASAに対して不信感を抱く研究者たちによれば、このふたつのミッションでは、前例のないほど大規模な情報操作と隠蔽工作が行われているという。

最大の疑惑は、MPの着陸地点だ。NASAの発表では、探査機はアレス峡谷に着陸したことになっている。着陸地点は火星基準面よりも2メートルほど低い場所だ。同探査機が着陸したとき、地球は火星の地平線よりも5度ほど低い位置にあり、しかも探査機と地球の間にはツイン・ピークスと呼ばれる丘陵が挟まっていた。

ここで、MPが送信してきたパノラマ画像に疑惑が生じるという。この状況では、地球と火星の位置関係からして、探査機が発した電波は地球に届かない。つまり、通信が一時的に途切れるはずだというのだ。

しかし、実際には通信が途切れることはなく、着陸直後に見事なパノラマ画像が送信されてきた。これについては、MPの着陸をテレビ中継した際に、CNNで解説を担当したNASAのドナ・シャリーも、「着陸時に通信が一度も途切れなかったのは不思議だ」と述べているほどである。これは何を意味するのか?

「人面岩」研究の第一人者である科学ジャーナリストのリチャード・ホーグランドは、次のように述べている。

「マーズ・パスファインダーが着陸したのはアレス峡谷ではない。あのパノラマ画像が、本当にマーズ・パスファインダーによって送信されたものであるとすれば、通信状態からして、探査機はNASAが公表した地点とは別の場所に着陸したとしか考えられない。その別の場所とは、人面岩で有名なシドニア地区だ!」

NASAはシドニア地区に探査機を降ろし、極秘裏に人面岩など火星超古代文明の遺跡を調査しているのだという。そして、その事実をすべて隠蔽し、完全に虚偽の情報を公表しているというのだ。

✣　✣　✣

また、MGSが1998年4月5日に撮影した人面岩の画像も、各方面の疑惑を呼んだ。その画像では、なんと人面岩の「人面」の部分が完全に消え失せていたからである。

NASAは、その画像とヴァイキング1号が撮影した画像を比較公開し、「このふたつの画像からも明らかなように、やはり人面は光と影のイタズラに過ぎなかった」と正式にコメントしたのだった。

これに対して、研究者たちからは批難が沸き起こった。NASAが新たに公開した画像はさまざまな画像処理がほどこされたものであり(この点はNASAも認めている)、人面の存否を論じるには不適切だというのである。また、NASAは画像処理の過程で、意図的に人面を消してしまったのではないかという疑惑もあった。

こういった批難に後押しされる形で、NASAはMGSが2001年4月5日に撮影した人面岩の画像を公開した。

探査機マーズ・パスファインダーのローバー。後方にツイン・ピークスが見える。

その画像には人面を思わせるような地形が写っていたのだが、NASAはこれをもって「人面は光と影のイタズラに過ぎない」と改めて正式にコメントしたのである。この最新画像については、そこに人工構造物の証拠を見出す研究者もいれば、そのゆがみのあまりのひどさに、改めてNASAの情報工作を疑う研究者もいる。

いずれにしても、1998年に公開された画像と2001年に公開された画像があまりにも違いすぎたため、最新画像の公開によって人面岩論争に決着がつくどころか、かえってNASAの情報操作と隠蔽工作に対する疑惑が深まったのだった。

NASA Conspiracy
Part 1
火星探査の謎

6

人工バイオスフィアで火星移住が実現!

有人探査に秘められた陰謀

1968年から1970年までNASA長官を務めたトーマス・ペインは、1984年に『火星の探査と居住のための時間表』を発表し、21世紀における火星探査のシナリオを提示した。

これはあくまでもペインの個人的見解に基づくものではあるが、NASAの長期的な目的を示唆するものとして非常に興味深い。20年近く前に発表されたものなので、多少現実とズレた部分もあるが、とりあえず簡単にその内容を紹介してみることにしよう(表1参照)。

このペイン元長官が思い描いた21世紀のNASAのためのシナリオ、やや楽観的に過ぎる部分もないではないが、約2年ごとに火星探査機が打ち上げられ、2010年代には有人火星ミッションが実現するといわれている現状から見ても、NASAはおおむねこのシナリオ通りに行動しているといえるかもしれない。

ここで注目すべきは、地球外生命体に言及している点と、火星探査の目的が「火星移住」とされている点である。

ペイン元長官は、銀河系に地球外生命体が存在することは明らかになるものの、その居住する惑星があまりにも遠いため、われわれ人類が直接遭遇することはない、

【表1】

2000年～2010年	有人宇宙輸送システムが発達し、月面基地が設置される。月面で火星定住に向けての実験が行われる。
2010年～2020年	火星に有人ミッションが送られ、火星基地が建造される。地球外生命体が銀河系内に存在することが明らかになる。
2020年～2030年	火星に原子力発電所が設置される。火星衛星軌道上に宇宙基地が設けられる。
2030年～2040年	月面人口が数千人に達し、火星基地の科学者や技術者の数も数百人に達する。人類の火星定住に向けて、資源開発や建設技術の改良が進められる。
2040年～2050年	月面人口が1万人に達する。火星人口も1000人に達し、インフラが整備される。
2050年～2060年	火星人口が5000人に達する。地球の工場と光通信システムで結ばれた工場が建設され、さまざまな製品が生産されるようになる。
2060年～2070年	火星人口が1万人に達する。外惑星やその衛星の資源開発が進められる。銀河系内に11の文明が存在することが明らかになる。
2070年～2080年	地球から火星への移住が盛んになり、火星人口が5万人に達する。観光が火星の経済を支えるようになる。
2080年～2090年	火星人口が10万人に達する。火星の経済は地球への依存から脱出し、完全に自立する。

としている。しかし、地球外生命体に直接遭遇することはないとしても、それらが火星などに建造した構造物を通じて間接的に遭遇することはありうる。また、そういった構造物を通じて、われわれ人類が銀河系における他の文明の存在を認識することもありうるわけだ。

『ブルッキングズ・レポート』によれば、人類が地球外生命体の異質な文明に接することは、非常に危険であるという。特にそれがわれわれの文明よりも高度な文明であった場合、人類の文明は崩壊の危機にさらされるという。だから、火星において地球外生命体の文明に遭遇したとしても、それに関する情報の公開には十分な考慮が払われなければならない。場合によっては、情報を完全に隠蔽しなければならないのである。

有人探査の結果、基地が建造されるなど、火星の開発が進む。

これまでに繰り返し述べてきたように、火星探査において、NASAが情報操作と隠蔽工作を行ってきたことは明らかだ。その徹底した情報管理、そして少なくとも火星探査に関するかぎり地球外生命体の存在、あるいは介在を不自然なまでに否定する態度からして、NASAはすでに地球外生命体の文明に遭遇してしまったと考えられないこともない。

NASAが地球外生命体の文明の存在を認識していたとすれば、その極端な隠蔽体質も十分に理解できるのだ。

「火星移住」については、科学者であると同時に冒険家でもあったペイン元長官の長年の夢であったというから、必ずしもNASAの究極の目的とは一致しないのかもしれない。

しかし、1991年から1993年にかけて、アリゾナ州の砂漠において、「人工バイオスフィア（生命圏）」実験が行われたことからいっても、NASAの究極の目的が火星移住である可能性は否定できない。

「バイオスフィア」とは、あらゆる生物が太陽光と大気と水のもとで互いに依存しながら、生命活動を営んでいる閉鎖生態系のことをいう。人類にとって「自然バイオスフィア」とは地球を意味する。そして「人工バイオスフィア」とは、巨大な施設の中に人工的な閉鎖生態系を作りだしたもののこと。アリゾナ州での実験では、巨大なガラス張りの施設の中に「人工バイオスフィア」

が設定され、そこで8人の科学者が2年間にわたって生活実験を行ったのだ。

現在の火星の環境は、人類が移住するには不適当である。といって、テラフォーミング(地球化)によって、火星の環境を適切に変化させるには時間がかかりすぎる。しかし、火星に「人工バイオスフィア」を設営すれば、すぐにでも移住することができるのだ。

では、仮にNASAの究極の目的が「火星移住」だったとすると、それにはどのような意味が含まれているのだろうか？　そもそも、なぜ火星にわざわざ移住しなければならないのだろうか？

実はそこには、恐るべきシナリオが潜んでいる可能性がある。なぜ火星にわざわざ移住しなければならないのか？　それは地球に住むことができなくなるからだ――というのである。

世界の人口は、依然として爆発的に増加しており、それにともなって資源枯渇と環境汚染が進行している。特に深刻なのは、文明が吐きだした炭酸ガスの異常増加による地球温暖化現象だ。それによって両極の氷が溶けて都市が水没したり、平均気温が上昇して生物の生存が危うくなったりする。

人工バイオスフィア実験用施設。

こうして地球は人類が居住するには不適当な環境になっていく。こうなると、地球を捨てて他の惑星、たとえば火星に移住するしか選択肢はない。

しかし、人類全体が火星に移住することは不可能だから、「選ばれた一部の人々」のみが火星に移住する。マインド・コントロールで支配された「一括託送貨物」と呼ばれる奴隷集団も火星に移住し、「選ばれた一部の人々」に奉仕するのだ――。

実験を仕切ったコロンビア大学のウィリアム・ハリス博士。

たとえ火星への移民が本格的になっても、それは限られたエリートたちだけのものかもしれない。

このシナリオは、1997年にイギリスのアングリアTVが制作した科学ドキュメント『第三の選択』によって提示されたもので、米ソ両大国による宇宙開発の裏にはこのような陰謀があるのではないか、として、世界中にセンセーションを巻きおこした。

ちなみに、同番組によると『第三の選択』とは、米ソが共謀して進めている秘密作戦の名称であるという。もちろん、現在では科学ドキュメント『第三の選択』は完全なフィクションであり、このような秘密作戦……陰謀は存在しないといわれている。確かに同番組が提示するシナリオは、まるでSF映画のようであり、とても真実とは思えない。

だが、この番組の内容にまったく信憑性がないのかというと、決してそうではない。人類にとって、地球が住みにくい環境になりつつあることは、だれもが認識している事実だろう。だからといって、「地球を捨てて火星に移住する」というのは飛躍した発想だと思われるかもしれないが、実際にNASAが火星移住に向けた火星探査計画を実施しているとすれば、それは必ずしも絵空事とはいえまい。そして何よりも、NASAが火星に関する情報を操作・隠蔽している事実を考えれば、『第三の選択』というシナリオが想定されただけの要因は、依然として存在しているということなのである。

NASAが情報を操作・隠蔽しているのは、火星に地球外生命体が築いた文明の痕跡が存在するからなのか？ それとも『第三の選択』のような陰謀が進行しているからなのか？ あるいは、その両方なのか？ または、それ以外の要因によるものなのか……？

それは21世紀のNASAの火星探査が、どのようなシナリオに沿って行われるかによって、次第に明らかになっていくことだろう。

秘密の集団「オシリス・カルト」

NASAは陰の集団に操られている!?

実は、これまで「NASAの隠蔽体質の背景には、カルト集団の存在がある!」という説がささやかれてきている。NASAの中枢をあるカルト集団が支配しており、火星に関する「神聖知識」の公開を阻んでいるというのだ。

科学の最先端をいくNASAとカルト集団とは、じつに奇妙な取り合わせのように感じられるかもしれない。しかし、NASAが「オシリス・カルト」と呼ばれる古代エジプト宗教の隠れた本拠地になっていることは、80年代初めごろから問題視されていたのだ。

秘教研究家ジョージ・ダウナードの調査によると、NASAの管轄する天文台には、常にシリウスに向けられた望遠鏡が設置されているという。その望遠鏡を通して、シリウス（古代エジプトの星辰信仰において主神となっていた星）の光を浴びながら、NASAの「大司祭」が「オシリス復活の儀式」を執り行うというのだ。「オシリス・カルト」はアメリカを中心として、各国の政財界に多数の信者を擁しているが、ダウナードはNASAこそ「オシリス・カルト」の総本山であると指摘している。

リチャード・ホーグランドによれば、NASAのカルト性は、宇宙探査機の離着陸の日時を、まるで古代エジプトの神官のように、星の配置によって決定していることに如実に

古代エジプトの冥界の王であり、死と復活の神でもあるオシリス。

表れているという。

　前述のシリウス星など、古代エジプトにおいてオシリス神に関わるとされていた星が高度19・5度か33度、あるいは地平線上か子午線上に現れるとき、宇宙探査機が離発着するというのだ。

「19・5」と「33」は、いずれも火星地表の構造物の寸法、あるいは配置において頻繁に現れる数字であり、火星超古代文明で神聖数とされていたと考えられる。

　そして、NASAの科学者たちも、このふたつの数字を神聖数とみなしているらしいのである。

中央にオリオン座が配してあるアポロ計画の記章。

　たとえば、人類が初めて月面に降り立ったことで有名な「アポロ11号計画」（1969年）は、神聖数「19・5」と「33」が頻繁に現れるのみならず、完全に「オシリス・カルト」の象徴で彩られたものであったという。

　たとえば、月面着陸に成功した7月20日とは、古代エジプトではオシリス神の「復活の日」とされており、「オシリス・カルト」にとっては大聖日である。さらに、7月20日はエジプトのギザにおいて、シリウスの高度が「19・5度」になる日でもあった。

　また、アポロ11号計画の場合、ドッキングに要した時間は「33分間」、ミッション全体の継続時間は「195時間」だった。

　そもそも、アポロ計画の「アポロ」とはオシリス神の息子ホルスと同一の太陽神であり、アポロ計画の記章とされた「オリオン」は、古代エジプトにおいては「オシリス神の住まうところ」とされていたのである――。

　NASAの内部には「公開派」と「非公開派」というふたつの派閥があり、情報開示をめぐって対立しているという。あるいは、「非公開派」というのは、古代エジプトの神官のごとく、星に関する知識が「神聖知識」であるがゆえに、開示を拒んでいるのかもしれない。

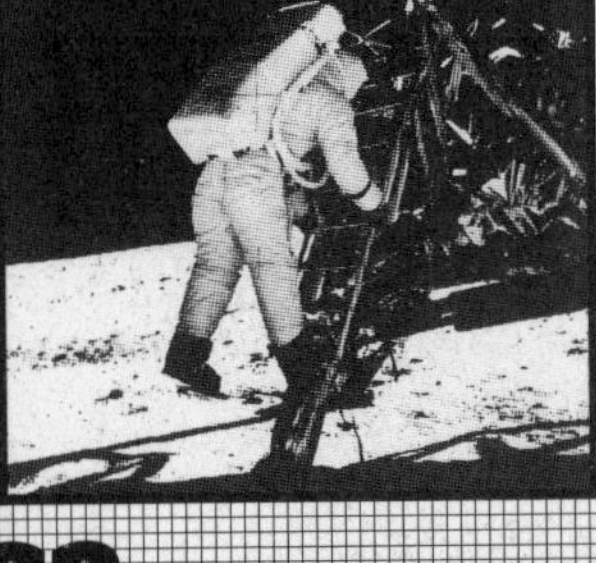
月面着陸という偉業にも「オシリス・カルト」の手が伸びていた？

地球外惑星は「死の世界」か?

惑星探査データの矛盾

現在、われわれが知る惑星の姿はある出来事をきっかけに突如としてもたらされたものである。

地上からの天体観測技術の進歩は、惑星の大気の組成や温度にさまざまなデータを提供した。1960年代には、電波観測により金星にセ氏480度という高温地帯が存在することもわかっていた。

しかし、当時、宇宙の生命について熱心に研究を行っていた故カール・セーガン博士は、金星の高温領域が電離層の温度であり、地表の温度は生命に適する可能性があると論じていた。

地球でも、高度100キロ以上の電離層は、セ氏400度以上である。大気の組成が、地球と同じであれば、雲の多い金星では、地上に届く太陽熱が減少するため、地表の温度は地球と変わらないだろうと考えられたのだ。一方、古くから春と夏には暗くなる火星のある地域から、有機物質と一致するスペクトルが観測され、植生による現象だとする論議が盛んに行われた。

カール・セーガン博士。

しかし、1960年代後半に事態は一変することになる。

アメリカとロシアの宇宙探査衛星がもたらしたデータは、近隣惑星の生命にとってはきわめて否定的なものだったのである。カール・セーガン博士をはじめ、科学者はそのデータをもとに、急遽、惑星像の修正を迫られることとなった。

金星は温暖湿潤で熱帯性の植物が生い茂る世界から、高温高圧の灼熱地獄に、火星は植生による四季の変化を持つ世界から、砂と風だけの世界に、古くからさまざまな変化現象が報告されてきた月は完全に死の世

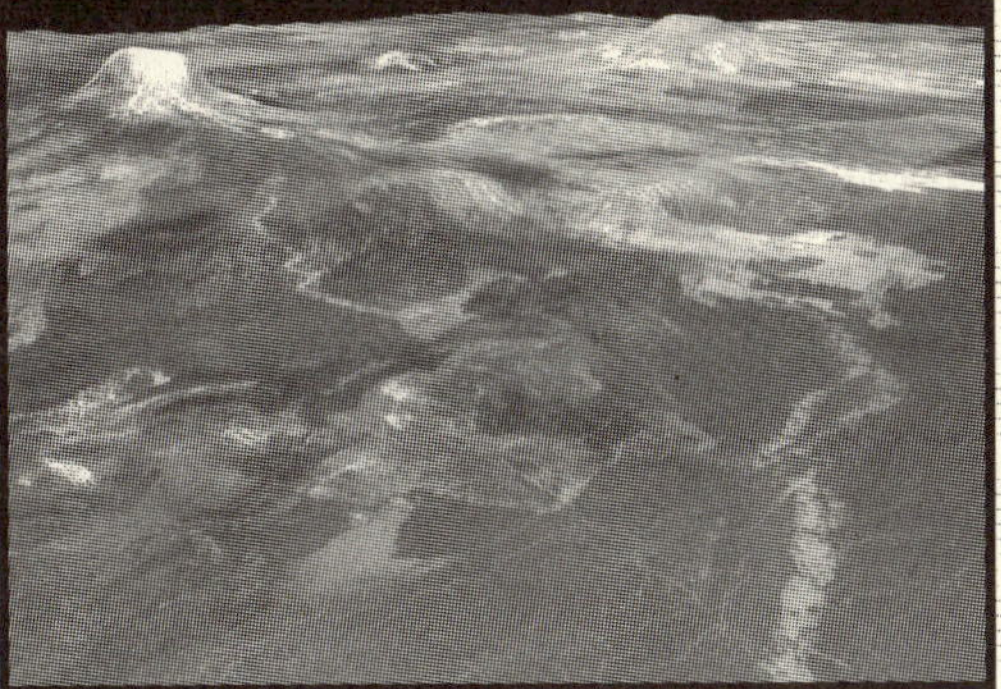
金星のアイストラ地域。左に3000メートルのグラ火山、右に2100メートルのシフ山。植物はない。

界へと、突如として変えられてしまったのだ。

そして、後のアポロ計画やヴァイキングの火星着陸によって、その理論があたかも証明されてきたかのように伝えられ、地球こそが生命に適した唯一の惑星であると印象づけられたのである。

しかし、本当に地球だけが生命に適した環境なのだろうか。

コーネル大学の研究では、天体の原始大気のシミュレーションに雷放電を採り入れることで、生命の前段階と考えられる高分子量の有機分子を大量に作りだせることが明らかになっている。また、はるか宇宙空間を旅してきた隕石の中にも有機物は発見されている。生命の可能性は宇宙のいたる所に存在すると考えるほうが自然ではないだろうか。

事実、NASAが公開する惑星探査のデータの裏にはさまざまな矛盾を見ることができた。そこには、惑星探査によって否定されたはずの惑星の姿が垣間見られるのである。ありえないはずの火星の青い空や金星の海、前人未到の天体に点在する人工物や巨大UFO、さらには、ガス惑星の大地――。

これらの矛盾を検証していくうちに、宇宙開発の裏に隠されている実態が浮かび上がってくるのだ。

マリナー4号が送ってきた火星の写真。月と同じ死の世界が広がっていた。

NASA Conspiracy Part 2 宇宙開発の目的

2

契機は米ソによる宇宙の覇権争い

国家機密としての宇宙開発

話は1952年7月19日にさかのぼる。ワシントンナショナル空港の2機のレーダーは、アンドリュース空軍基地の東南方向に8個の未確認飛行物体を捕捉した。その2時間後、

The News

AERIAL WHATZITS BUZZ D.C. AGAIN!

Thru Space on Wings of Glass

Our Town Was Buzzed Again

Racing

Tories Outline New Austerity Program

Faith Can Go Just So Far

米ソの宇宙開発競争のきっかけになったといわれるワシントンUFO事件を報じる当時の新聞。

アンドリュース空軍基地上空に巨大な球体が滞空し、F94がスクランブル発進するという事件が起こった。有名なワシントンUFO事件である。

その後まもなく、アメリカと旧ソ連は宇宙開発に凌《しの》ぎを削ることになる。

探査機からのデータは、生命の可能性を否定したが、その一方で、月や火星の変化現象についての回答は何ももたらされていない。これは、このふたつの問題が強く絡みあっていることを示す証拠ではないだろうか。つまり、月や火星に変化をもたらすものは、実は生命活動だったのであると。

そうなると、ワシントンUFO事件の直後に宇宙開発が始まったのは、決して偶然ではない。地球外文明を調べるという本来の目的を隠すため、裏では惑星の生命の可能性を完全に否定するデータを公開してきたと考えても不思議ではないのである。

1957年10月4日、旧ソ連のス

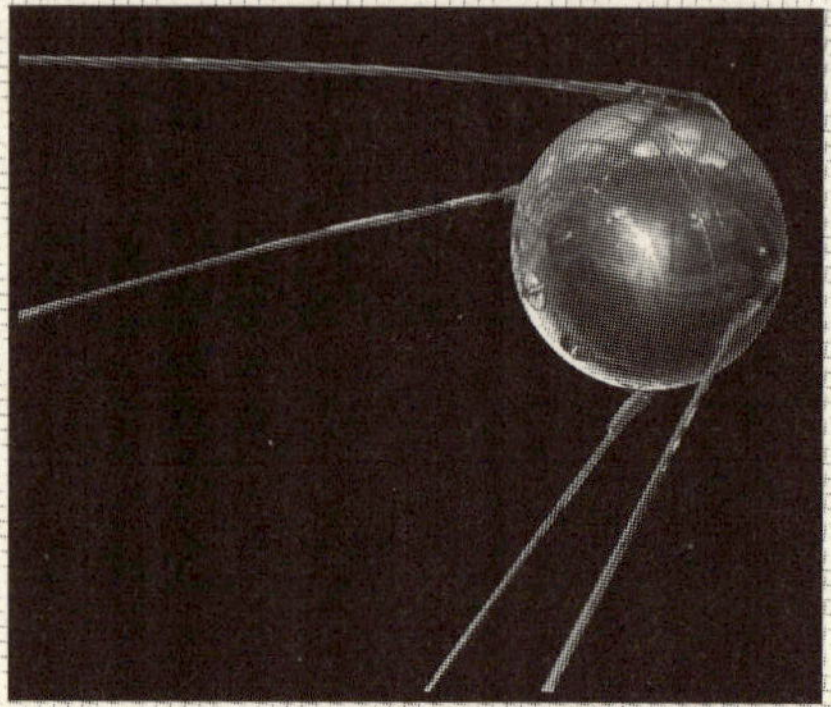
人類初の人工衛星スプートニク。

プートニクの打ち上げ成功は、西側諸国や第3国に対して大きなショックを与えることになった。西側諸国にとっては敵対国の大陸間弾道ミサイル(ICBM)の完成を意味するものであり、第3国にとっては、資本主義経済の産業構造に勝った旧ソ連の体制の優位性を示すものであった。いわゆる「スプートニク・ショック」である。

世界で最初に宇宙ロケットの研究開発に取り組んだアメリカのロバート・H・ゴダート博士の目的は、純粋に月世界を知りたいという知的好奇心であったという。しかし、スプートニク・ショック以降、宇宙開発の実権はアメリカ国防総省に統括され、ロケット技術は宇宙の平和利用を掲げたNASA設立の裏で、ICBMの技術として進歩することになった。

そして、1963年、宇宙開発の二面性が浮き彫りとなる出来事が起こった。ひとつは金星探査機マリナー2号の打ち上げと、太平洋のジョンソン島上空405キロで行われた1・4メガトンの宇宙核爆発実験、スターフィッシュ計画である。

この結果、NASAはスターフィッシュの強力な電磁波により人工衛星を3機失うこととなった。そして、両者を打ち上げたのがICBMを転用した同型のアトラスロケットだったのだ。

アメリカの金星探査機マリナー 2号

だが翌年、マリナー2号は金星への接近を果たし、史上初の金星観測と遠距離通信記録を樹立した。この成功により、NASAは自前の発射場を持つこととなり、世界に先駆けて月を征服するという国家の威信をかけたプロジェクトをスタートさせたのである。

平和利用を標榜する宇宙開発の実態は、宇宙の覇権争いにほかならない。NASAは、アメリカ航空宇宙評議会の意向をもとに、国防総省から技術、人材、財政面の支援を受け、宇宙開発で得られた重要な成果は、常に国家機密としてわれわれからは隠されることになったのだ。

NASA Conspiracy Part 2 宇宙開発の目的

3

クレーターこそ生物の住居だ!

死んだ天体のイメージは幻想?

マリナー4号から送られてきた火星の最初の写真はクレーターだらけの世界であった。当時、火星は地球に似た惑星と考えられていたことから、この写真は何者かによって月面の写真とすりかえられたという説さえあがったほどだ。その後も、火星近傍を通り過ぎた探査機は、多数のクレーターの写真を送りつづけ、次第に火星は地球ではなく月に似た死の惑星というイメージに変わってしまったのだ。

しかし、もしこの時点で渓谷や河床が写されていたとしても、NASAは真実を公開しなかっただろう。このとき、科学者も含めて多くの人が、パーシバル・ローウェルの運河が本当に存在するのかに注目していたからだ。そこで、クレーターだらけの写真を見せて、火星に対する興味を薄れさせていったのだろう。

しかし逆に、クレーターから死んだ天体というイメージを連想するのも一種の幻影ではないだろうか。確かに、大小のクレーターが重なり合う地形は直感的にも気の遠くなるような年代を感じさせる。しかし仮に太古の地形だとしても、その地形が残っているということは、惑星の地表に大きな変

1877年の火星大接近の際に火星を観測したジョヴァンニ・スキャパレリが発見した運河状の地形（下）。これを人工的な運河だと考えたアメリカのパーシバル・ローウェル（左）らにより、火星人論争が高まっていった。

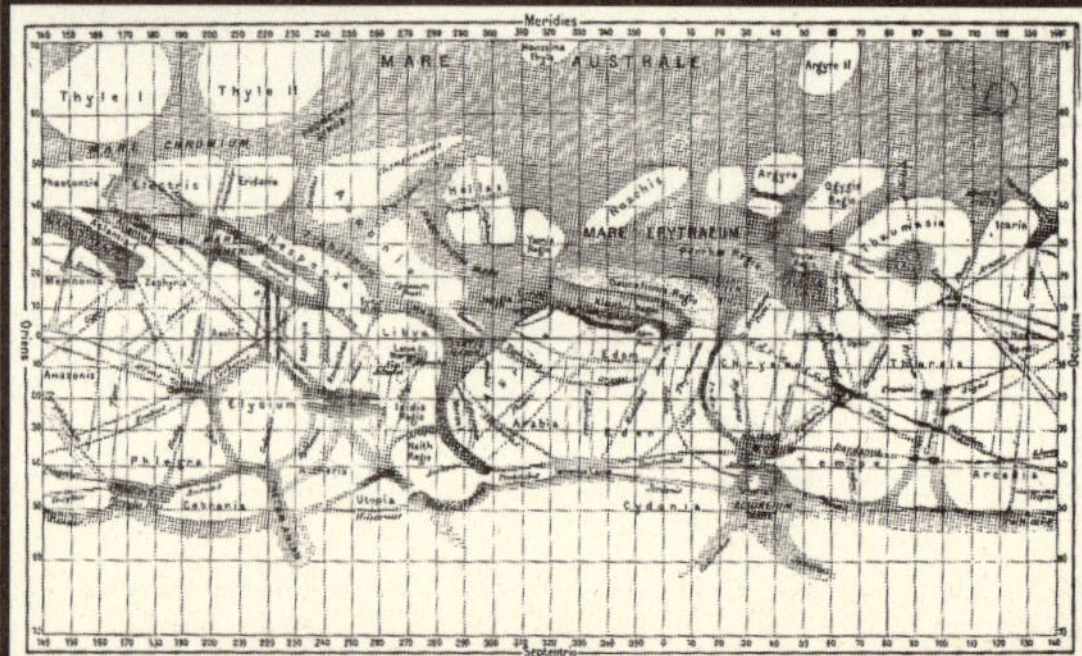

CHAPTER 1 CHAPTER 2 CHAPTER 3 CHAPTER 4 :NASA Conspiracy CHAPTER 5 CHAPTER 6

アポロ計画時代の月面基地想像図。小型の原子力発電機や岩石から水を抽出する装置などが備えられている。

動がなかったというだけのことにすぎない。

もし、その惑星で生命が誕生すれば、進化をたどる生物にとって、クレーターは格好の天然の住居となりうるのではないだろうか。地球上の生物は、ほとんどが自然の地形を利用して生活しているのである。

アポロ計画の時代、機材の製造を請けおったノースアメリカン航空の地質研究部長グリーン氏は、火山性クレーターの地下及び周壁を利用した大規模な月面基地を設計していた。初期段階では小型の原子力発電機や、岩石から水を抽出する装置、アンテナなどを月面に運び、ビーコンを設置して着陸船の発着場を作る。さらに地下室を作り居住区とする。

そして、2000年までには、各研究施設や資源採掘所がチューブで結ばれ、地球と月の定期便が往復できる基地を完成させる、というプランを立てていたのだ。残念ながら実行には移されなかったが、それは、アポロ宇宙船クラスの輸送能力でも、クレーターを利用すれば多数の人間が恒常的に滞在できる施設が建造できることを示したものであった。

惑星の住人の痕跡を探そうとするなら、新しい地形よりも、より長い歴史を持ったクレーター周辺にその可能性を見出す確率が高いと考えられるのである。ここにも、NASAの隠蔽の手法が見え隠れしている。

NASA Conspiracy
Part 2
宇宙開発の目的

4

豊富な核融合燃料の存在

探査機の情報は隠されている!?

クレメンタイン資源探査衛星。1994年に打ち上げられ、月の地質学に多大の貢献をなしたが、ミッションの全貌は謎。

あらためて、太陽系の惑星の姿をかえりみたとき、そこには宇宙開発の歴史の裏の数々の隠蔽が見えてきた。惑星の本当の姿は、一般に知られているものとはかけ離れたものだった。NASAがそれほど隠したい、宇宙開発の真の目的とはいったい何だろうか。

ひとつには天体の資源的価値が考えられる。その意味で最もミステリアスなのはクレメンタイン資源探査衛星である。クレメンタインは、3種類の鉱物探査カメラと、ひとつの高解像度カメラを搭載し、月全体を100万枚の写真で完全に網羅した唯一の探査機である。

しかし、この探査機の情報はあまりにも少ない。現在サイトで公開されている画像も数えるほどであり、解像度の高いものは公開されていない。これは、単に月の資源を公開したくないだけとは考えにくい。おそらく、クレーターの成因について公表できない事実をつかんでしまったのではないだろうか。

クレーターの成因をめぐっては長い間、隕石衝突説と火山説のふたつに分かれていたが、現在では隕石衝突説に落ち着いている。しかし、クレーターにはそれだけでは説明のつかないものがある。まず両方の説を再考してみたい。

隕石の衝突が成因とすれば、衝突時の爆発によりクレーター内部の物質が飛散することになるため、すり鉢状の比較的なだらかな凹孔が形成されると同時に、周囲に凹孔と同体積の外輪山を形成する。

また、火山の噴火が成因であれば溶岩の流出により山が作られるため、山の体積は凹孔の体積より大きくなる。火山の場合は陥没によるカルデラを形成するケースもあるが、その場合は急峻な崖を伴う陥没孔となる。

しかし、クレーターの中には、どちらの特徴にも当てはまらない、陥没しただけのエクボ状のクレーターが数多く認められるのである。これは特に月の小クレーターや小天体のクレーターに多い特徴である。

小天体の重力はきわめて弱く、隕石の衝突速度もきわめて緩やかであるため、衝突クレーターができる可能性は少ないのである。それにもかかわらず、エクボ状のクレーターに覆われている。その答えは、月などの小天体の表面はきわめて資源的価値が高いことにあるのではないだろうか。

大気のない小天体は、細かく粉砕された塵に覆われた表面が直接太陽風にさらされており、数億年にわたって水素、水、ヘリウムなどの太陽風ガスが蓄積されている。これらのガスは塵を加熱することによって容易に取りだすことができるのだが、なかでもヘリウム3は核融合燃料として非常に利用価値の高いものである。

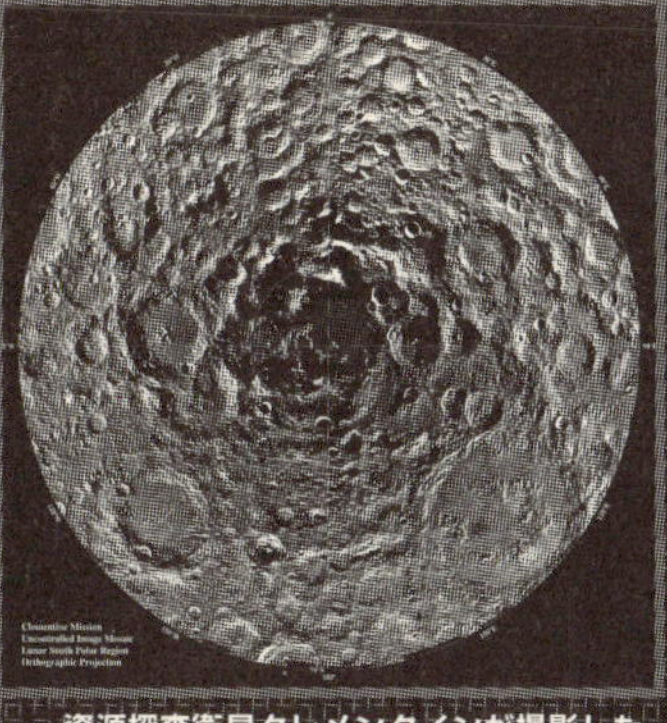

資源探査衛星クレメンタインが撮影した月の南極地域。そこは、死の世界であった。

1キログラムのヘリウム3は2万キロワットの電力を1年間発電することができる。月の表面には100万トンものヘリウム3が存在すると考えられているのだ。

また、塵自体もセメントの原料となる灰長石やチタン、鉄、酸素などを豊富に含んでいる。もしわれわれにこれらの資源を容易に調達できる技術があるなら、小天体の表面を削掘しているのではないだろうか。

ニア・シューメーカー探査機がエロスを目指した一連のミッションの中に、エロスの質量が計算と違うのではないかと思われるフシが見られた。当初の計画では探査機はもう1年早くエロスの軌道に入るはずであったが、最初の減速ミッションに失敗し、予定の100倍の速度でエロスを通過してしまっていたのだ。

そして、2度目のミッションでもそれは起こった。主要なエンジンの点火が異常終了し、自律プロトコルでこのミッションが引き継がれたあと、3時間後に復旧するまで人の手を離れて減速が行われた。

「探査機の故障」、宇宙開発ではたびたび聞かれる言葉である。だが、エロスが異星人によって加工された中空の天体であれば、想定した引力に基づく軌道計算自体が間違っていたとも考えられるのだ。

エロス中空天体説を生むきっかけになった、ニア・シューメーカー探査機。

NASA Conspiracy Part 2 宇宙開発の目的

5

やはり生命は存在する！

標的は地球外文明の技術

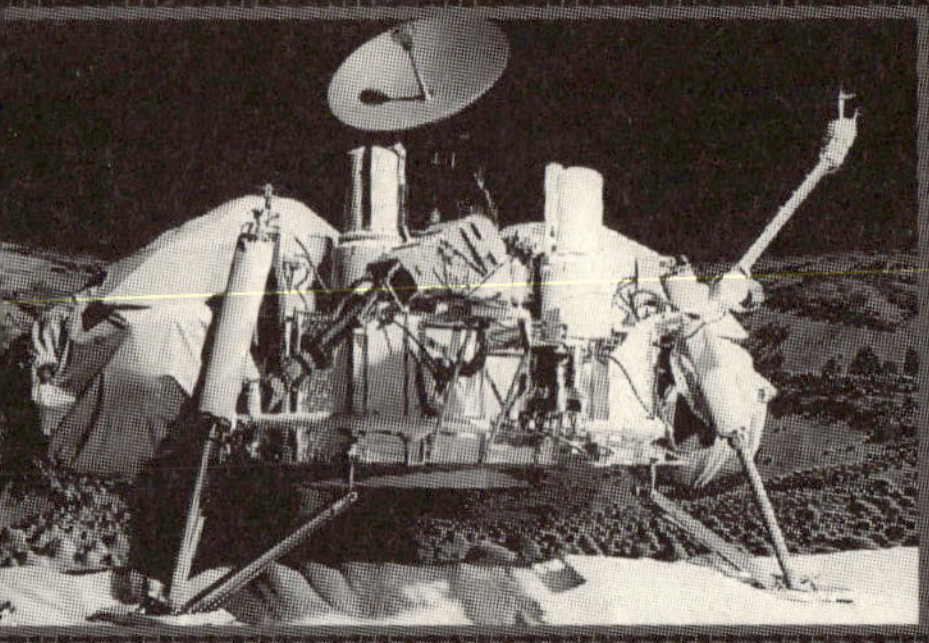

ヴァイキング探査機。火星に熱分解放出実験装置を送り込み、光合成を行う微生物の存在を確認。

そして、もうひとつ、NASAが利権に絡む目的は、宇宙開発で知りえた地球外文明の独占であろう。宇宙開発の歴史と軍事利用が切っても切り離せない関係だとすれば、NASAの一番欲しいものはおのずと浮かび上がってくる。

アポロ活動は常にUFOに監視されていた。NASAがアポロ計画の一部で、地球外文明の技術を試していたとも考えられる。当時の科学力だけで、月旅行を何度も成功させたこと自体奇跡的なことなのだ。

NASAがその技術を独占するためには、地球以外の惑星から生命の痕跡を徹底的に消し去る必要がある。もし仮に、どこかの惑星に微生物が存在することが発見されたとすれば、必然的に人々の関心は知的生命の存在に向かうからだ。

無から有までの距離は果てしなく遠いが、有から知的生命への発展は、地球の生命の歴史を見ても時間の問題であることがわかる。実は、ヴァイキング探査機の最大のテーマであった生命の探査では、十分な生命反応が得られていたのである。

ヴァイキングでは、火星表面土壌をサンプル収集スコップで採集することにより、3種類の生物探査実験が行われた。その結果は生命活動の痕跡はいっさい検出されなかったというものである。しかし実際には、熱分解放出実験装置からきわめて有望な反応を得ていたのだ。

熱分解放出実験装置では、サンプル土壌を入れた容器に放射性の炭素14と一酸化炭素の混合気体を満たし、太陽光線の代わりにキセノンランプの光を照射する。そして、数日後にガスを捨て、土壌を熱する。もしも土壌に光合成を行う微生物がいれば、微生物は炭素14の気体を体内に取り込んでいるため、この加熱で容器内に炭素14が放出されるはずである。

そして、熱分解放出実験装置のガイガーカウンターは、炭素14をとらえた。それは、火星の土壌の反応が地球の土壌にきわめて似ており、月の土壌とはまったく違うという結果であった。また、加熱したあとのサンプルでは反応がなくなることも確認された。まさに生命活動そのものといえるデータが検出されていたのだ。

この実験の主席研究者であるノーマン・ホロビッツ博士は、「ユートピア地方に着陸したヴァイキング2号の熱分解放出実験から、火星には光合成を行う微生物が存在すると確信できるデータが得られた」と発表した。

これは、各部門の科学者が集まる観測会議では報告されていない抜き打ちの発表であった。しかし、このセンセーショナルな発表も、それから2週間後、クラウス・ビーマン博士の研究チームにより有機物実験の結果から有機物が発見されなかったとして、すべて否定されてしまった。

実は、有機物実験自体にも大きな問題があった。そもそも、有機物実験を担当した科学者自身が、ヴァイキングの実験装置では有機物は検出できないと考えていたのである。有機物実験装置の精度は、取り込まれた数百ミリグラムのサンプル中に100万個以上の微生物が存在しなければ検出できないレベルであり、また、それまでの実験で火星の表面の土壌が大量の酸素を含み、生物の死骸は急速に酸化還元されてしまうということがわかっていたのだ。

ノーマン・ホロビッツ博士が事前の観測会議で報告しなかったのは、事実が永久に隠されてしまうNASAの体質を知っていたからではないだろうか。

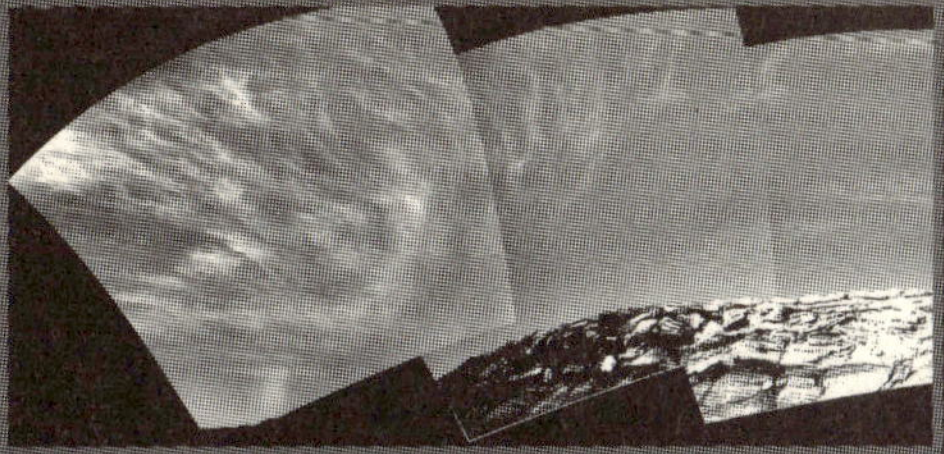

火星にも生命が存在するのでは……。根拠のひとつがタルシス高地付近で観測される雲の存在だ。

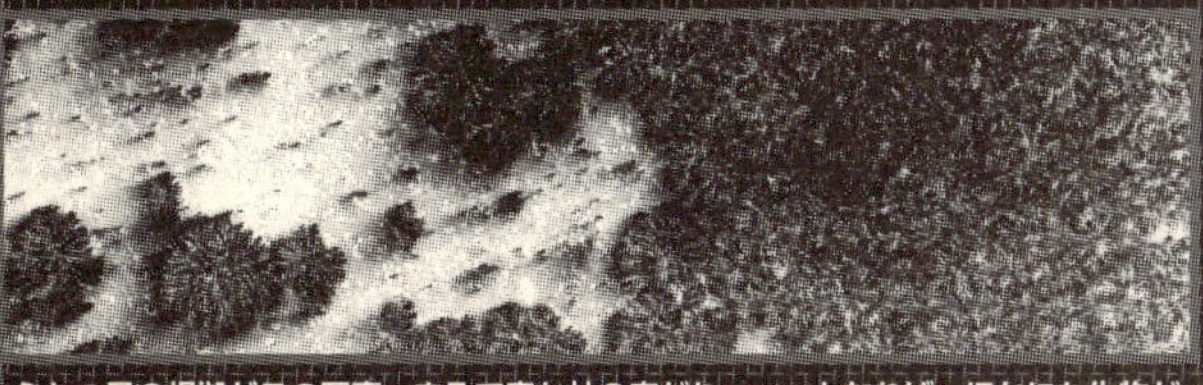

ふたつ目の根拠がこの写真。まるで森か林の広がり……。となれば、ほかにも生物が……。

NASA Conspiracy Part 2 宇宙開発の目的 6

宇宙開発には真の目的がある
惑星のエネルギー資源独占！

NASAの宇宙開発の真の目的は利権の独占である。

月面の征服でロシア(旧ソ連)との覇権争いに勝ったNASAの次の目標は、冥王星以遠の領域であろう。その領域で近年、通説を覆す出来事が起きた。

近日点を過ぎて遠ざかりつつある冥王星で、この14年間の恒星の掩蔽による観測により、大気圧が2倍に膨張していることがわかったというのだ。

多くの科学者は、太陽から遠ざかれば温度の低下とともに、大気が徐々に氷結し、大気圧は下がるだろうと考えていた。そして、遠日点に達するまでにはすべての大気が凍りつき、大気がまったくなくなると考えていた。

しかし、観測結果は逆なのである。

何らかの力によって、氷が大気に還元されているのだ。

冥王星は現在、海王星の外側を取り巻く小惑星帯であるカイパーベルトに突入しつつある。もしかすると、小惑星帯には冥王星の温度を上昇させるような力があるのだろうか。それとも、これから200年続く冬に備えて、何者かが気象をコントロールしているのであろうか。いずれにせよ、これは現在の天文学では説明のつかない現象である。

さらに、2004年3月15日、カリフォルニア工科大、ジェミニ観測所、

太陽系で最も遠くにある最も寒い海王星以遠天体セドナ（手前。光点は太陽）のイメージ。

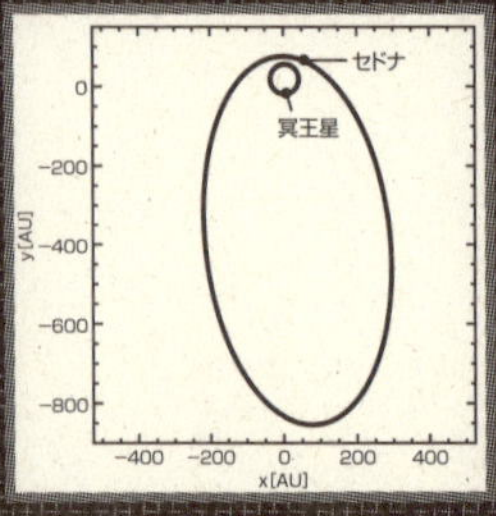

超楕円を描くセドナの軌道。太陽を1周するのに、約1万500年ほどかかる計算になる。

CHAPTER 1
CHAPTER 2
CHAPTER 3
CHAPTER 4 :NASA Conspiracy
CHAPTER 5
CHAPTER 6

エール大学の天文学者によって、第10番惑星セドナが発見された。現在の距離は冥王星のおよそ3倍。セドナは火星のように赤いという以外は、大きさもわかっていない。直径30メートルの電波望遠鏡でも、熱の放射面積を検出することができなかった。したがって、軌道位置に対する最小分解能の1800キロよりも小さいと推定されている。

軌道は近日点が冥王星の2倍、遠日点が20倍という超楕円軌道だと試算されているが、観測期間が短いために正確ではなく、別の太陽系からやってきた可能性さえある。その異様な表面の色は、雪と氷の太陽系の最果ての世界には似つかわしくないものなのだ。

NASAがこれらの天体を探査するまでに、太陽系の惑星のすべての真相が明らかになっていてほしいものである。もしかすると、それを一番望んでいるのは真相を隠しつづけているNASAの科学者たちかもしれない。

1952年、ワシントンUFO事件でアメリカ政府と旧ソ連は地球外文明による驚異のテクノロジーの存在を知り、その実態をつかむためにNASAを設立、国家を挙げて宇宙開発に突き進むこととなった。そして、月をはじめとする太陽系の惑星がすでに彼らの手にあることを知ると、次は、地球がわれわれ生命にとって唯一無二の環境であると信じさせるために、ことごとく地球外生命の存在を否定した。そして、その裏で各惑星に存在する地球外文明と資源を独占的に調査しつづけてきたのである。

ワシントンUFO事件からすでに半世紀が過ぎた現在、彼らのテクノロジーの一部を享受して、来たるべきときに備え、地球製のUFOが完成していたとしても不思議ではない。

来たるべきとき、それは石油資源をめぐる現在の利権構造が崩壊の危機に直面するとき、すなわち、ほかの惑星のエネルギー資源が必要になるときである。次のエネルギーをめぐる覇権争いは、すでに最終段階を迎えているのかもしれない。

太陽系。まさにここが、NASAの陰謀の舞台となっている。

NASA本部。太陽系に関するすべての指令とすべての情報を握っている。

NASA本部通信司令室。宇宙を行く探査機からの情報を集約。宇宙覇権争いの最先端の現場である。

木星探査機

1970年代、木星には「液体アンモニアの海があり、そこで生命の営みがある」という説が有力だったが、1973年に木星に最接近したパイオニア10号は、木星の海が液体水素であることを示し、その説は否定された。

続く1979年にはボイジャー探査機が木星に接近し、初めて衛星の表面画像を送信。イオの火山活動が知られることとなった。

そして1995年、木星の大気圏に突入するプローブを備えたガリレオ衛星が初の木星周回衛星となり、イオの表面がセ氏1300度という溶岩によってたえず再生されていること、エウロパの表面が複雑な筋構造であり、内部に海洋が存在することなどを発見した。

また、プローブは秒速45キロで木星大気に突入後、パラシュートで減速しながら1時間にわたりデータを送信。雲の上部から150キロ、24気圧の深度で予想より早く通信が途絶えてしまった。プローブは木星の表面に衝突したのだろうか。

木星の詳細をはじめて明らかにしたボイジャー探査機。大型の望遠カメラを備えている。

木星探査機ガリレオ。木星の大気に突入するプローブが装備されていた。

ANCIENT REMAINS in SPACE: The Best

第5章 太陽系のオーパーツ

SOLAR ANOMALY

[No.074～100]
謎の衛星イアペタス→エロスの垂直エンジン

2007年、カッシーニが捉えたイアペタス。残雪のように氷が点在している。

FILE No.079

再接近で強まる人工天体説

謎の衛星イアペタス

2004年に17万キロメートルの距離から衛星イアペタスを撮影した土星探査機カッシーニが、2007年9月に再びイアペタスに接近した。今回は実に9240キロメートルという大接近である。写真の解像度も前回の20倍に達している。すでに発見されている、赤道を取り巻く高さ13キロの壁状構造や直角構造物など、さまざまな人工天体としての可能性は、再接近によって確実な証拠として解き明かされたのだろうか――。

まず公開された明暗境界付近のクローズアップ

画像は、イアペタスの表面の特徴である「暗い部分」の生成過程の定説を覆すものだった。イアペタスは1・27という密度から、大部分が水の氷であり、少量の岩石で構成されていると考えられていた。重い岩石は中心部に集まり核となり、軽い水はマントルと地殻を構成することになる。これは、表面が白い氷で覆われることを意味し、黒い物質は軌道上に存在するチリが吹きつけられたものだとされてきたのだ。

しかし、明暗境界部分のクローズアップを見ると、地表のクレーターが氷によって埋め立てられていることがわかった。つまり、白い地表に暗い物質が積もったのではなく、暗い地表に白い氷が雪のように積もっているのだ。問題は、地殻が氷を含まない事実と1・27という水に近い密度との間に矛盾が生じ、自然に形成された天体としての説明がつかなくなってしまったことだろう。これらの事実から導かれる結論はただひとつ、イアペタスは固い外殻を持った中空の人工天体であるということなのだ！

先の接近で指摘されていた人工天体説（210ページ）は、天体の構造に関わる矛盾が判明したことにより大きく裏付けられたといえるだろう。だが、謎の構造物のクローズアップは現時点で公開されていない。NASAは半球全体のモザイク画像を公開していることから、写真が存在するのは確実だ。特異な天体として特徴づけている情報が公開されないということは、逆にNASAみずから、そこに公開できない何かが写し出されていることを認めたことになるだろう。

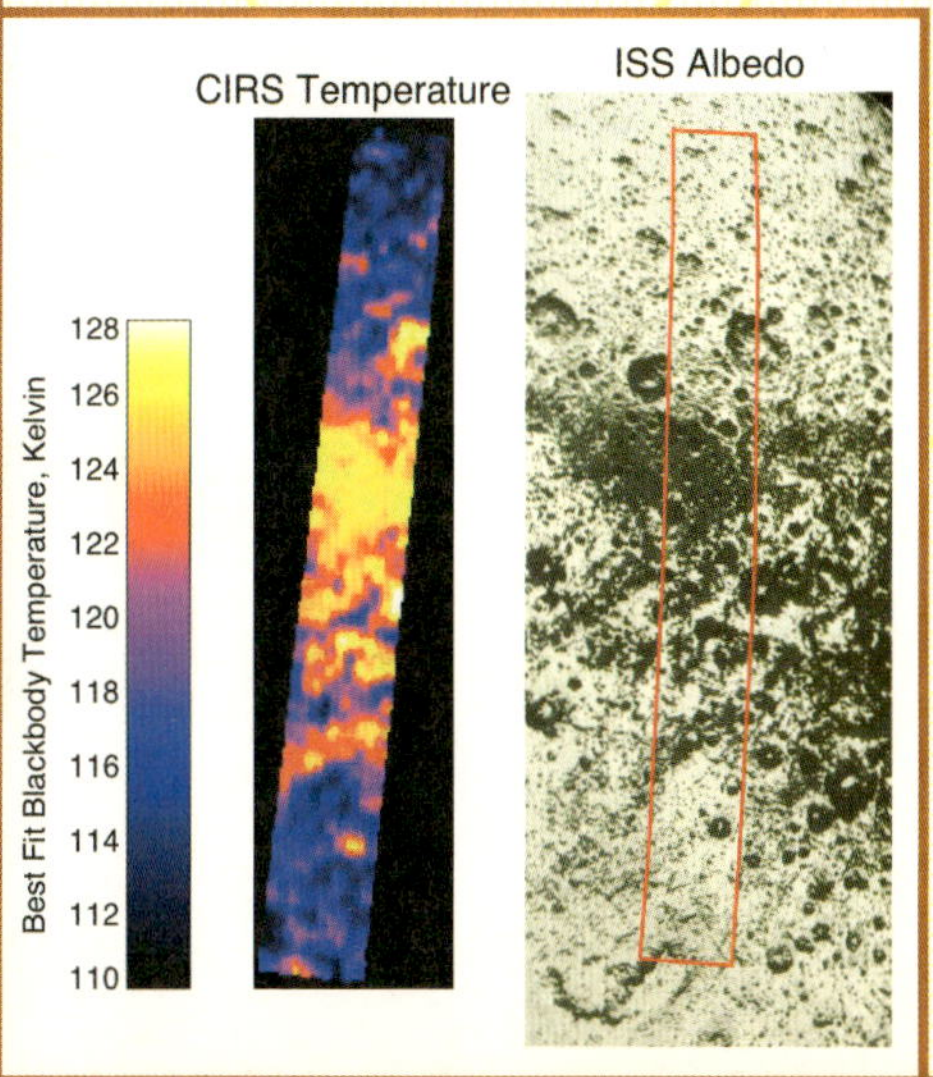

赤外線による温度測定でも、暗い部分は明るい部分より高温であることが示された。これはイアペタスの地殻が氷を含まない物質である証拠となる。

FILE No. 075

土星の六角形

北極域を覆う謎の渦状模様

土星の北極域上空を覆う謎の六角形の渦状模様が撮影されている。撮影したのは、土星の軌道上で土星の観測を続けているNASAの探査機カッシーニだ。

実は、この六角形の模様らしきものは、すでに1980年、探査機ボイジャーが土星に接近した際、初めて撮影していたものである。したがって、この模様は、少なくとも20年以上にわたって土星の北極域に存在しつづけてきたことになる。

地球においても、北極や南極の極地方では気流の渦が生じることがある。だが、こうした極部特有の気象現象は円形となって現れるのが一般的である。土星の六角形も極部特有の気象条件が生成した、いわゆる雲だと思われるが、形成プロセスについても、6つの辺が安定的に維持されている理由についてもよくわかっていない。

土星の北極域は15年にわたって夜がつづいているのだが、この六角形の雲と関係があるのではないかとみられている。

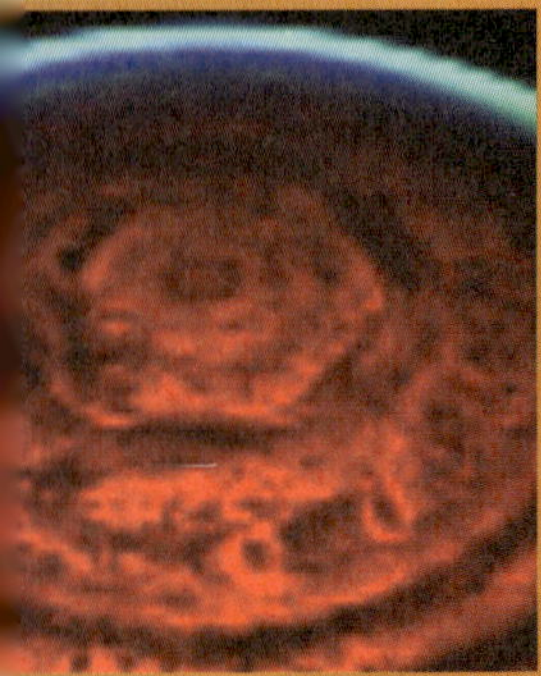

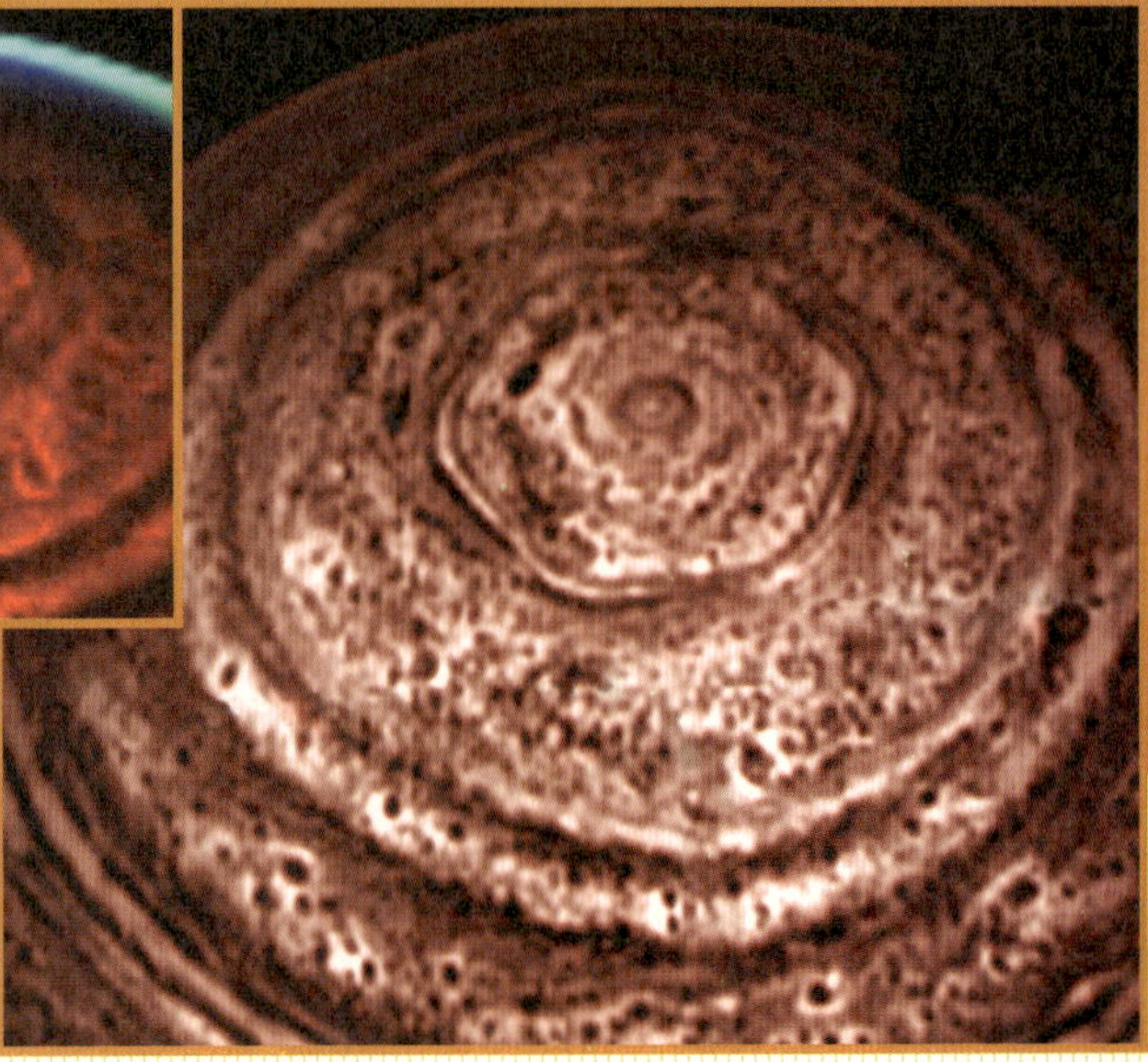

土星の北極域を覆う巨大な渦状模様。

FILE No. 076

土星近傍に出現多発！
探査機カッシーニとUFO

強烈な光のかたまりから突き出るUFO。

1997年にNASAが打ち上げた惑星探査機カッシーニは、2004年7月1日に土星に到着。1981年のボイジャー以来23年ぶりに土星の探査を開始した。だが、その中にも奇妙な写真が混ざっていた。

宇宙空間を飛ぶUFOの写真だ。2006年5月23日に撮影されたうちの1枚で、カッシーニが土星から9番めの衛星ティティスに向かう途中で撮影されたものだという。

見ると、強烈な光のかたまりがあり、そこを突き抜けて飛び出してきたかのような黒っぽい物体が写っている。流線形に、うしろに伸びたようなフォルムは、かなりのスピード感を覚えるようなものだ。

正体は、この写真からでは推測しようがなく、NASAも首をひねるばかりだった。ただし、カッシーニがUFOの姿を捉えたのは、この写真だけではなかった。2004年にも、土星の周回軌道上で奇妙な飛行物体を複数、撮影しているのだ。

その姿は実にさまざまで、靴のかかとに似ていたり、巨大なシリンダー状の物体であったり、あるいは強烈な光を放つ物体だった。

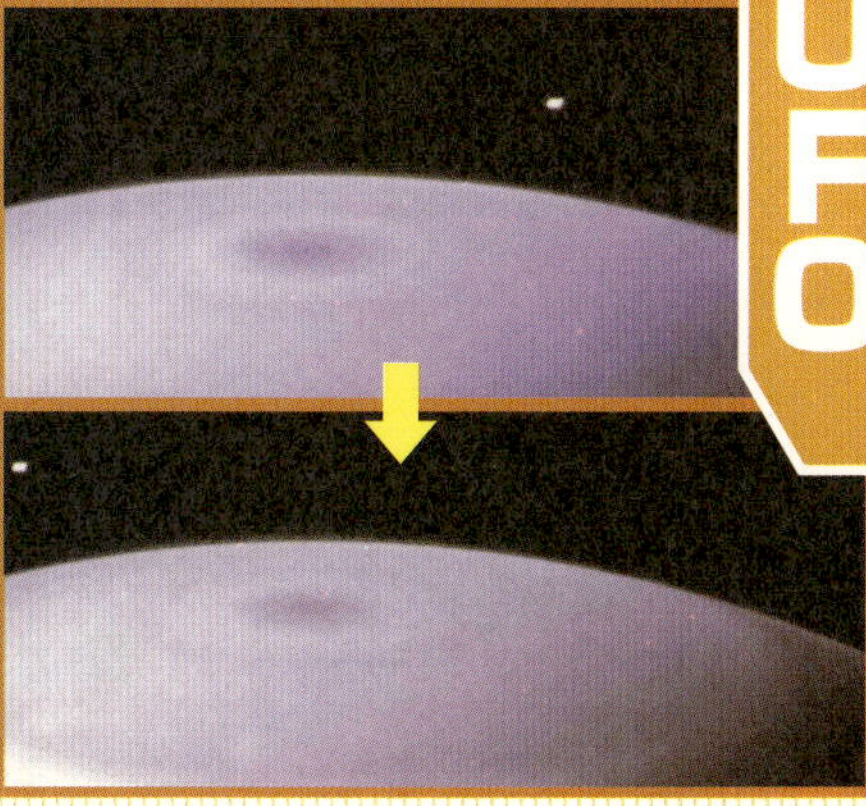
UFOが高速で移動する連続写真。

FILE No.077

雲の下に都市構造を発見！
衛星タイタンの地形

土星の衛星タイタンは、分厚い大気のためにその素顔を見ることはできなかった。だが、2005年1月13日、NASAの探査機ホイヘンスは、探査機として初めて土星の衛星タイタンに着陸した。ホイヘンスは角度の異なる3つのカメラを装備し、異なるアングルから降下中と着陸後に、あわせて320枚の画像を撮影した。

その画像は、河川や峡谷と思われる地形、液体のメタンやエタンからなるとされる海面と思われる地形など、われわれの住む地球とそっくりだったのである。

そして、それらの画像を組み合わせて得られたパノラマの俯瞰写真は、実に驚くべきものであった。海岸線に沿って走る道路や、規則的に立ち並ぶ構造物や水路のようなものが写されていたのだ。まさに海岸沿いに発達した地球の都市構造にうり

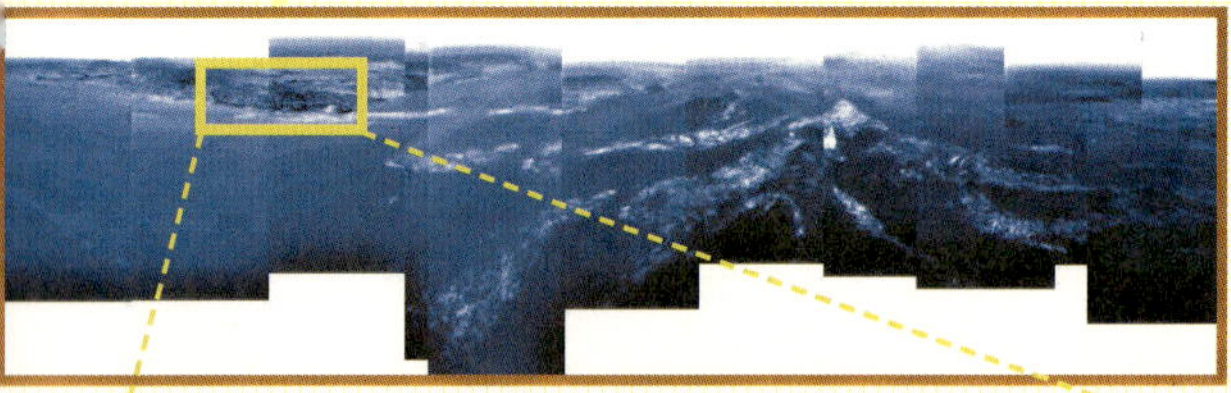

上空8キロから見た360度のパノラマ画像。画面左上の四角部分、幅3キロの領域には、弧を描くように伸びる幅40メートル道路と、高層ビルサイズの構造物が写されている。

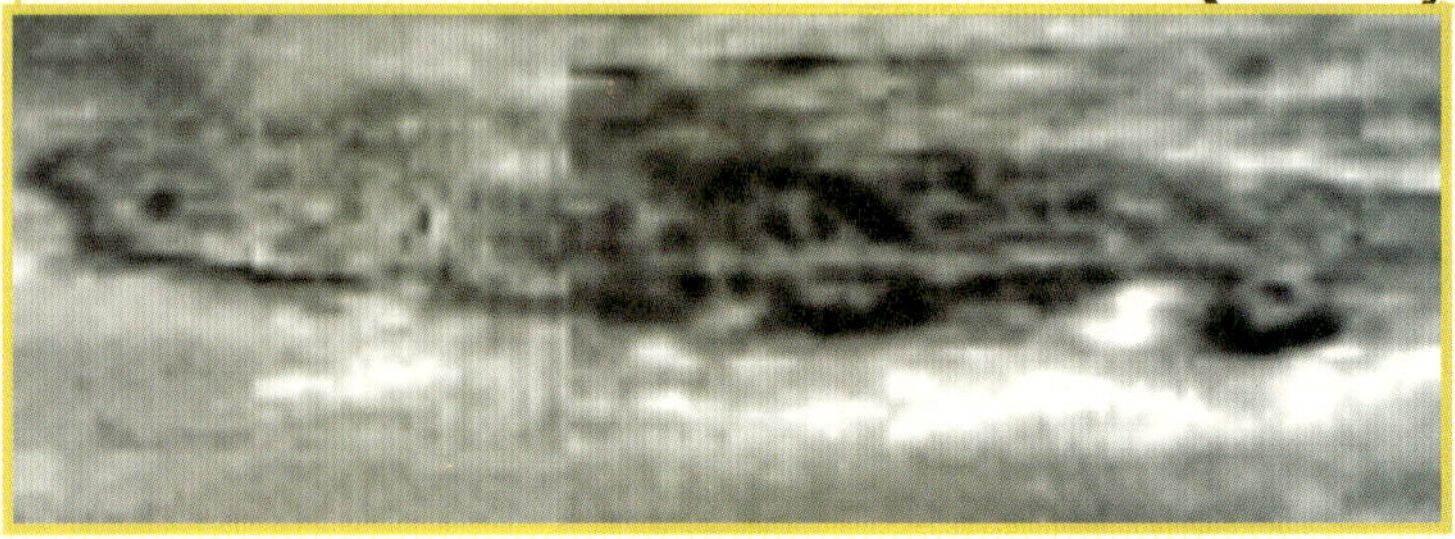

四角部分の拡大。

再現イラスト。

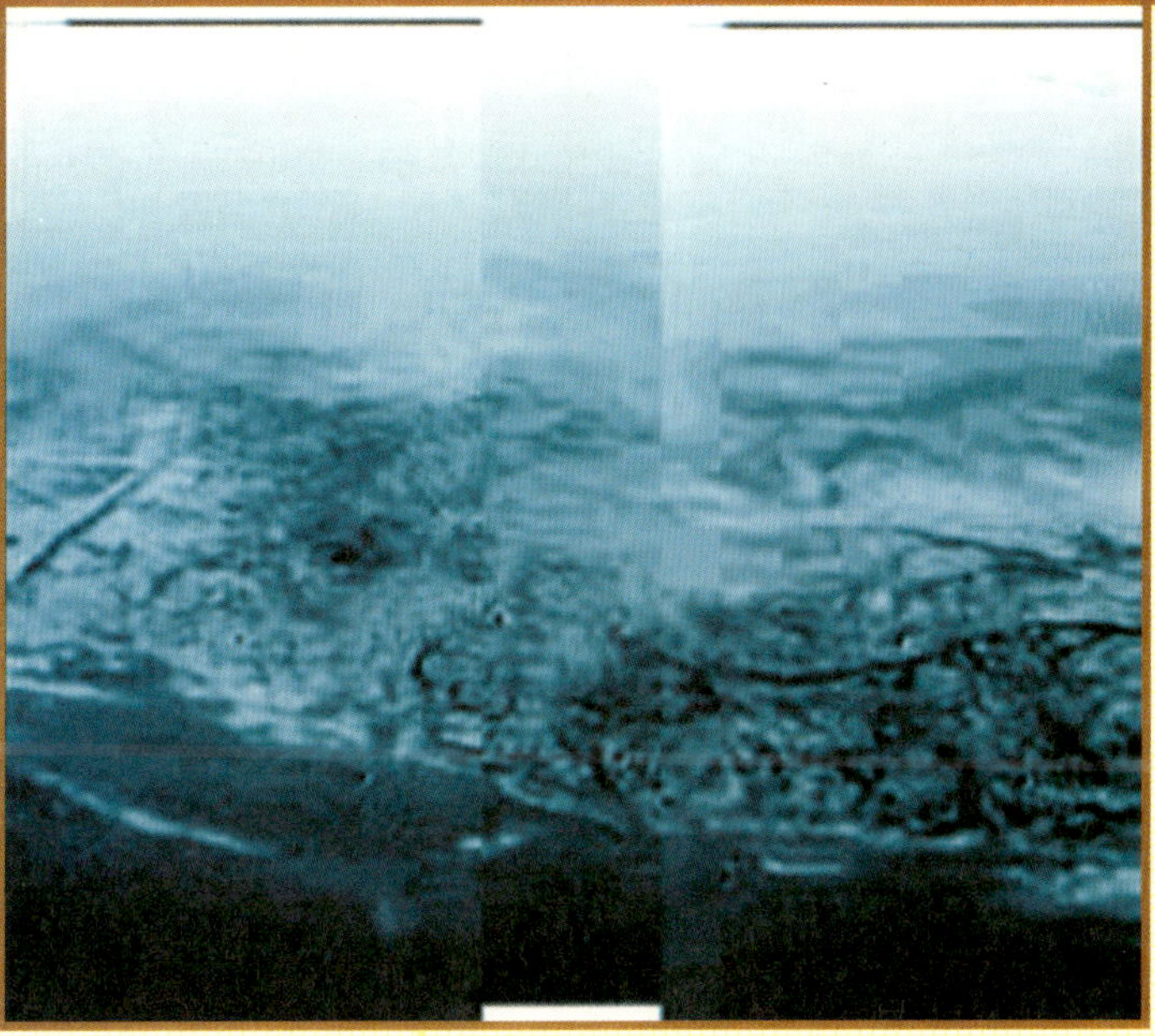

上空16キロから見たモザイク画像。海岸線に沿って、複雑な入り江や直線状の防波堤らしき構造が見られる。

ふたつだ。

着陸後の地表画像も興味深い。オレンジがかった淡い色の凍った地表に、散在する巨大な氷のかたまりが写っていたのだ。これについてはNASAも「タイタンの地形は地球とよく似ており、川や島に見える地形が存在する」と発表している。

氷が散らばる地表の画像。

タイタンの厚い雲の下には、異星人による文明が存在するのだろうか。だが、生命が存在する可能性については、地表温度がセ氏マイナス180度前後の極低温であり、大気が有毒物質に満ちているため、多くの科学者は否定的だ。とはいうものの、タイタンの大気にはメタンとエタンが含まれており、地表にも、その海が広がっている。そこに宇宙から有機物が降り注ぎ、さらに複雑な化学反応が起こったとしたら……？　いつか生命が育まれるかもしれないし、現にそうした過程が始まっているかもしれない。

FILE No 078

衛星がリングを生成している！

「土星の輪」の秘密

2007年12月、NASAの研究グループは「土星の輪の起源が太陽系形成期と同じ45億年前である」と結論を出したが、それまで土星の輪は、この1億年くらいの間にロシュの限界（惑星や衛星が存在できる限界の距離）を超えて土星に近づいた衛星が衝突し、破壊されたもの、という説が有力であった。

ところが、NASAの研究グループは「土星の輪は、衛星から放出された物質によって常に再生成が続けられている」と述べている。つまり、45億年前に土星の輪が形成されたとき、輪が安定するように60個もの衛星が配置された、というのである。

これらの衛星は、いわゆる羊飼い衛星としてリングを統制していると考えられているが、その一方では、リングの位置では、前述のロッシュの限界で、衛星として成長することはできないともされている。すると必然的にこの衛星は、惑星の引力で粉砕されないほどの強度を持った物体が、後から置かれたものという解釈にならざるをえない。もしかすると、何らかの目的でリングを生成するために置かれた機械装置、人工天体ではないだろうか。

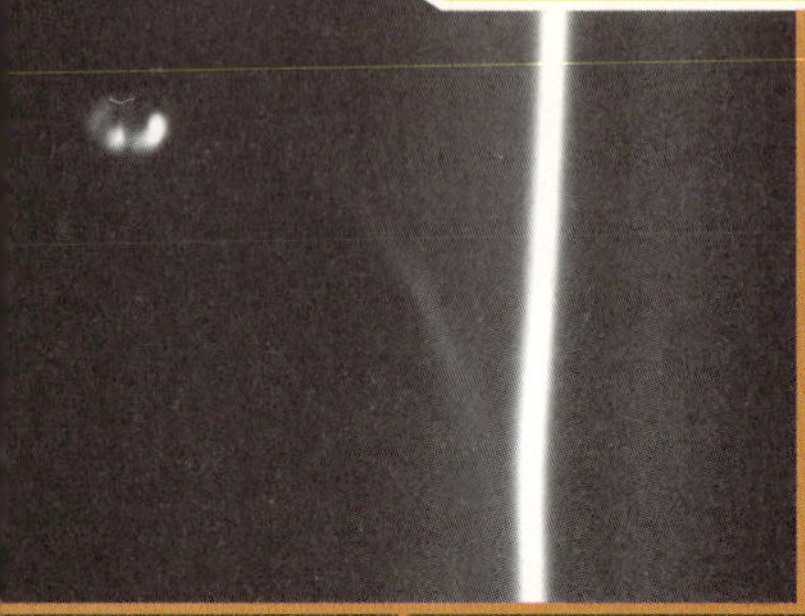

土星のFリングに物質を供給している衛星プロメテウス。Fリングとプロメテウスが筋状の物質でつながっている。輪に物質を供給している瞬間か。

Eリングに物質を供給する衛星エンケラドス。探査機カッシーニでは大気とともに、大量の物質を噴出する様子がはっきり捉えられている。

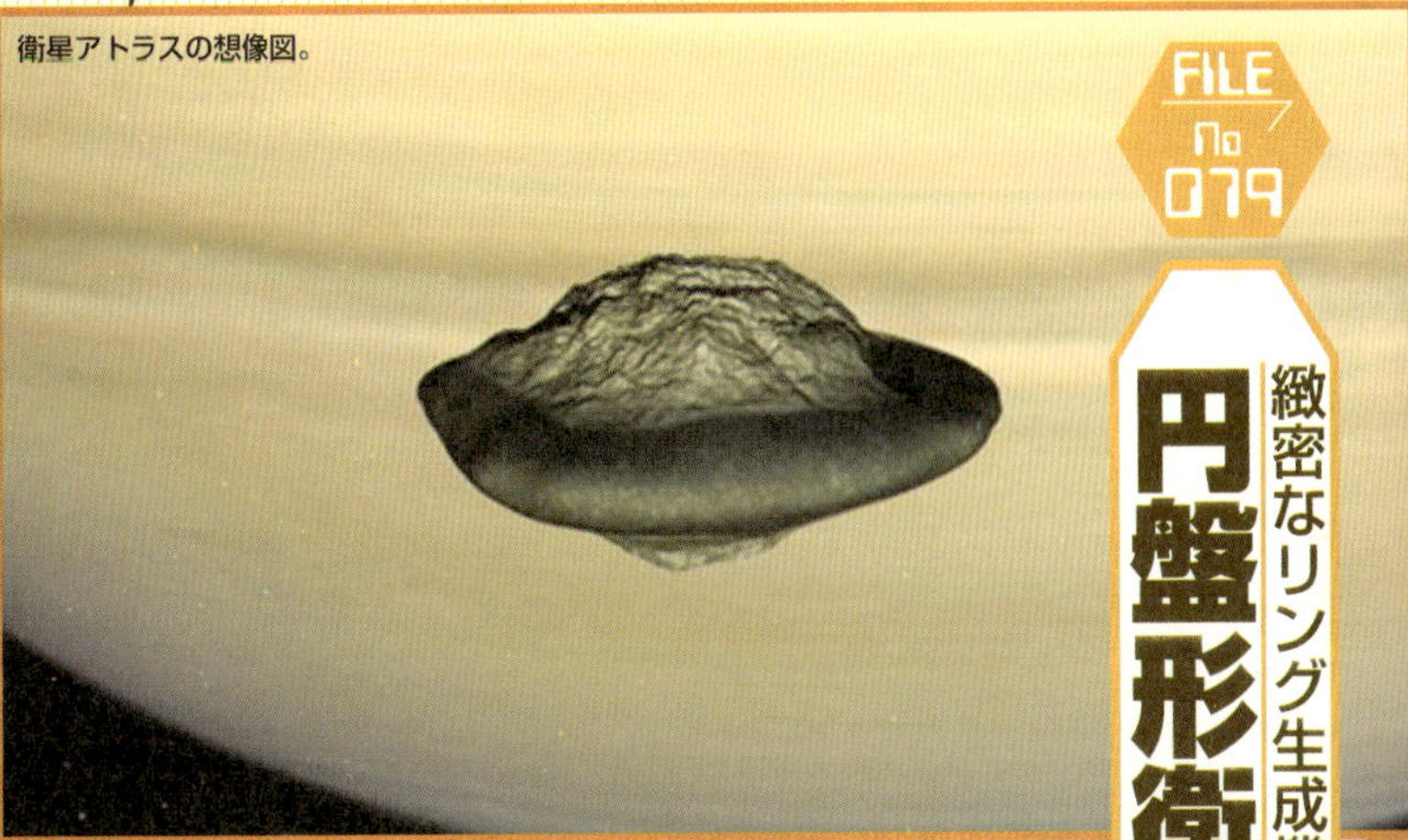

衛星アトラスの想像図。

FILE No 079

緻密なリング生成機械か？
円盤形衛星アトラス

土星の輪の成因に関して、さらに興味深いニュースが流れたのは、2005年。探査機カッシーニが土星のAリングの中に捉えた奇妙な概観をもったふたつの衛星パンとアトラスについてである。まさに典型的な空飛ぶ円盤の形状なのだ。

発見当初、この形状はさして疑問視されなかった。ところが前項で触れたように、衛星が輪に物質を供給する役割も担っていることが判明したことにより、一転してこの円盤の形状を自然の産物として説明することができなくなってしまったのである。

なぜなら土星の輪は緻密に計算されたシステムである。自然の法則だけで45億年もの間、輪を維持することなどできなかったはずなのだ。

そうなると、土星の輪は何者かの意思でコントロールされている、ということなのかもしれない。60個もの衛星の中で特異な形状を持つふたつの衛星は、これまでの45億年間、そしてこれから先の未来もリングを守りつづける使命を担う巨大宇宙船ではないか、とも考えられるのである。

地球で撮影されたUFO。

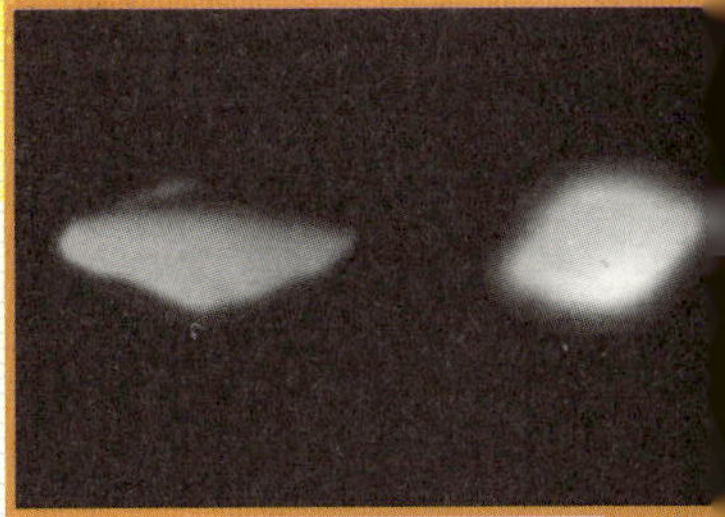

アトラス（左）と、パン（右）。

FILE No.080

天文常識を逸脱する怪現象

太陽面爆発とUFO

2003年10月28日、過去30年で最大級といわれる太陽面爆発が発生した。このような大規模な爆発は13年周期で発生するとされ、これまでにもたびたび通信障害や電子機器の誤作動を引き起こしてきた。

13年周期の大爆発、これは太陽内部の活動によるものなのか。実は今回の爆発には、なんらかの外的要因が関与したのではないかと思われるふしがある。それは、NASA・欧州宇宙機関の太陽観測衛星「SOHO」のカメラに捉えられていた。10月27日、22時30分の画像右下隅に突如明るい物体が出現し、30分の時間差で撮られた数枚の画像上を太陽に向かって移動していく様子がはっきりと捉えられていたのだ。

そして物体の出現から13時間後の28日11時30分に大爆発の画像へとつながる一連の流れは、あたかも物体が太陽に突入して爆発を誘発しているように思える。

連続する写真の合成画像。

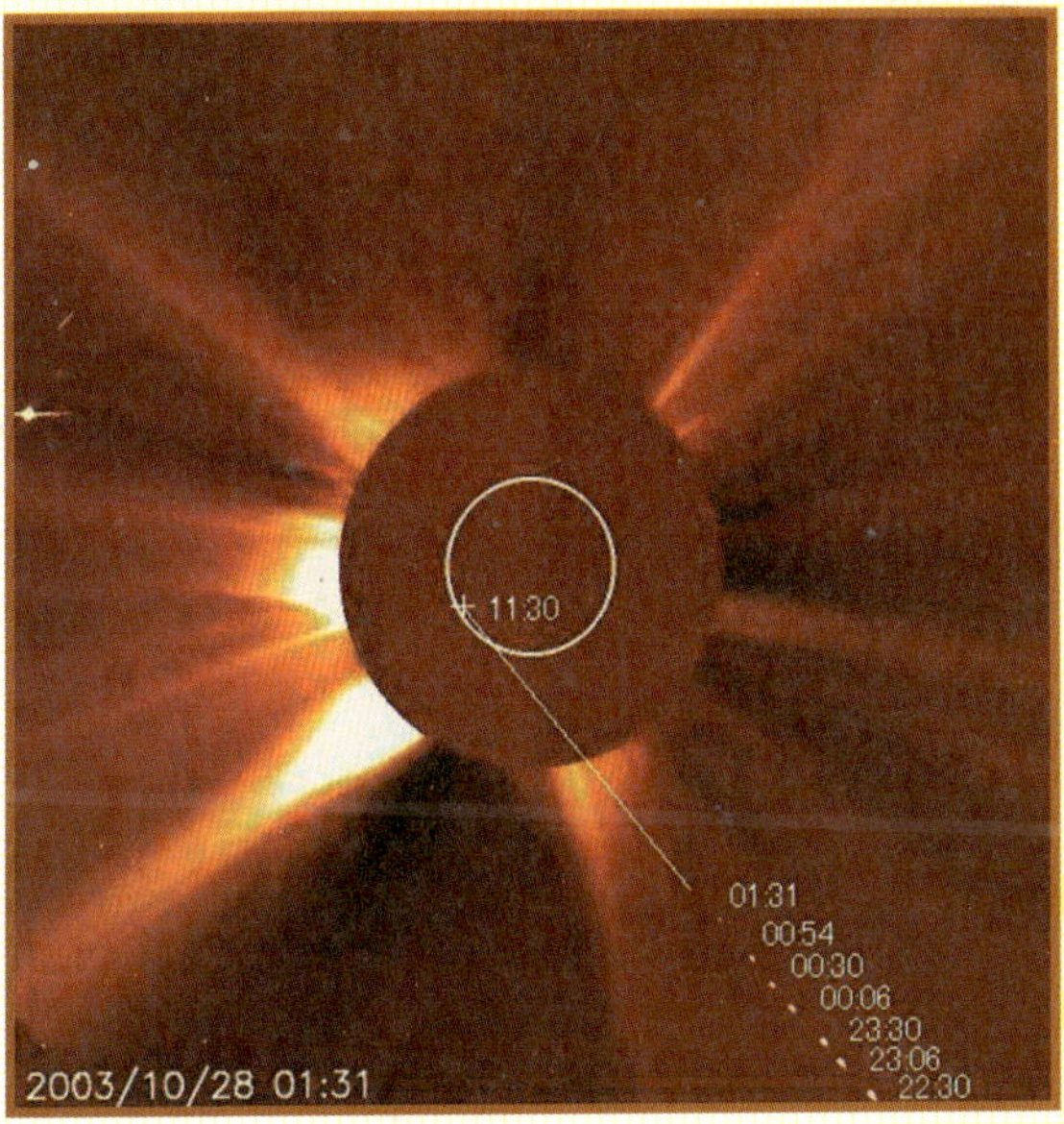

大気圏外であるため流星の可能性はない。また、この位置は月までの距離の3倍以上もあるため、人工衛星でもない。また過去の彗星画像と比較すると尾が見られない点や大きさが変化する点が異なっている。

さらに、この物体が太陽面爆発を引き起こしたとすればSOHO近傍から太陽まで13時間で到達したことになり、その速度は秒速3000キロに達する。そして、太陽に近づくにつれ次第にカメラから離れていき、3時間後に判別不能にまで遠くなっている。

このことから物体は天体クラスほどの大きさはなく、たとえれば巨大なUFOクラスであることが想像できる。仮に宇宙船だとすれば、そのコースから発進地は太陽とSOHOを結ぶ延長線上にある地球あるいは火星ということになる。そこから発進した人類未踏の速度をもつUFOが太陽面爆発の鍵を握っているとしたら天文の常識からはかけ離れたトピックスだ。

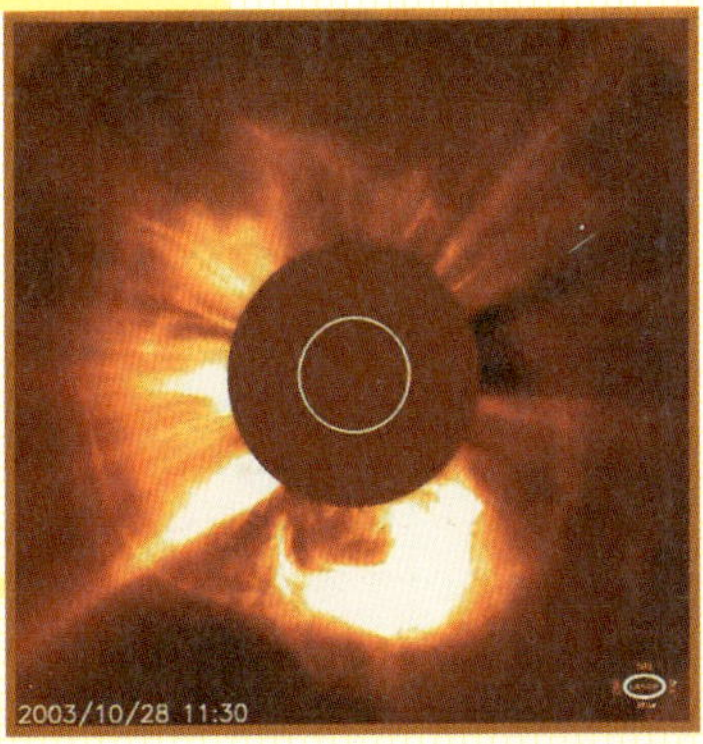

2003年の太陽面爆発の瞬間。

FILE No. 081

太陽周辺に出没する飛行物体

ソーラークルーザー

太陽周辺に出没する謎の飛行物体を、「ソーラークルーザー」と呼ぶ。NASAの太陽観測衛星「SOHO」の映像によって発見されたもので、2002年以降、急速に出現頻度が増してきているという。

　長い筋をともなう帯状の光であったり、球体であったりと、形はさまざまで、大きさも一定していない。また、複数が入り乱れて飛行することもあるため、UFO同士が交戦している証拠ではないか、と主張する研究者もいる。

　いずれにせよ、太陽の周囲には、謎の物体が超高速で飛び回っている。これは間違いのない事実だ。隕石が写り込むときもあるが、それとは明らかに異なった形状をしている。まるで意志を持ったUFOのようで、その正体は謎に包まれている。

　どれも大きさが、少なく見積もっても数十～50キロはある。われわれの想像を超える巨大UFOが高速で移動しているのだろうか。

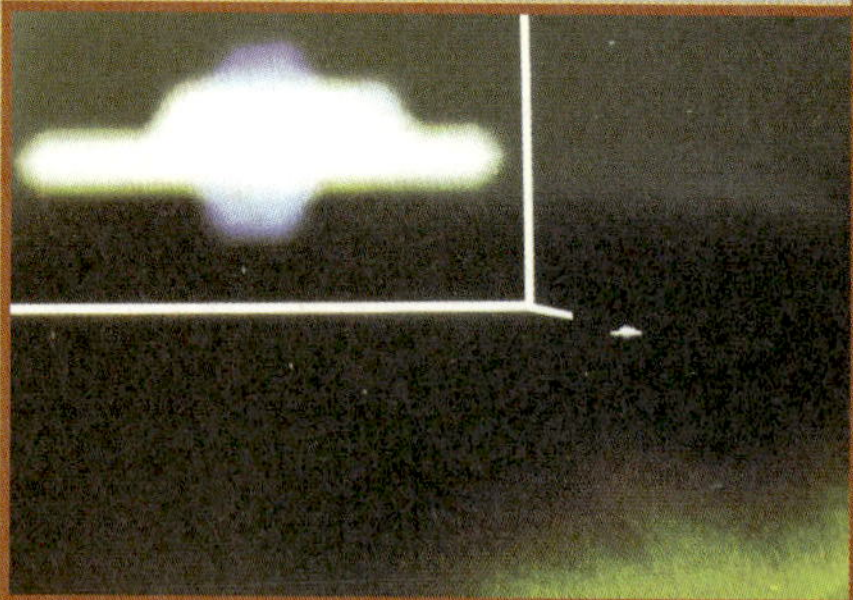

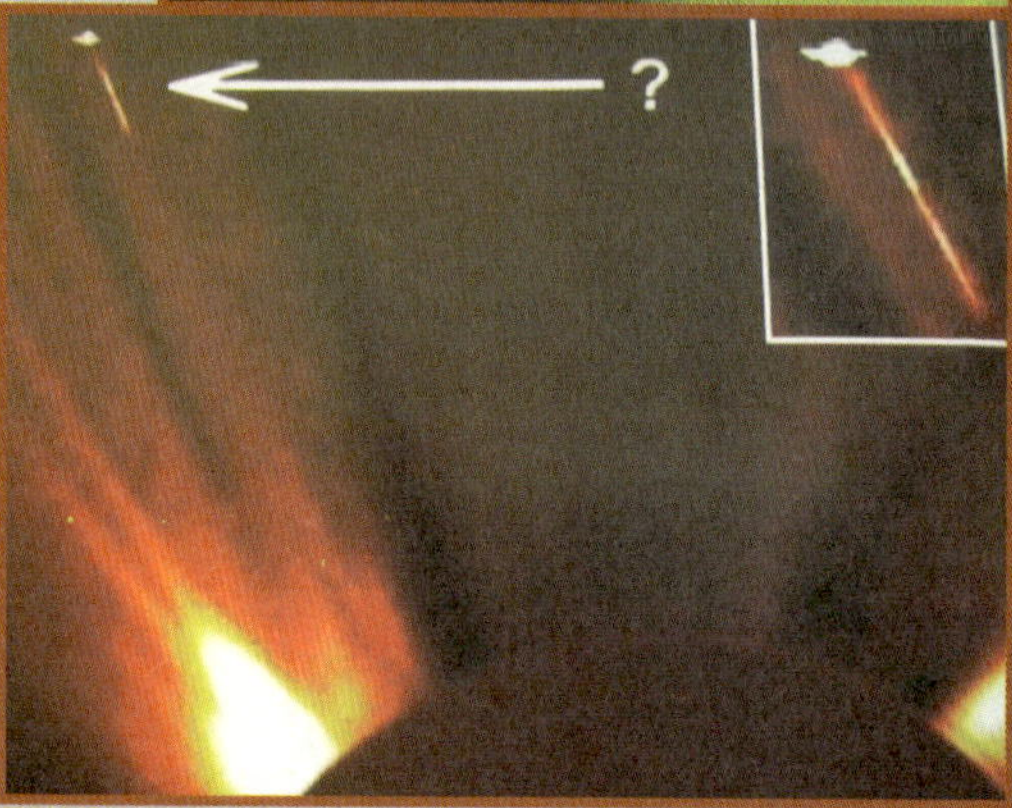

SOHOに写ったUFOは、数多く報告されている。

FILE No. 082

ディープ・インパクト!

なぜ彗星に激突させたのか?

2005年7月4日、NASAのディープ・インパクトの観測機は、長さ15キロメートル、幅5キロメートルの非常に細長い形をしたテンペル第1彗星のコアに秒速10キロメートルの速度で衝突し、その様子をウェブサイトに伝えた。

一連の写真には、衝突時のすさまじい衝撃でテンペル第1彗星のコアが急速に加熱され、表面の物質が飛び散っていく様子が鮮明に写されている。

しかし、このミッションには謎がつきまとう。もしも、コアが想定以上にもろいものであったなら、砕けて軌道が変わり、地球に被害を及ぼさないとも限らなかったのだ。そのような不確定要素を持ちながら、なぜ彗星に観測機を衝突させたのだろうか。

今回のプロジェクトの目的は、太陽系の起源を知るために、彗星のコアに閉じこめられた太陽系誕生当時の物質を採取するものと伝えられている。だが、はたしてそれだけなのだろうか。

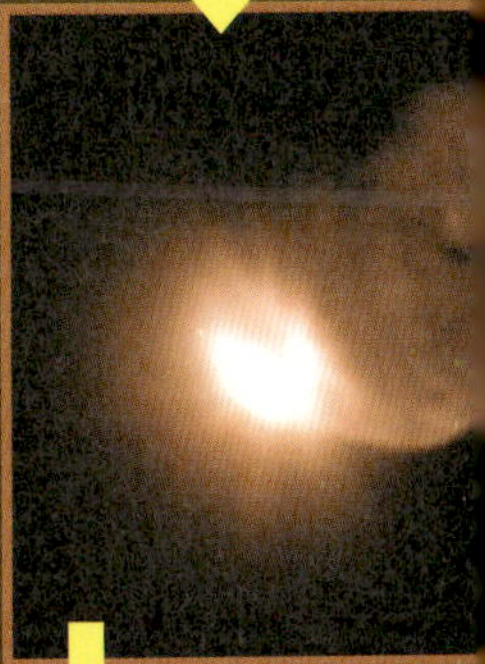

観測機ディープ・インパクトがテンペル第1彗星に激突する連続写真。

FILE No. 083

資源採掘用か!?

衛星エウロパのパイプ構造

NASAのガリレオ探査機が撮影したエウロパの高解像度画像には、奇妙なパイプ構造がいたる所に見られる。一般的な見解として、これらの構造は

木星の潮汐力によってエウロパの表面の氷がゆっくりと移動し、シワのように押し上げられて造られたものと考えられている。

しかし、そのようなメカニズムが働いたとすれば、シワ同士は融合するか、あるいは、古くからあるシワは崩れてしまうはずだ。エウロパのシワはそれでは説明ができない。シワ同士が立体的に重なり合い、また絡み合いながら完全な形で存在しているのだ。

また、氷は氷河として流れる性質があり、氷でできた巨大で複雑な構造物が、自重に耐えて原形をとどめていること自体ありえないことだ。初めからパイプラインのように設計され、敷設されたものではないだろうかとさえ思えてくる。

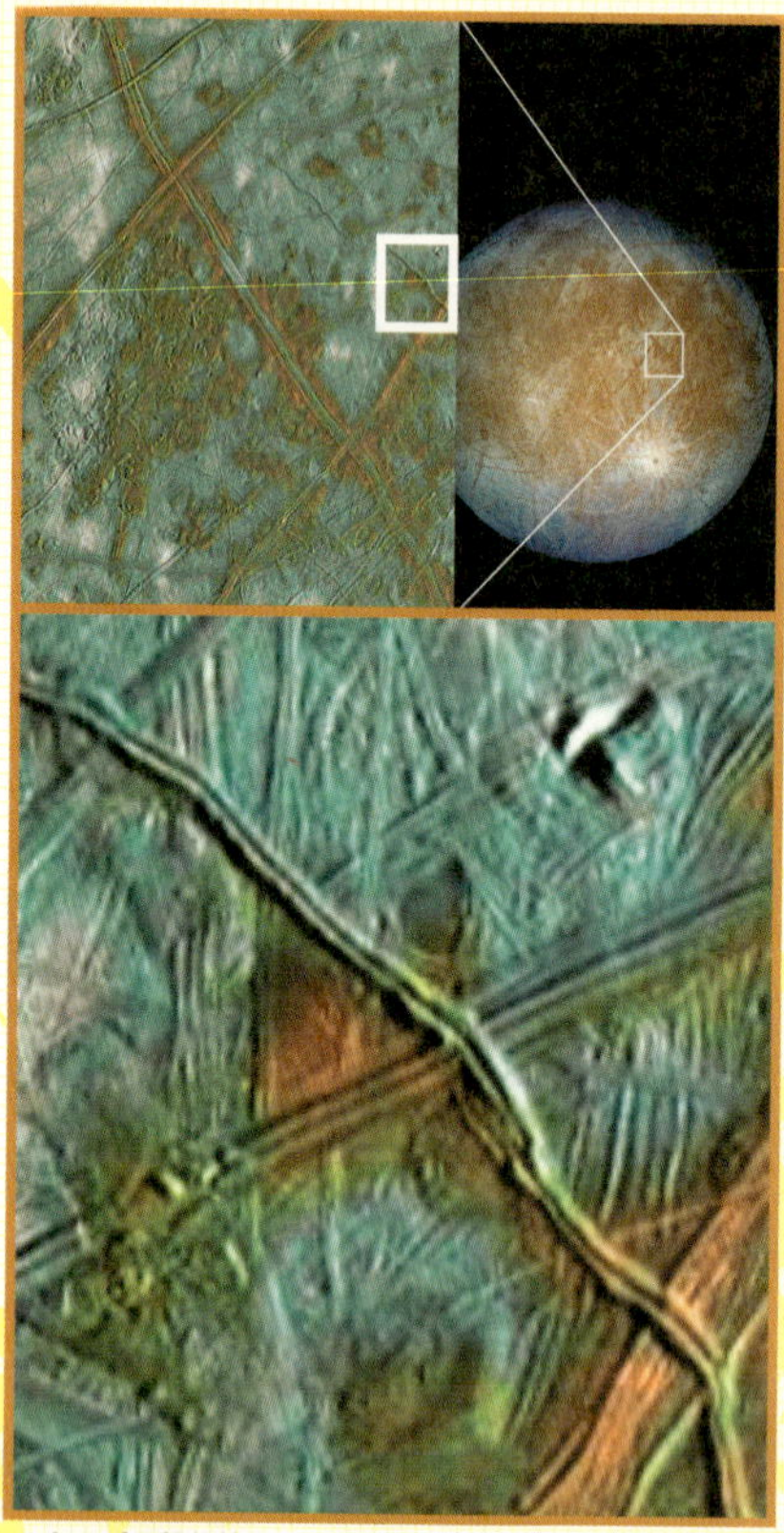

エウロパの部分拡大。
画像を斜めに横切り、直径数百メートルの並行する2本のパイプラインは、陸橋のように宙に浮いた状態で、下のパイプラインを乗り越えていることがわかる。

FILE No. 089

衛星カリストのタワー

1000メートル超級の構造物

この写真は、探査機ガリレオが1997年9月17日に撮影した木星の衛星カリストの火口の様子である。上が北、北緯17・5度、西経42・1度、74キロ×75キロの範囲。奇妙な形状の物体がいくつかある中で、特に目を引くのがタワー状の建造物だ。

1ピクセル78メートルの画像なので、タワーは1000メートル超の高さ。火山の爆発で1000メートル超もあるポール状のものが偶然にできるとは考えにくい。いずれにしても、これほどの高さをもった構造物が自立しつづけることは不可能に近い。周辺の岩石とは違う材質でできているのだろうか。やはり、人工の構造物にちがいない。

太陽エネルギーの少ない場所なので、エネルギー関連施設かもしれない。ひょっとすると施設本体が火口の地下に展開されていて、生産された電気エネルギーをタワーを通じて無線送電しているのかもしれない。

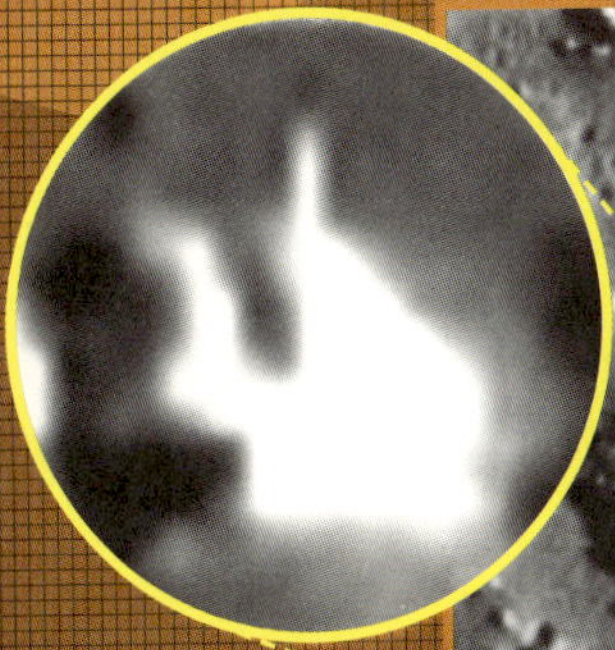

囲みの拡大画像。

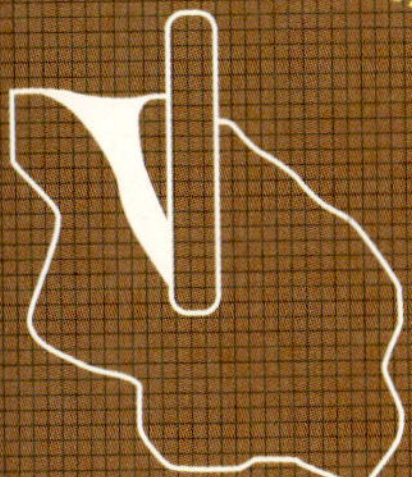

再現イラスト。

衛星カリストの火口の様子。

FILE No.085

探査機消失の原因は発光体か？
フォボス2号とUFO

1988年7月、旧ソ連が火星に向けて打ち上げた「フォボス1&2号」は順調に飛行を続けていた。だが、1号は地球を飛びたってから2か月後に、火星に向かう軌道上で突然消失。また2号も、1989年3月、衛星フォボスの近接調査を行う寸前に消息を断った。

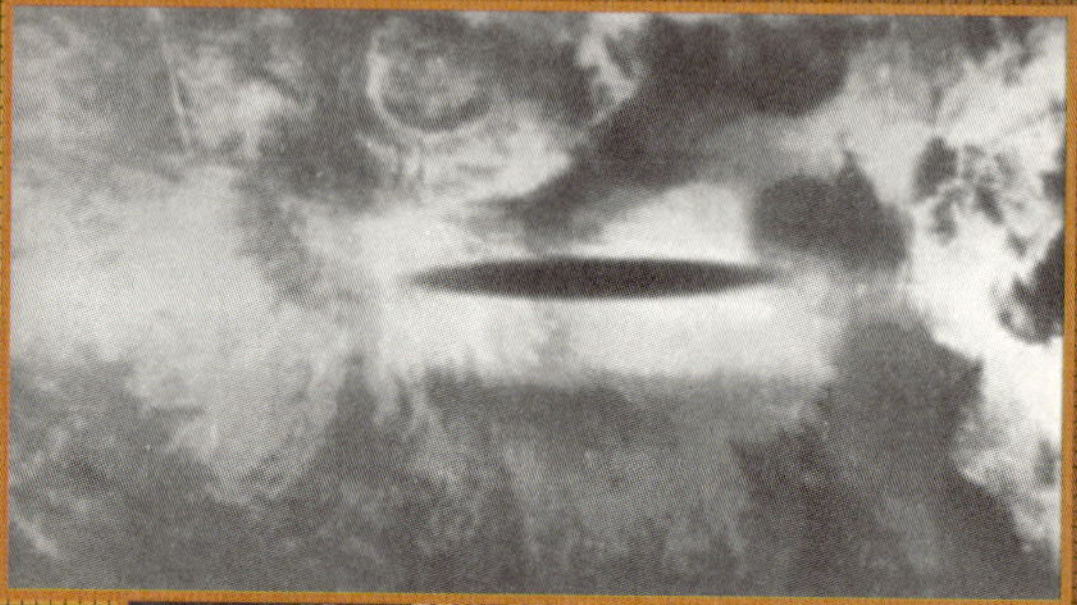

↑火星表面に写った葉巻形の物体。

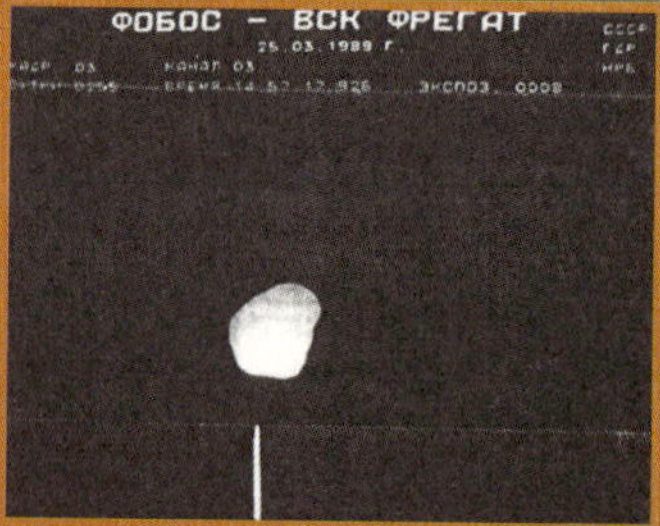

←謎の物体が写し出された赤外線写真。

計画を担当した旧ソ連の科学者チームは、2号はきりもみ状態になった後、消息を断った事実を明らかにした。しかも、その原因を制御コンピューターの故障、ないし「なんらかの物体との衝突」とコメントした。

事実、フォボス2号が消息を断つ直前に送ってきた画像には驚くべき物が写っていた。その1枚は火星表面に写った葉巻形の物体だが、その物体が衝突に関与しているか否かは表だって議論されることはなかった。だが1991年12月、アメリカで開催された記者会見で旧ソ連の宇宙飛行士マリーナ・ポポビッチ博士が、フォボスに急接近する謎の物体が写し出された未公開の赤外線写真を発表した。

翌年、ロシアはこの写真を含めた問題の映像を再検討した結果、写真には明らかに移動する物体が写っているとの見解を示したのだ。人類の火星探査を拒む見えない意志が働いていたのだろうか。

写真中央に長い影を落とすフォボスのモノリス。

FILE No. 086

衛星フォボスのモノリス

火星の衛星に謎の人工構造物

1998年に火星の周回軌道に乗った火星探査機マーズ・グローバル・サーベイヤーが火星の衛星フォボスで奇妙な画像を撮影した。長い影を落とし、周囲の地形とは異質のミステリアスな柱、あるいは巨塔（モノリス）のような物体がポツンと写っているのだ。

探査機はほぼ真上からこの物体を撮影している。その際の太陽光の入射角や影の長さから計測して、NASAは、物体の高さは約130メートル、幅は36メートルと算出している。40階建て以上もある高層ビルに匹敵する大きさだ。

自然に形成された巨大な奇岩だろうか？　だが、これほどの長さの物体が自然に直立状態をなし、そのままの姿勢を保ちつづけるなどということはありそうにない。また、物体の頭頂部はやや傾斜しているものの、物体そのものは地表に対して垂直に立っている。

火星には人面岩やピラミッド状構造物をはじめとする人工建造物らしき異常地形が数多く存在している。フォボスも類似の構造物が存在しているのでは、と噂されていた。火星の構造物同様に、この巨大な物体も人工物ではないだろうか。

モノリスの再現CG。

第1章 第2章 第3章 第4章 第5章 太陽系のオーパーツ 第6章

FILE No.087

金星の巨大ピラミッド

推定横幅は1キロ!

サイトは、南緯27度、東経339度、ラウィーニアの北西部。枠内の拡大写真を見ると、シルエットのくっきりしたピラミッドが確認できる。

　頂上付近は鋭く尖った感じで、その近辺にもいくつも尖ったものがでている。これほどはっきりしたピラミッド形は惑星探査の中でも類を見ないほどのものである。その推定横幅は1キロ。

　画像をよく見ると、ピラミッドの手前に通路なのか、整備された道路、あるいは滑走路（長さ1・3キロ）のようなものが延びている。パドックのような、付属の施設とも考えられるが……。

　いずれにせよ、全体の雰囲気は、なんとなくダーク。最大の謎は、地球にあるエジプトのピラミッドとあまりに酷似しているということだ。

　古代エジプト人の祖先は、遠い惑星から地球にたどりつき、その記憶をもとにしてピラミッドをつくったのではないかとさえ思えてくる。

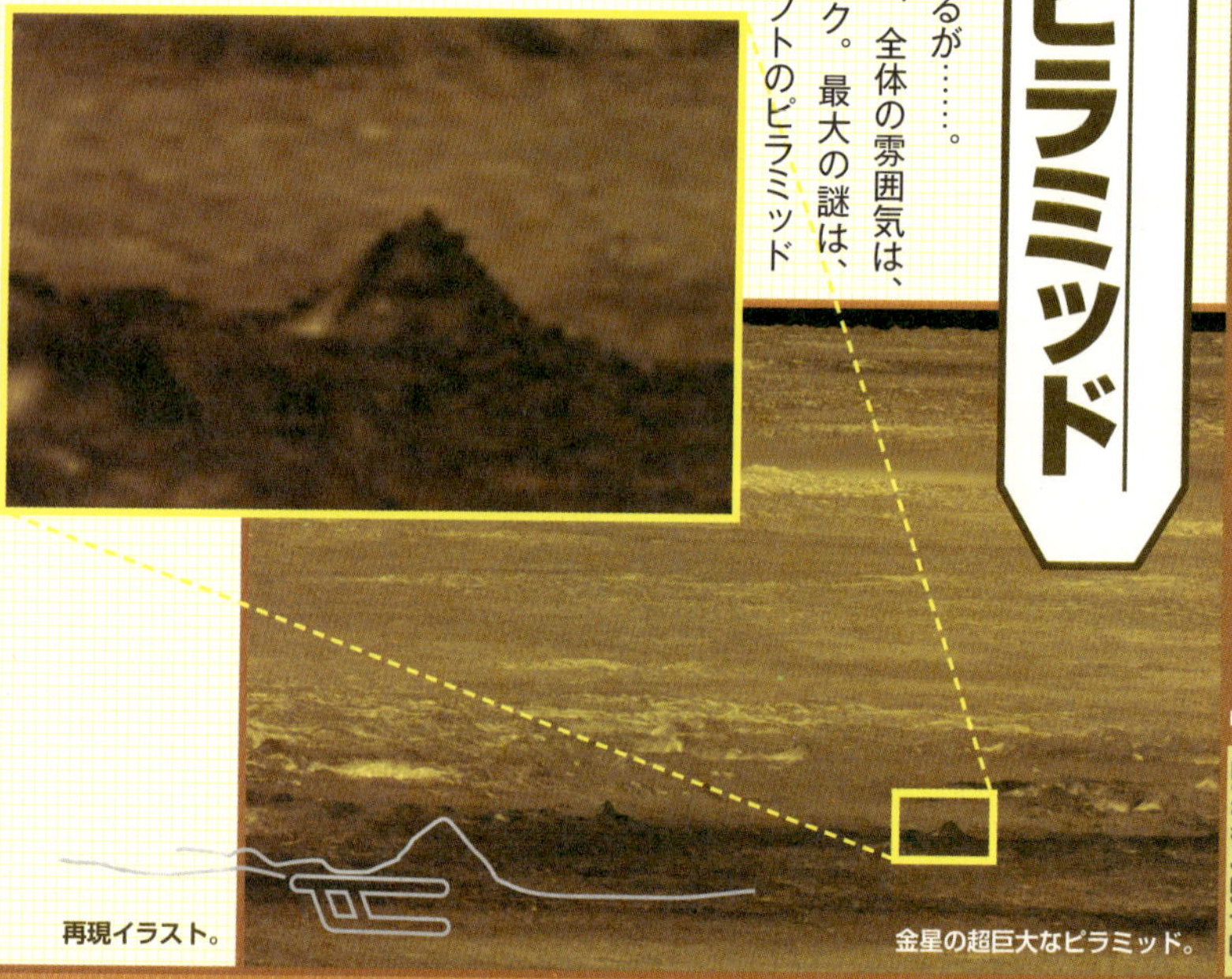

再現イラスト。

金星の超巨大なピラミッド。

FILE No. 088

地面に描かれた巨大な暗号

金星の地上絵

画像は金星の北半球を写したものだ。

さて、地上絵というと、ナスカ高原が有名だが、その中にも衛星レベルの高さからしか識別できないものがある。そんな地上絵らしき数字やアルファベットが金星にも存在した。

拡大写真を見ると「5」の数字が見える。また別の写真ではアルファベットの「NO」と思われる地上絵も見つかった。

↑「5」らしき数字が見える。

←数字の再現イラスト。

これらはナスカの地上絵のように、宇宙を航行するものへの何かのメッセージになっているのだろうか。また、われわれ地球人にとって数字の5はただの「数字」としてしか認識できないが、高度な知性を備えた異星文明人には、何かとてつもない情報が読み取れるのかもしれない。ちなみに、「5」の全長は80キロ、超巨大な数字である。

金星のアルファベットらしき地上絵。

水星の北極付近。

FILE No. 089

輝く光体が見える謎の地点
水星のドーム状基地

写真は水星の北極に近い地点である。この付近は、温度のコントロールがしやすいのか、水星に基地のようなものがあるとすれば、まさに適地である。拡大画像を見ると、それらしき構造物がいくつも展開している。まず、右枠の拡大写真で目立つのが、明るく輝く光体だ。灯台のような土台の上から、周囲を明るく照らしているように見える。

その下方、電話ボックス風の構造物上にもやや小さめの球体が乗っている。ふたつは連動して光るのかもしれない。横に突き出た白い物体の大きさは21キロ。

左枠の拡大写真には、ドーム状の構造物が4つ整然と並んで写っている。4つとも、直径が約1・5キロの直径。高さは2キロある。ただし、4つのドームのうち、奥のものが、ドームなのか円柱なのか、形状がよくわからない。影を見るとドームのようだが、画像では円柱に見える。基地の燃料タンクのようなものか。

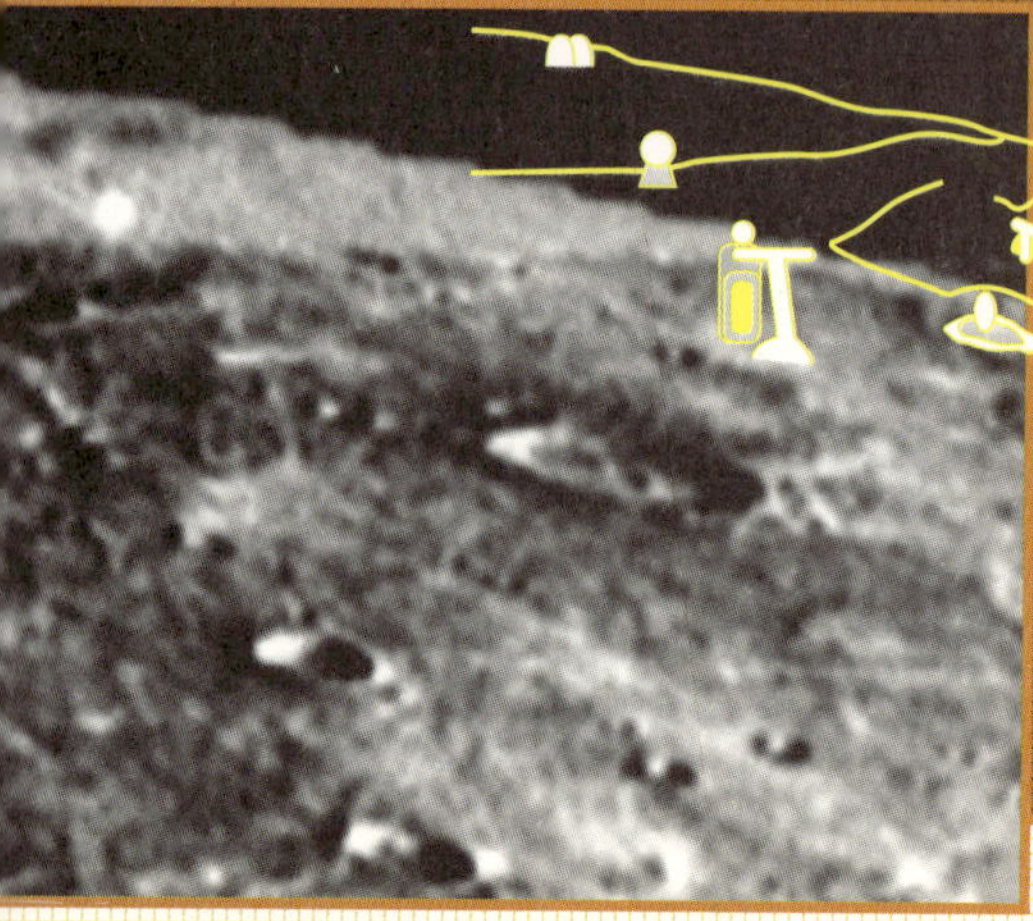

明るく輝く光体が特徴の地点とその再現イラスト。

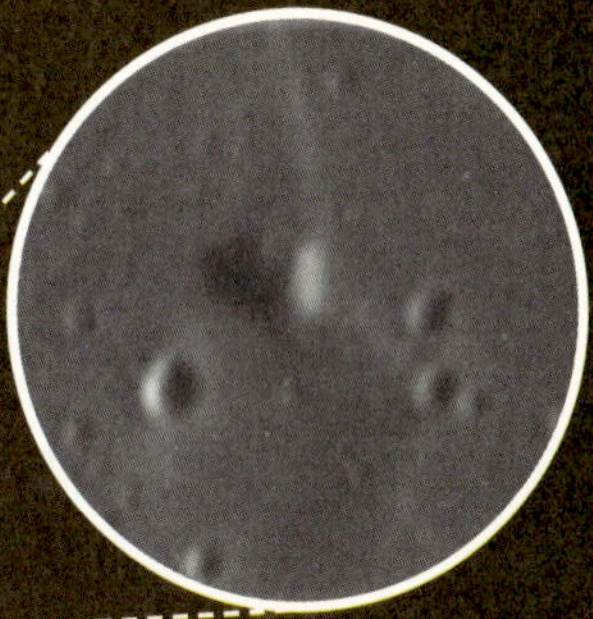

クレーター内に影を落とす謎の構造物。

画像を拡大すると、先端が折れ曲がっているのがわかる。

FILE No 090

最新画像にも写っていた構造物

水星の鉤形タワー

２００８年1月、ＮＡＳＡの水星探査機メッセンジャーは、水星に２００キロまで接近し１２００枚の写真を撮影した。金星が至近距離から撮影されたのはマリナー10号以来、実に33年ぶりだ。メッセンジャーは、２０１１年の水星軌道投入に向けて、今回を含め３回の水星スイングバイ（重力を利用した軌道修正）を予定しているが、このスイングバイの意義は大きい。

そして、今回撮影された画像にも人工的構造物とおぼしい謎の物体が写り込んでいた。そのひとつがこの鉤《かぎ》形タワーである。

クレーターの中央やや右よりに影を落とす構造物が立っている。さらに拡大画像をよく見ると、先端の影が折れ曲がっているのがわかる。これが地面のくぼみによるものでないとすれば、構造物の先端が鉤状に曲がっている可能性が高い。明らかに自然が形成したとは思えない物体なのだ。

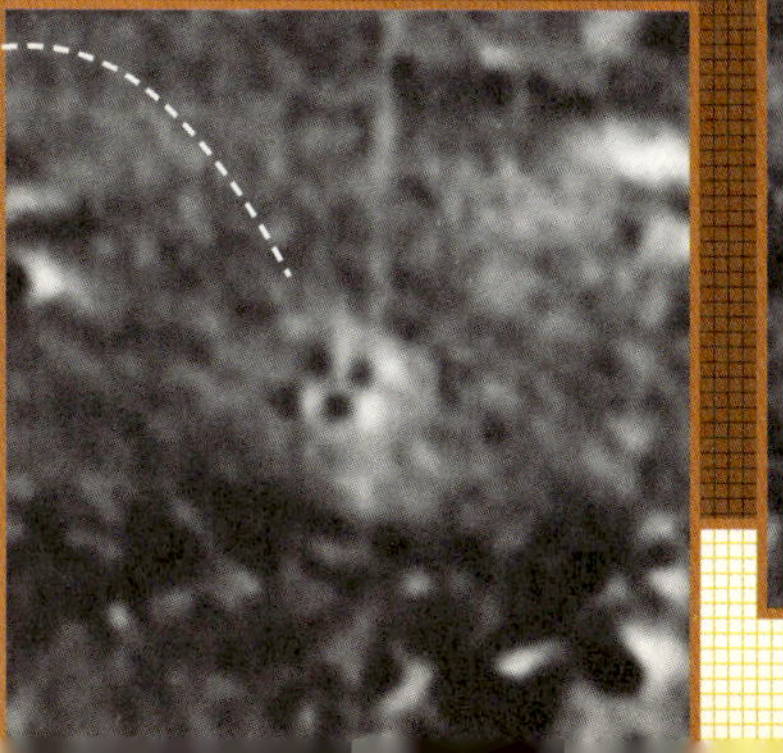

ドーム状構造物が特徴の地点とその再現イラスト。

FILE No.091

謎のビーズ状ラインに立つ
水星のアンテナ群

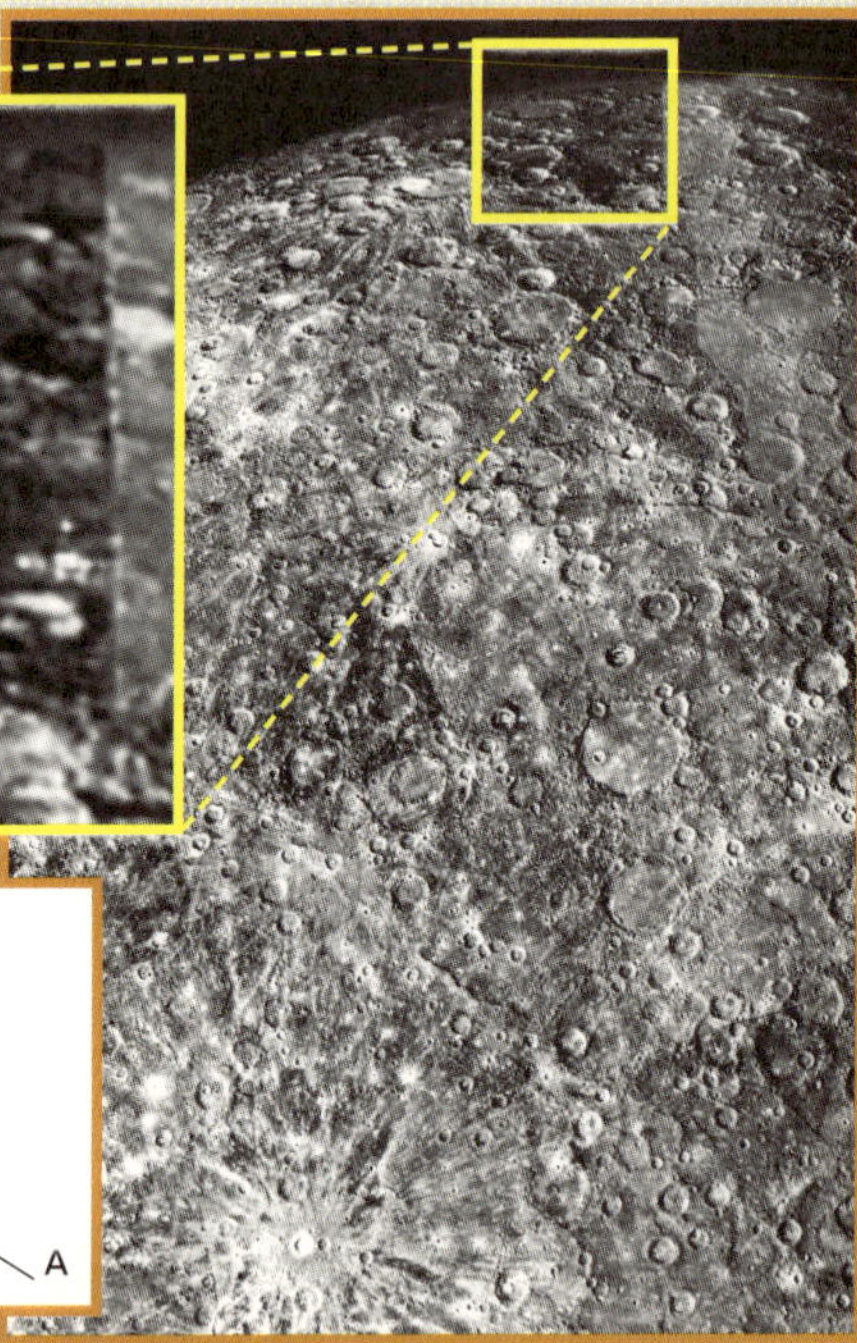
水星の赤道付近。

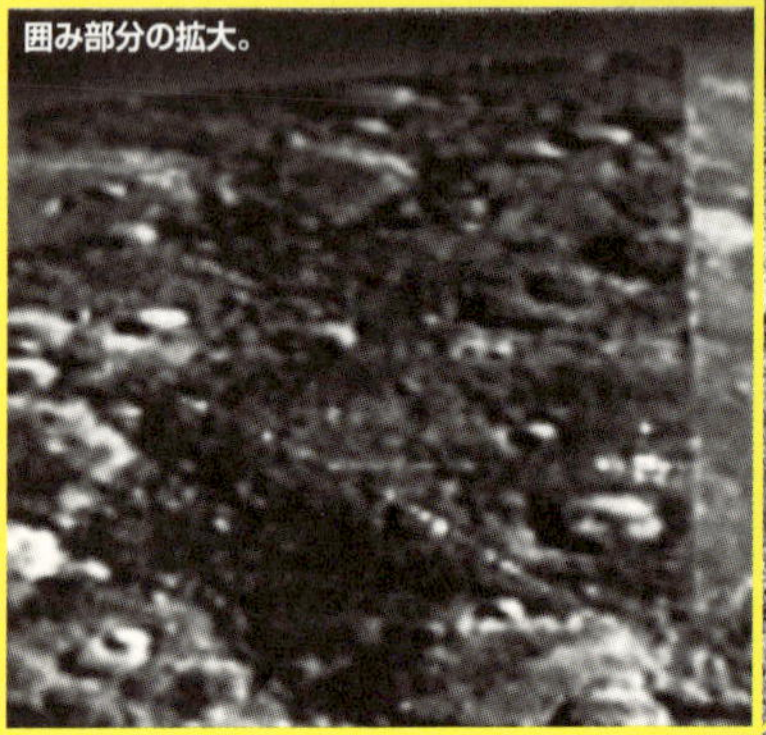
囲み部分の拡大。

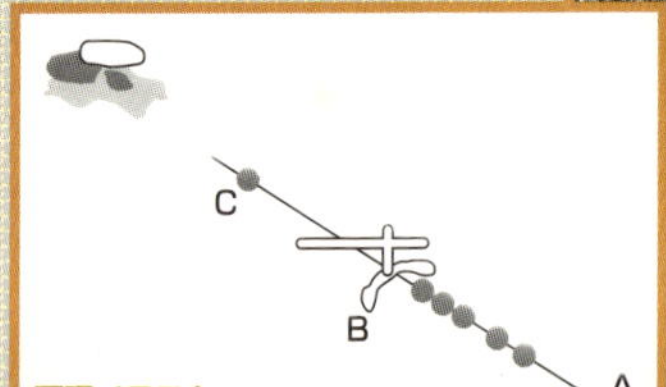

再現イラスト。

水星の赤道付近。この写真は、1974年9月21日、マリーナ10号撮影したものだ。画像は左に90度回転させてある。

図で示すように、A、B、Cに連なって、ビーズ状のアンテナが展開しているのだ。全長は、150キロはあるだろう。中央にも、見るからに異質なアンテナが立っている。40キロ弱の幅がある。さらに、Cの先には、宙に浮いた円盤に似たパラボラアンテナのようなものまである。

想像をたくましくすれば、惑星間戦争で巨大戦車を無線で支援する図ともとれるが、水星の自転周期は約58日、惑星間通信なら範囲と時間が限定される。赤道付近にアンテナを作っても役には立たない。アンテナに見えるが、じつは太陽に近いメリットを生かした太陽光発電システムかもしれない。

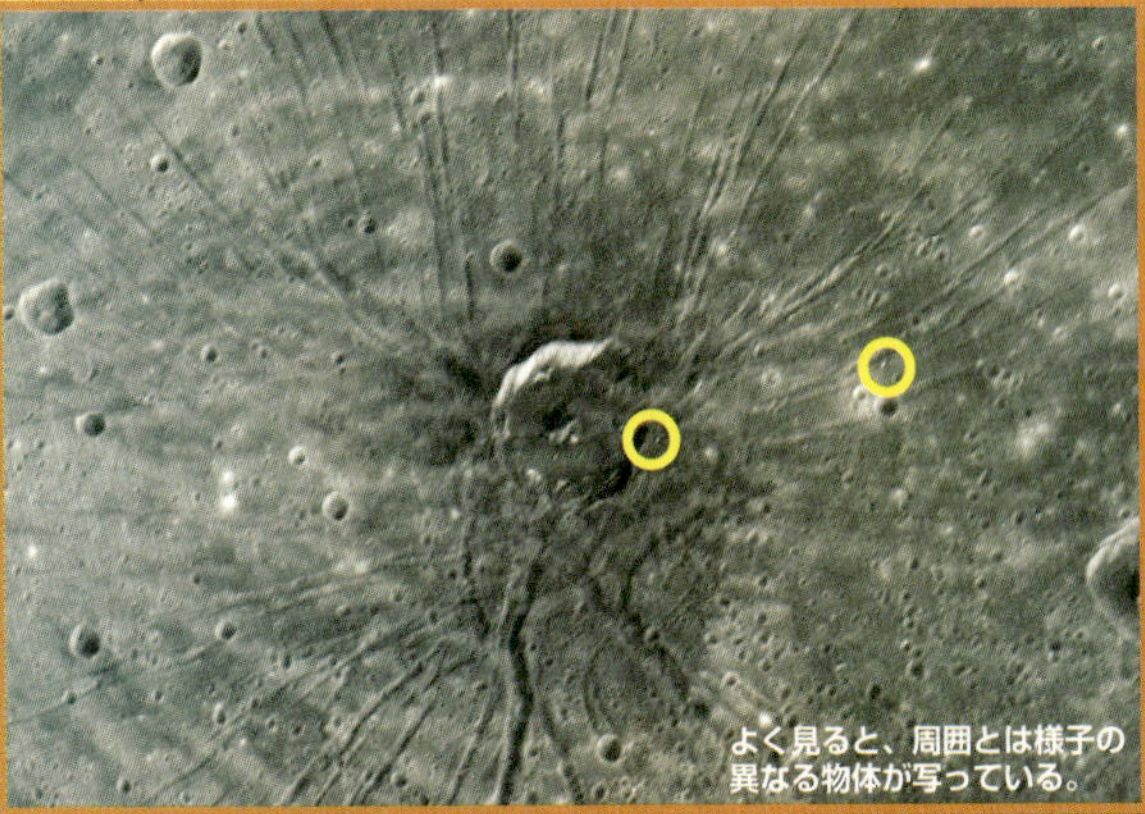

よく見ると、周囲とは様子の異なる物体が写っている。

FILE No. 092

水星上空のUFO

光を受けて飛ぶ謎の物体

こちらも2008年に探査機メッセンジャーが撮影した水星の異常物体だ。クレーターの右方向を目をこらして見ると、周囲とは異なる米粒のような異物が写り込んでいる。古い写真であればゴミとして無視されるほどのものである。

拡大写真を見ると、物体は反射のせいか、輝いているようだ。さらに、特に左側の点は、軌跡を見せており、それが移動していることを示している。逆に、右側の点は、空中に静止しているかのようにも見え、隕石のたぐいとは異なるものと思われる。したがって、これらは水星上空を飛ぶ2機のUFOなのだ。

水星にはまだ謎は多いが、メッセンジャーの次の接近は2009年9月に予定されている。そして、周回軌道に投入された後は、1年間の本格的な観測が開始される。そのときにこれらの謎は解明されるだろうか？ 否、惑星探査は常に新しい謎をわれわれに突きつけてくることだろう。

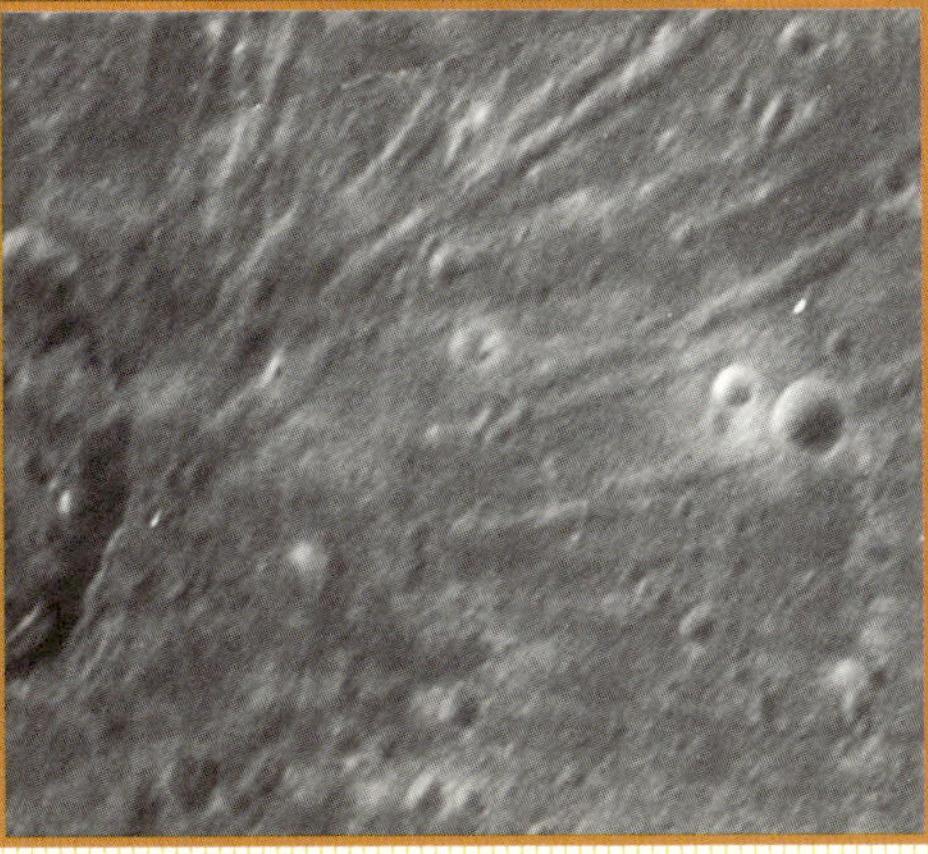

囲み部分の拡大。

FILE No.093

ひょうたん状の謎の影

エロスに住人がいる!

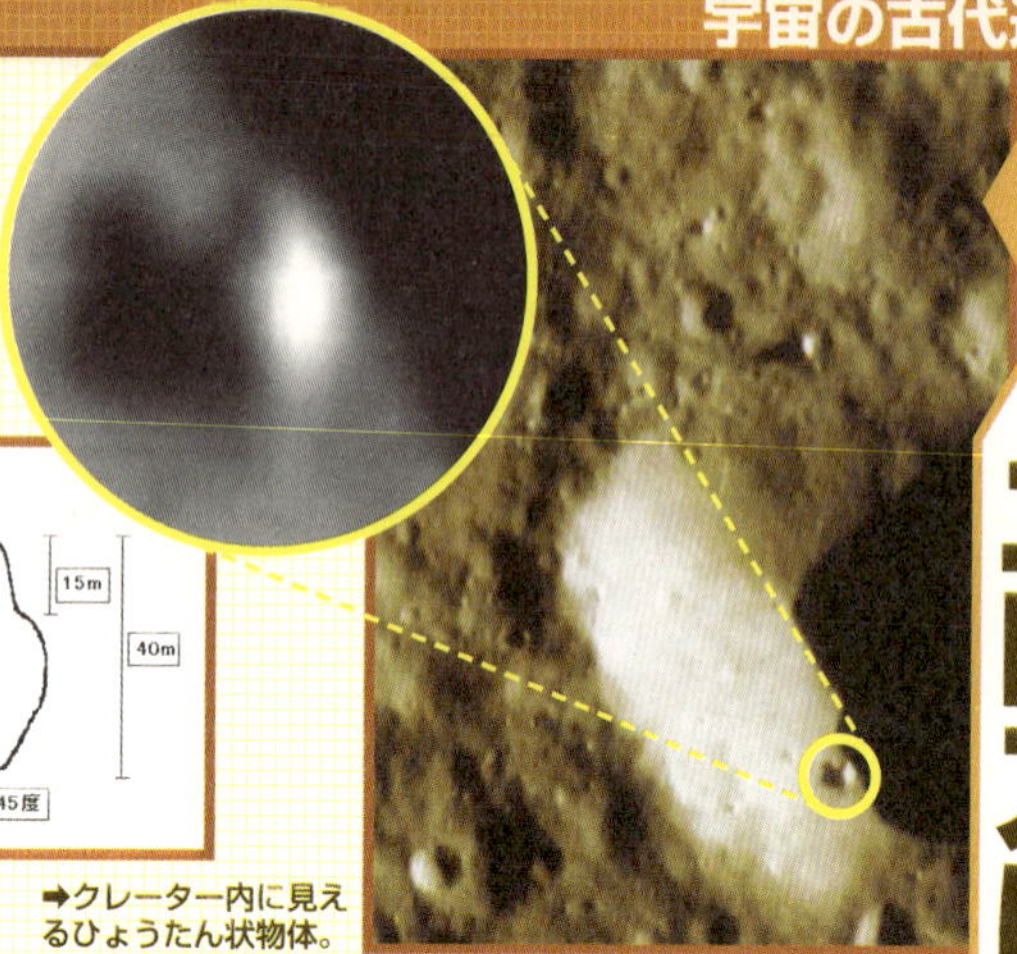

囲みの拡大画像。

➡クレーター内に見えるひょうたん状物体。

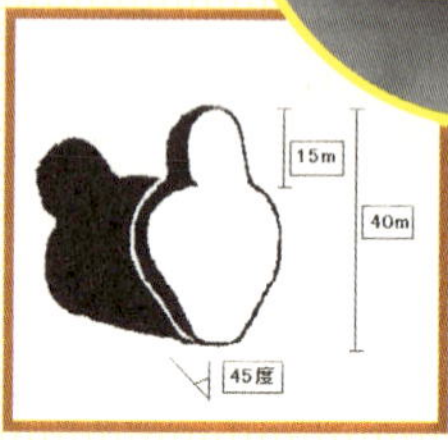

再現イラスト。

地球に接近する小惑星の中ではガニメデに次いで2番めに大きい「エロス」。その直径800メートルほどのクレーターの斜面に、ひょうたん状の物体が存在する。この画像は1ドット当たり3・8メートルの解像度で、物体の全長は約40メートルある。

その影の様子から、物体が約45度傾いていることがわかる。大気や液体の侵食がないはずの小惑星表面で、これほど滑らかな丸みを帯びた自然の彫刻がつくられ、しかも不安定な状態で存在しているとは到底考えられない。これは、エロスの住人によって建造された、今まさに飛び立とうとする宇宙船なのではないだろうか。宇宙船だとすれば、その形や容積などから、資源を運搬するための貨物船と思われる。

実はこれとそっくりな物体が、30年前のアポロの地球周回軌道上の写真にも写っている。宇宙空間で同じ形のものが存在するというのは興味深い。この貨物船はアポロの時代に地球近辺に来ていたのである。今も、惑星間を移動しているのだろうか。

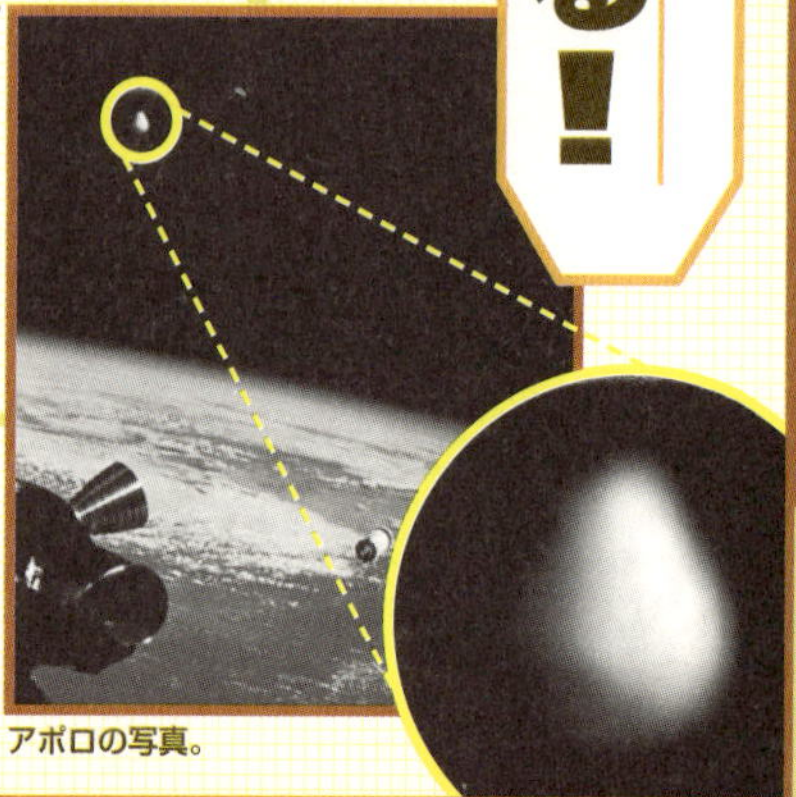

アポロの写真。

FILE No. 099

巨大クレーターに屹立する
エロスのモノリス

小惑星エロスは、1898年8月13日にベルリンのG・ウィッツによって発見されたが、その軌道は、これまでの概念を打ち破るものだった。エロスは、火星軌道を越えて地球に接近する特異な小惑星だったのである。2000年2月、史上初めて小惑星を探査したNASAの探査機ニアが、そのエロスの周りを周回する人工衛星となり撮影を開始した。

そして3月3日、約200キロの距離から撮影されたエロス最大のクレーター（直径約5キロ）のクローズアップ画像が公開されたのだが、そこに奇妙なものが写しだされていたのである。

それは、クレーターの中心付近にそそり立ち、長い影を伸ばす突起状の物体だったのだ。大きさ、形状や影の具合といい、火星の衛星フォボスのモノリスにも似ている。本当に人工構造物なのだろうか？

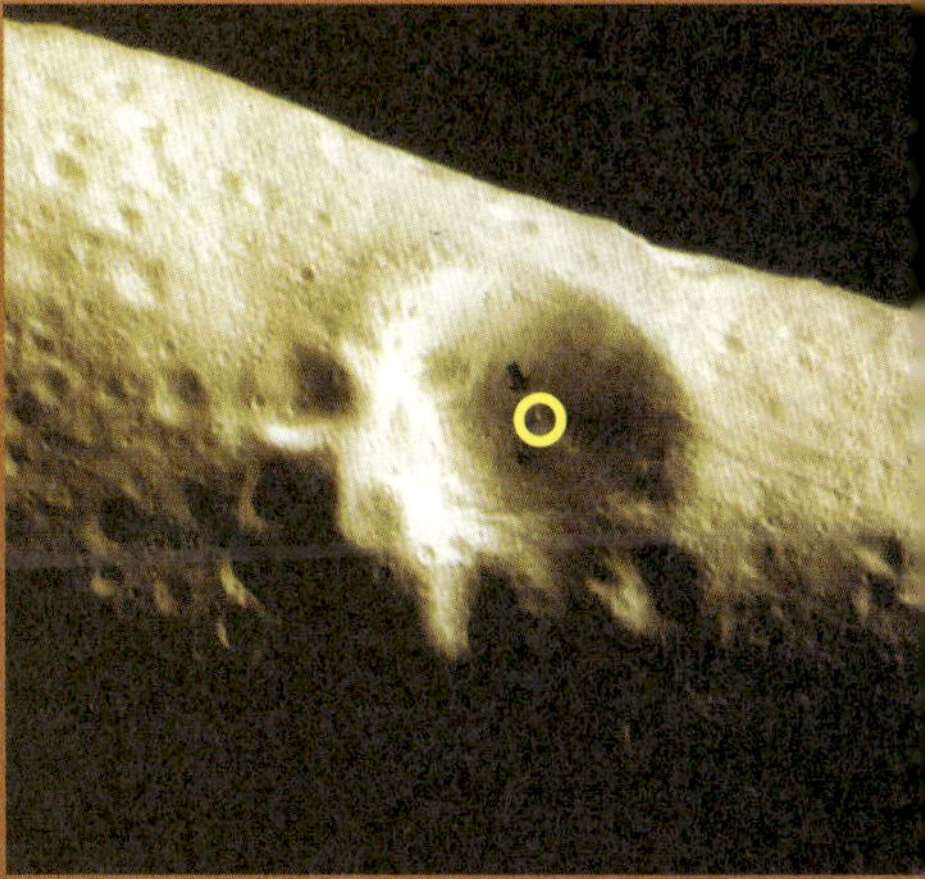

フォボスのモノリス。

再現イラスト。

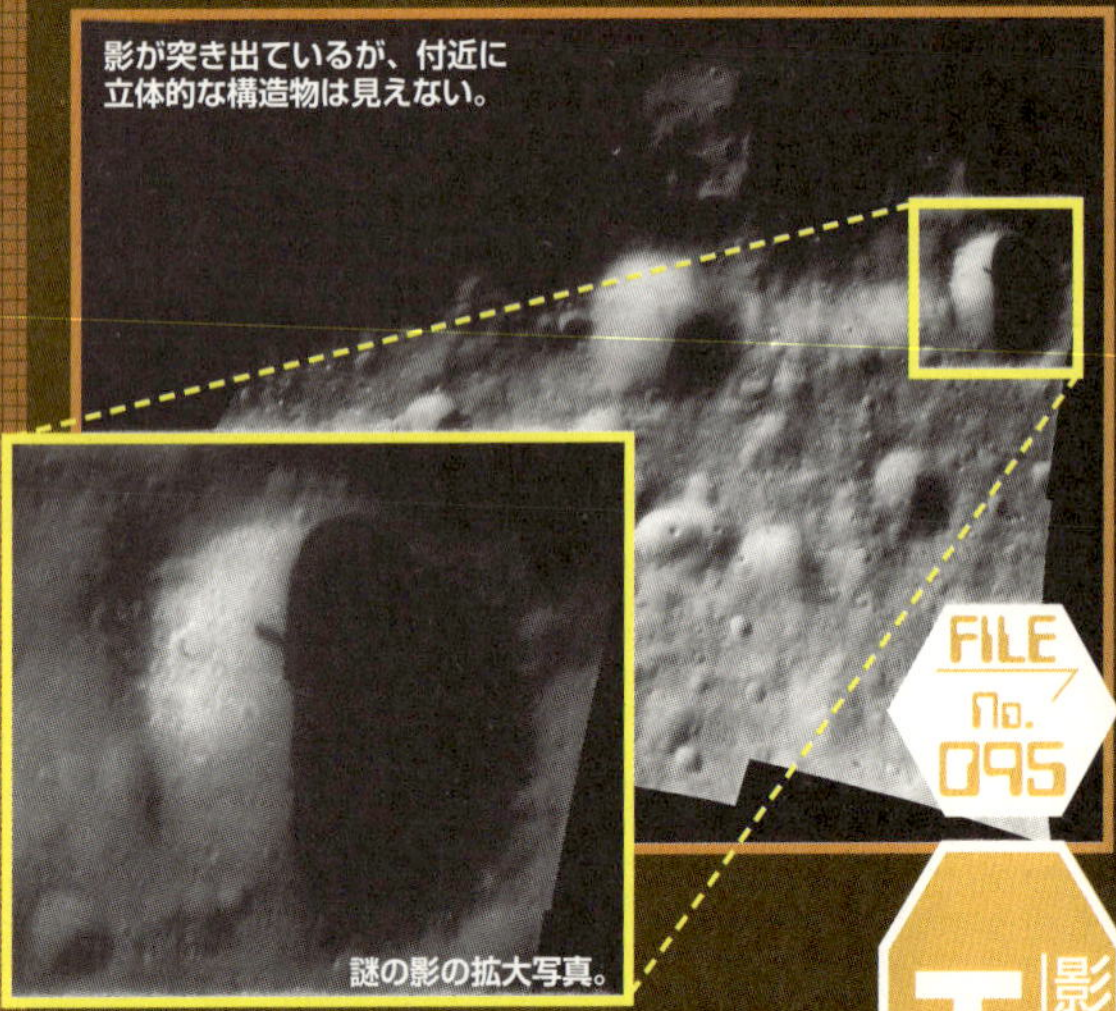
影が突き出ているが、付近に立体的な構造物は見えない。
謎の影の拡大写真。

FILE No.095

エロスの突き出た影

影の本体はどんな姿なのか?

右上のクレーター内にイモムシ状の細長い影がある。ところが、太陽光を受けて輝いているはずの影の主がどこにも見当たらない。

写真の明度を上げても、情報はまったく出てこない。しかし、不自然に曲がった形状から、塔のような建物とは考えにくい。宇宙船か、あるいはエロス内部を掘削するロボットなのではないだろうか。それが地中から顔を出していたところをとらえてしまったために、画像処理の黒ベタで消されてしまったのだろう。

エロスの密度は説明がつかないほどに低い。このような掘削ロボットによって内部は掘りつくされ、中空の状態になっているのではないだろうか。

FILE No.096

エロスの動くロボット

ゾウのような掘削機?

エロスを動き回るロボットか?

画像の左上方の窪地内には、10メートルほどの足を持つ謎の物体が潜んでいる。

拡大してみると、ゾウのような宇宙生物にも見える。その特徴をなしているのは足だ。足を持っていることから、エロスの表面を歩行しながら掘削するロボットなのかもしれない。

ロボットの向かう先はどこか? その下には、黒い帯のような丘があり、そこからわだちのような跡が窪地へと続いているようだ。この特徴的な丘は、今まさに掘削ロボットによって掘りだされている窪地の資源と何らかの関連があるものだろう。自律的にエロス内部を掘削し、無機物をエネルギーや有機物に変換することもできるのかもしれない。

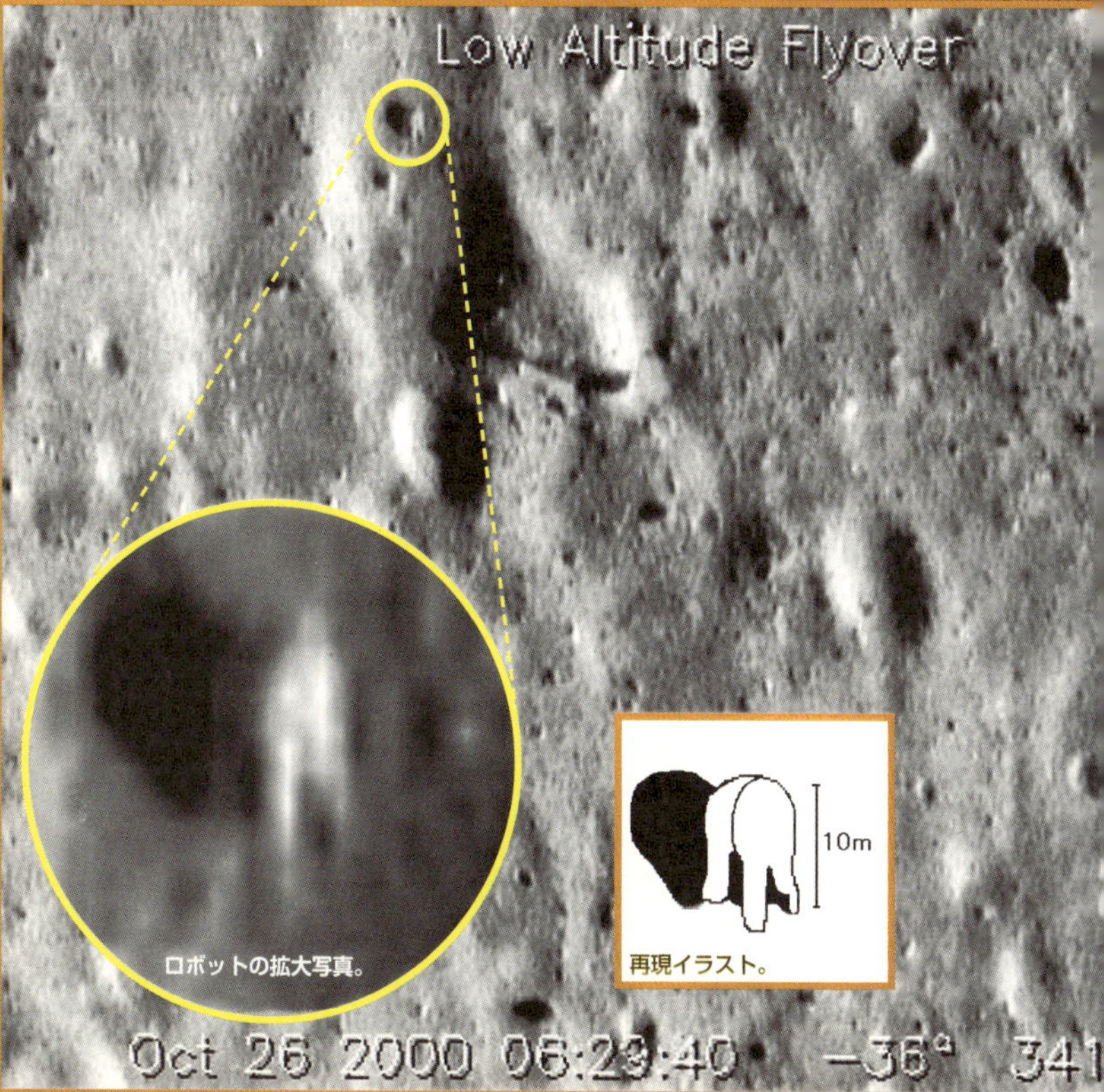

ロボットの拡大写真。

再現イラスト。

FILE No.097

入り口のようなスリット発見

エロスの格納庫

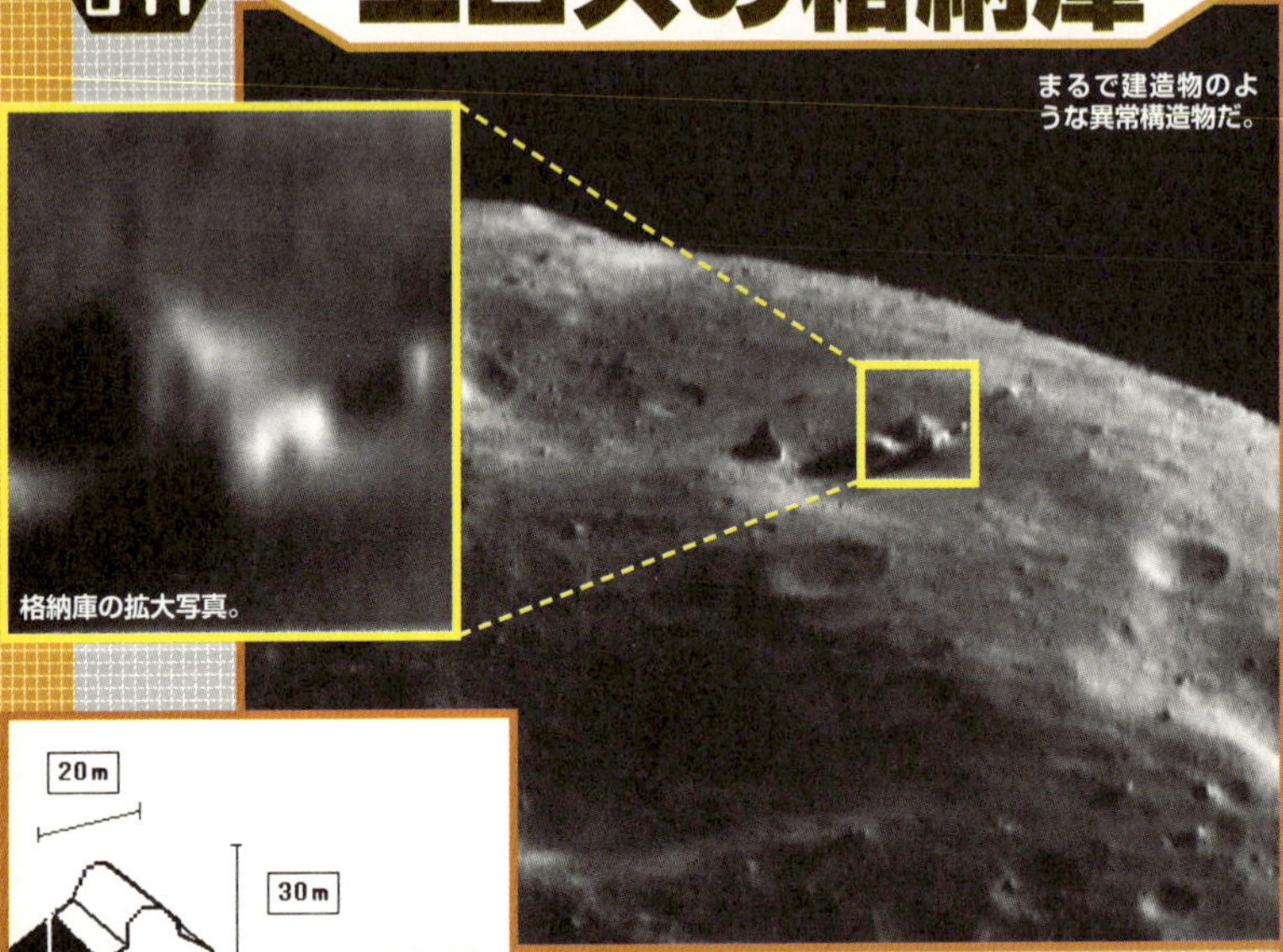

まるで建造物のような異常構造物だ。

格納庫の拡大写真。

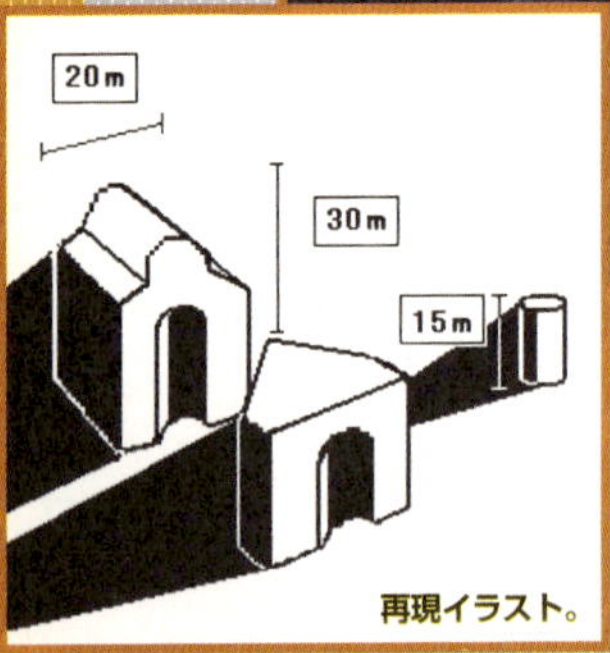

再現イラスト。

エロス表面を捉えた写真のやや右上の岩群を拡大する。すると、入り口のようなスリットが見られる。この画像の解像度は1ドット当たり2・9メートル。モザイク状に拡大すると、高さが約30メートル、幅が約20メートルであることがわかる。

スリットの開口は幅7メートル、高さ15メートルほどのスペースを持っており、小型の宇宙船が出入りするにはちょうどよいスペースだ。いくつか動く物体や宇宙船らしき物体が見つかっていることから、おそらく宇宙船の格納庫だと思われる。

もうひとつ考えられるのは、エロス内部への出入り口の可能性だ。格納庫のような構造は、内部との連絡や要員の移動などのためで、なおかつ上空からのカモフラージュの役目を併せ持つとも考えられる。

エロス上空から捉えた謎の構造物。

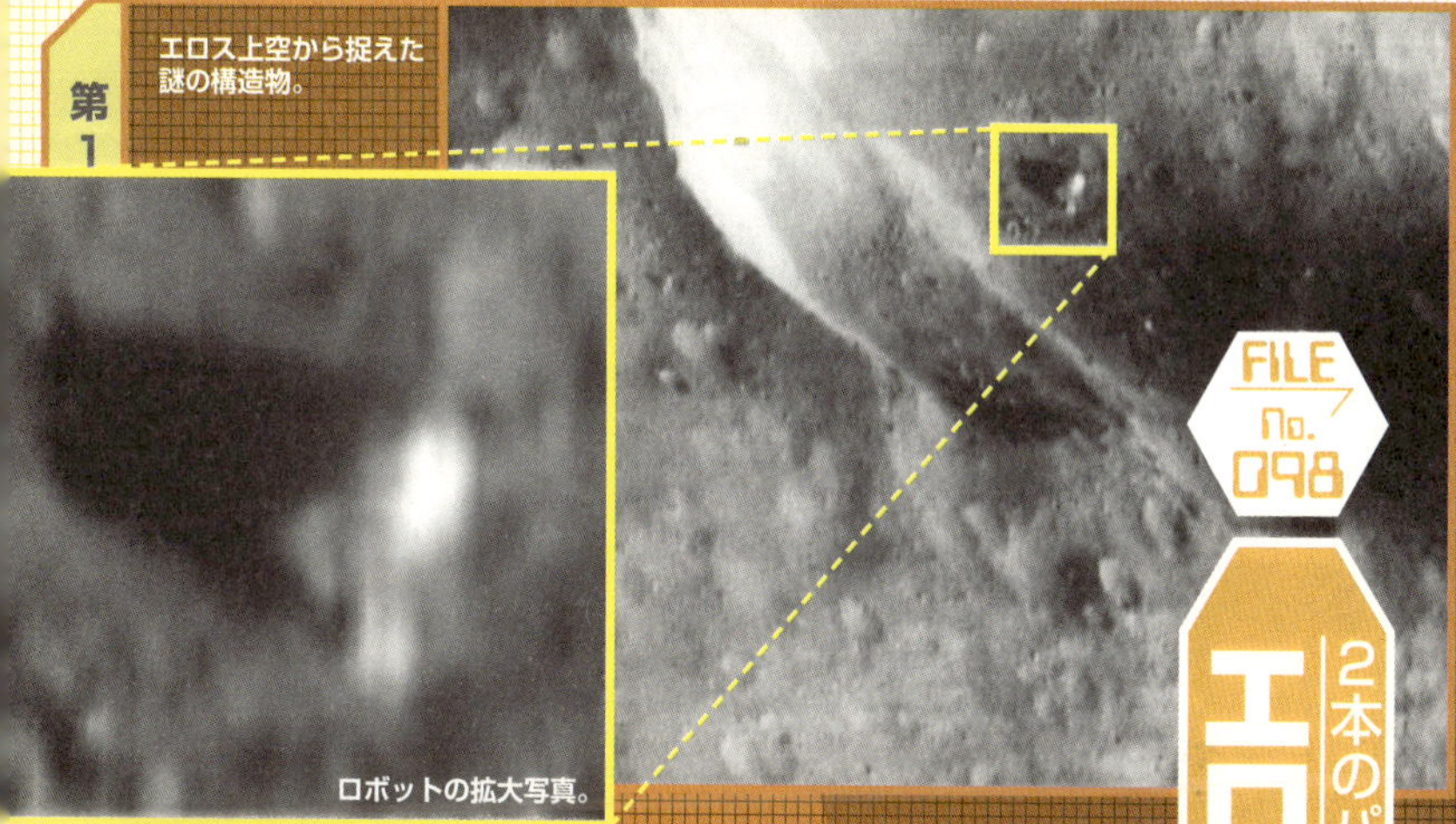

ロボットの拡大写真。

FILE No. 098

2本のパイプが平行に並ぶ
エロスの回転式エンジン

丘のように盛り上がったエロスの地表に奇妙な物体があるのがすぐ見てとれる。

1ドット当たり4・6メートルの解像度から、枠内の構造物は80メートル×50メートルの台座に、45度回転したパイプを2本重ねた機械装置であることがわかる。パイプの長さは80メートルほど。平行に並んでいる様子は、人工的なものだと感じさせる。

まるで砲台を思わせる形状である。もし人工的な構造物であれば、これは360度回転する移動可能なエンジンではないだろうか。

エロスの姿勢制御を効率的に行おうとすれば、このような移動式のエンジンが有効だからだ。あるいは、外部からの攻撃に備え、高台に設置された砲台の役目も兼ね備えているのかもしれない。

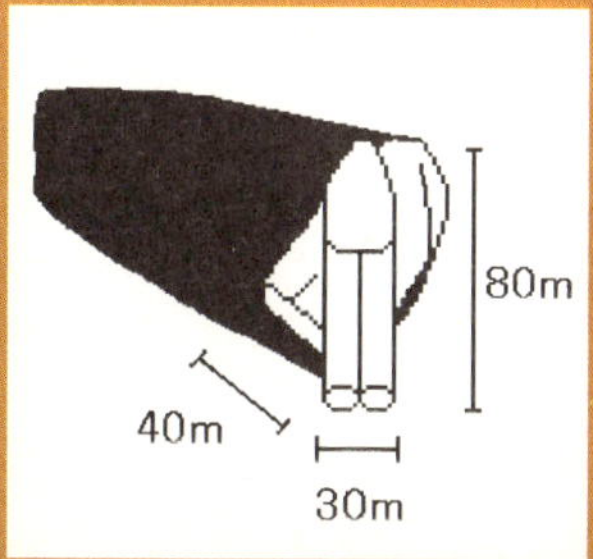

再現イラスト。

FILE No. 099

わずかな時間で消えた!

エロスのイモムシ

白色の未確認飛行物体。

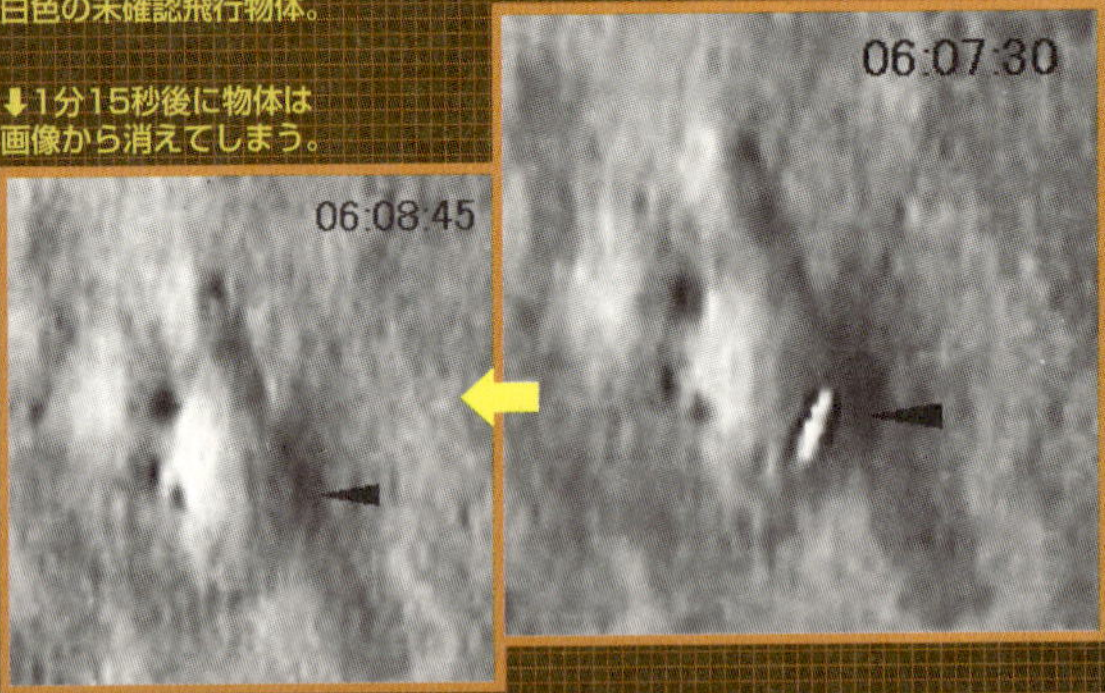

⬇1分15秒後に物体は画像から消えてしまう。

小惑星探査機ニア・シューメーカーが、エロスに5キロまで接近した際に撮った写真である。

クレーター内にイモムシのようなものが存在するのが見てとれる。だが、同一場所をわずか1分15秒後に写した画像では、それが消えてしまっているのだ。

この物体のサイズは10メートルほどであるが、拡大すると、物体自体にブレが見られる。そうなると、実際のサイズはさらに小さいものになるはずだ。

もしこれが宇宙船のようなものだとすれば、これまで見てきたエロスの宇宙船の中では最小のものになる。おそらく、乗員が単独で移動するときに使用する高速の小型宇宙船ではないだろうか。あるいは巨大な生物か……。

第1章
第2章
第3章
第4章
第5章 太陽系のオーパーツ
第6章

FILE No. 100

エロスの垂直エンジン

パイプが突き出た謎の構造物

パイプが突き出た謎の立体物。

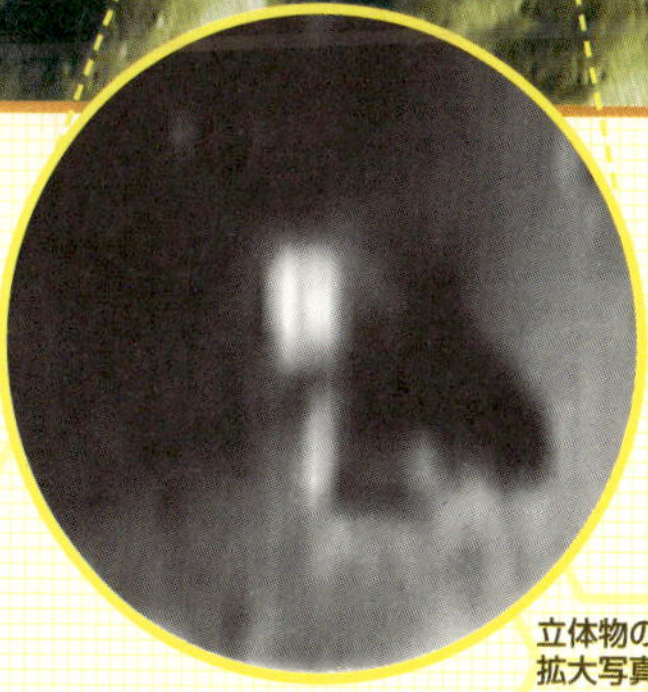

立体物の拡大写真。

クレーター内に構造物が存在する。

この画像は1ドット当たり3.8メートルの解像度なのでモザイク状に拡大すると、構造物は40メートル四方の機械室部分と、35メートルほどのパイプで構成されていることがわかる。

影の様子からパイプの先端は90度上方に折れ曲がっていることがわかる。また、機械室の上方にはモヤ状の反射も見られる。

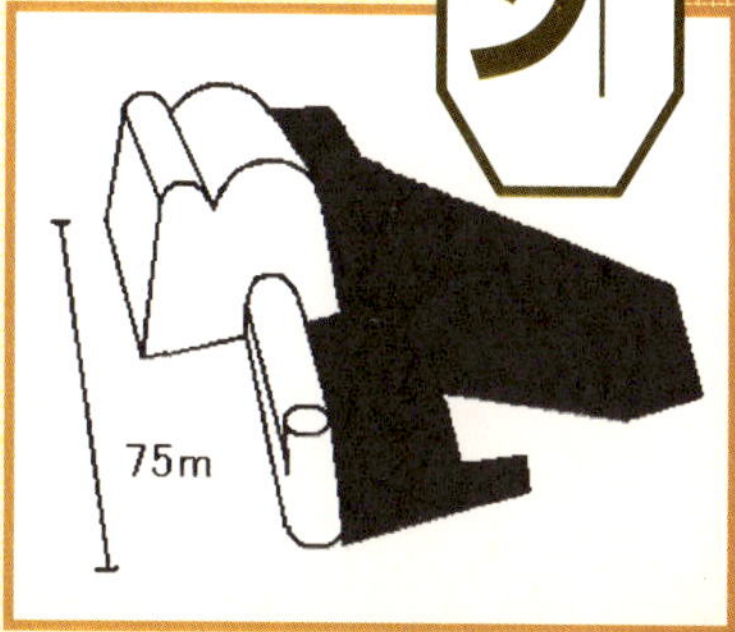

再現イラスト。

エロスは28年周期で火星軌道と交差し、7年ごとに地球に接近する。しかし、地球の大気の影響を受けない静止衛星も姿勢制御なしではすぐに軌道を外れてしまう。エロスがそうならないのは、何らかの方法で姿勢制御されているからではないだろうか。そう考えると、これが今まさに動作しているエンジンの画像に思われてくる。

土星探査機

1979年に土星に初めて2万キロまで接近したパイオニア11号は、2ミクロン程度の微小物質が多数衝突していることをセンサーがとらえ、未知のEリングを通り抜けたことが確認されたが、探査機は損傷を受けなかった。

1980年、土星に最接近したボイジャーは、リングを統制する羊飼い衛星や、オレンジ色のタイタンの画像を送ってきた。

さらに詳細な観測を行ったのは、ESA（欧州宇宙機関）とNASAが共同で行ったカッシーニ計画である。この計画は土星を周回する探査機と、タイタンに着陸するホイヘンスからなる。カッシーニ周回機は、かつてない解像度で土星のリングを撮影したほか、タイタンの地表をレーダーによって初めて撮影。その後もエンケラドスの水蒸気噴出や、イアペタスの壁状構造など、次々と新しい発見を伝えてきている。

2005年1月、ホイヘンスがタイタンに着陸し、予想外に明るい地表を撮影したことは記憶に新しい。不思議なことに、ボイジャー探査機が発見したリングのスポーク現象（リングに垂直な影ができる現象）は、カッシーニでは確認されていない。

土星探査機カッシーニ。向かって左側にカセグレン式の望遠レンズ、右側にタイタン着陸機ホイヘンスを装備している。

タイタン着陸機ホイヘンスのカメラ。深海潜水艇のようにライトが装備されていたが、厚い雲に覆われたタイタンの地表と空は想像以上に明るかった。

ANCIENT REMAINS in SPACE: The Best

第6章 宇宙のミステリー

SPACE MYSTERY

1.月人工天体説

2.土星の衛星イアペタスの謎

3.探査機パイオニア減速の謎

4.フォトン・ベルトの謎

5.「アポロ疑惑」の真相

6.アポロ計画は20号まであった？

7.「惑星X」が発見される日

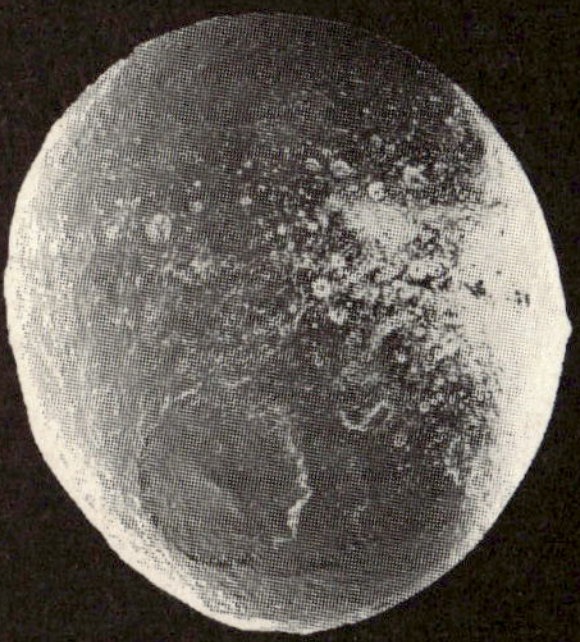

文＝並木伸一郎(2,4,6)、伊藤哲朗(3,7)、泉保也(5)、難波江笙(1)

SPACE Mystery 1

月人工天体説

内部が空洞の宇宙船だった!?

月に関する驚愕すべき説

1970年7月、旧ソ連の科学雑誌「スプートニク」に、月に関する驚愕すべき大胆な説が発表された。提唱者は著名なふたりの天文学者、ミハイル・ヴァシンとアレクサンドル・シュシェルバコフである。彼らの主張の大略はこうだ。

「太陽系外のどこかの宇宙空間に超高度の文明をもつ惑星があったが、あるとき壊滅の危機に瀕した。そこで、惑星の住民は小惑星の内部をくり抜いて巨大宇宙船に改造。長きにわたる宇宙旅行の末に地球と遭遇し、その隣に腰を落ち着けた。つまり、月はいわば、宇宙版〝ノアの箱船〟なのである」

月は自然に形成された天体ではなく、地球外生物によって人工的に作られた天体、すなわち巨大宇宙船である、という途方もない説である。

夜空にこうこうと輝く月の内部が空洞で、しかも人工的な天体であると聞かされて、驚いたり、いぶかしがらない人はいないだろう。あまりに奇想天外で、荒唐無稽であるからだ。だが、月の謎を合理的に検証しようとすればするほど、彼らの主張がいかに説得力をもっているか明らかになってくるのだ。

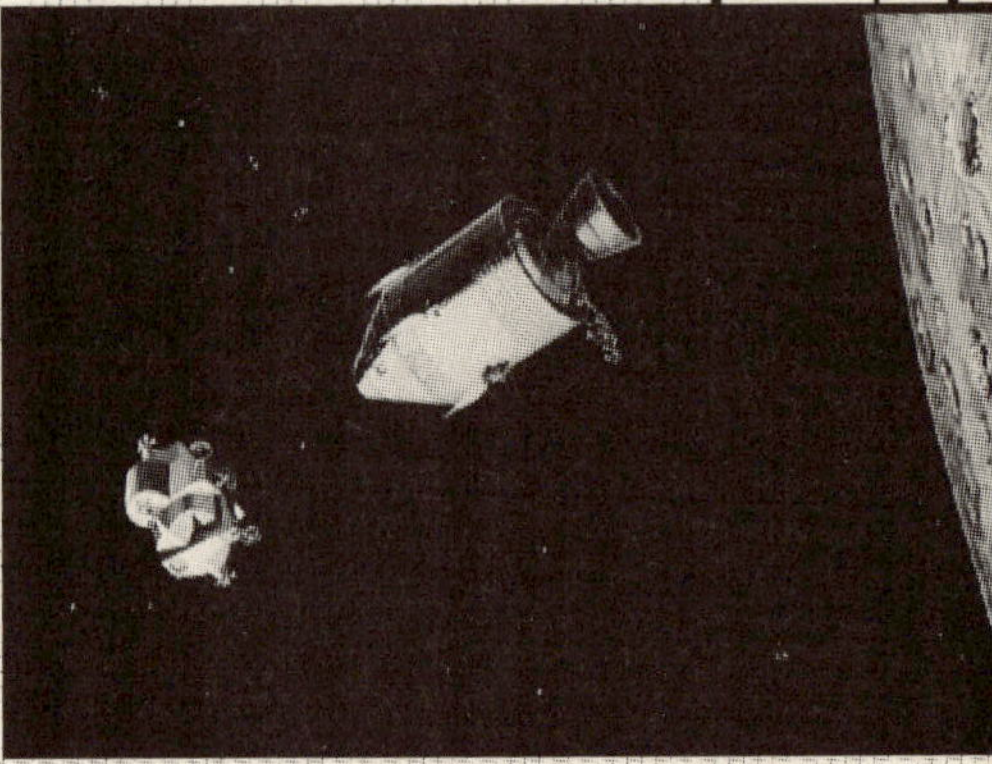

司令船から離着陸機を落下させる地震実験のイラスト。

不可解な波動を残す月の振動

月空洞説を裏付けるような奇妙なデータが、アポロの宇宙飛行士が月面にすえつけた地震計によって記録されている。

　一般に地下の構造を探るもっともよい方法は、地震波を使う方法である。振動の大きさや伝わり方を調べることで、地中がどんな構造になっているかがわかるからである。

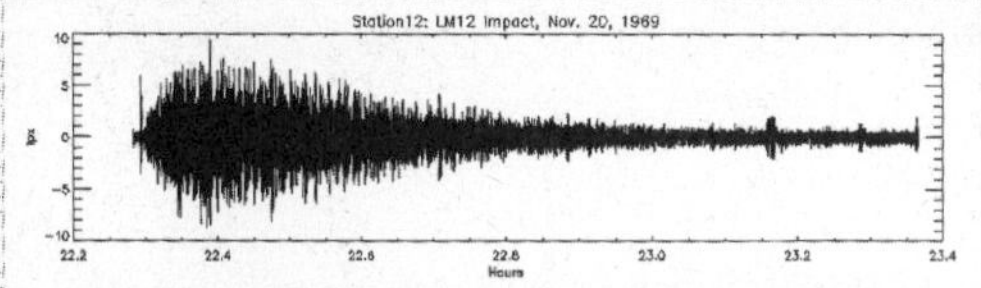

アポロ12号の実験では、地震は1時間以上にわたって続いた。

　地震計が設置されたのは、静かの海（アポロ11号）、嵐の大洋（12号）、フラマウロ台地（14号）、ハドリー・アペニン地域（15号）の4か所で、これらの地震計を使って、何度かの人工地震実験が行われている。


　最初の実験を行ったのはアポロ12号だった。月着陸船が司令船に戻るとき、月面上約65キロから不要となった離着陸機を落下させたのである。

　しかし、その激突によって起こった月の地震は、NASAの科学者たちを困惑させた。「嵐の大洋」の地震計が記録した振動は約1時間も続いたのである。

　しかも、その地震の波形が不可解きわまりないものだったのだ。地球の地震は初期微動に始まり、ピークに達したあと急速に衰えていく。ところが、この月の地震は、小さな振幅からしだいに大きくなってピークを迎え、そのピークが長く続いたあと、徐々に減衰していったのである。通常では考えらない地震波のパターンなのである。

　続くアポロ13号でも同様の実験が行われている。13号は、月軌道に入ったところで第3弾ブースターを無線誘導で月面に衝突させた。衝突場所は「嵐の大洋」の地震計から約140キロの地点である。これだけの距離がありながら、地震計は3時間20分も振動を記録したのである。

　アポロ14号でも同様の実験が行われたが、結果は同じだった。地震源と地震計との距離は約173キロで、地震継続時間は約3時間。アポロ15号の実験でも、やはりこの奇妙な地震は確認されている。

　アポロ13号と14号が起こした人工地震の衝撃は、TNT火薬11トン分に相当するとされるが、この程度の衝撃が地球で起こった場合は、振動が伝わるのはせいぜい2～3キロ。振動継続時間もきわめて短いものとなる。地質の違いがあるとはいえ、あまりにも不可解な地震ではないだろうか。

「月の反応はまるでゴングのようだ」といったのは、この結果を見たNASAの研究員である。継続時間の長さは巨大な「鐘」か「銅鑼《どら》」を思わせ、衝撃波の速度・到達距離は、その材質が金属とも思わせたのだ!

「月空洞説」を裏づけるようなもうひとつのデータがある。

地球全体の平均密度は一立方センチメートルあたり、5・52グラム、地球の石の平均密度は2・75グラムである。これに対し、月全体の平均密度は、一立方センチメートルあたり3・34グラムであり、地球の平均密度の60パーセントにすぎない。また、月の石の平均密度は2・96グラムであり、この数値は月全体の平均密度をわずかに下回るだけである。

つまり、月は地球の石より密度が高いのに、全体として考えた場合の密度は地球の半分強なのである。

この事実は、何を物語っているのか?

月表面の密度がもっとも高く、内部に行くほど密度が低くなっていくことを暗示しているのである。月の内部構造が地球と違うのは、もはや疑いえないだろう。

そして、その内部について科学的な推論から導かれる答えは、月の重心は空、すなわち中心核がないということなのだ。これを敷衍《ふえん》すれば、驚愕すべき事実が浮かび上がってくるだろう。いうまでもなく、月が空洞であるという考えである。

さらに興味深いレポートもある。NASAの科学者が、月探査データをもとに月のモデルを作成したとこ

アポロ11号で地震計を設置するオルドリン宇宙飛行士。

ろ、できあがったのは、なんとチタニウム合金製の中空の球体であったというのだ！

米ソが撮影した月面の人口構造物

こういった、アポロが発見した不思議な現象以外に、米ソの探査機が撮影した月面写真には、明らかに人工物らしきものが映し出されている。

月面の尖塔やピラミッド状の構造物、月面から光が発せられるという現象など800例以上の報告がある。

月面における最初の発光現象の観測は1781年までさかのぼることができる。また、その多くが「危機の海」周辺で発生していることが確認されている。これを重視したのか、NASAでは発光現象の年代記を作成するとともに、「オペレーション・ムーン・ブリンク」を組織している。

そして、1966年までに28件の発光現象を記録したのである。

この観測中、フランク・B・ハリス博士は月面に直径約400キロ、幅約80キロはあろうかという超巨大な黒い物体を発見した。しかも、数時間後にはこれが月から離れていくという驚異的な目撃をしたのである。この物体がアメリカや旧ソ連のものであることは考えられない。

また、プラトー・クレーターでは、1781年4月のたった1か月で160件にのぼる発光現象が観測されている。光はときに瞬き、複数個が現れた場合にはそれぞれが明滅したという。このクレーターではいままでも謎の発光現象が観測されている。とても自然現象では説明できない。月で何かが活動しているとしか思えないではないか。

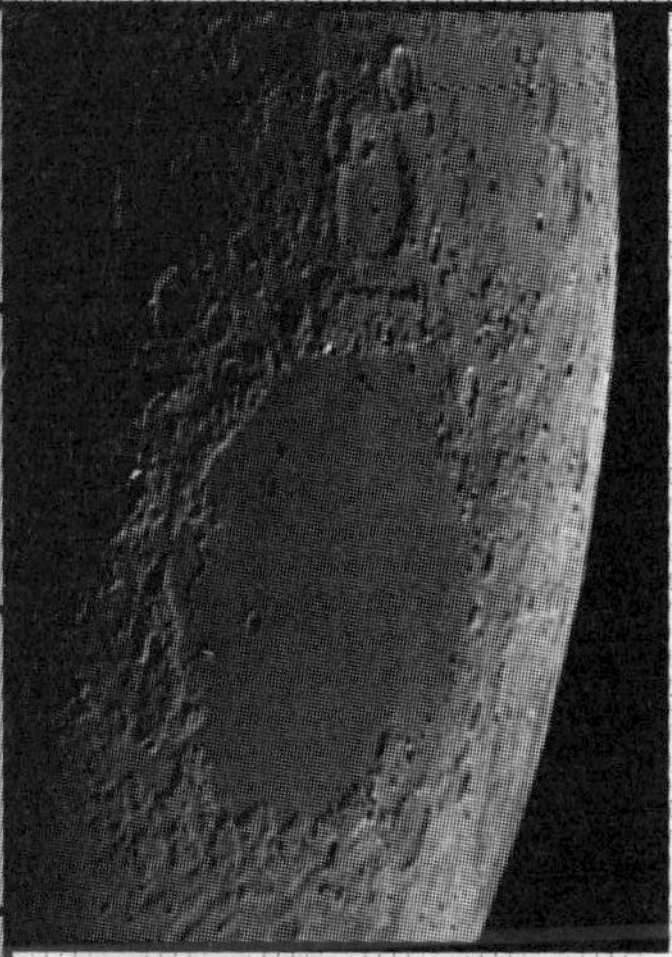

謎の発光現象が多発する「危機の海」。

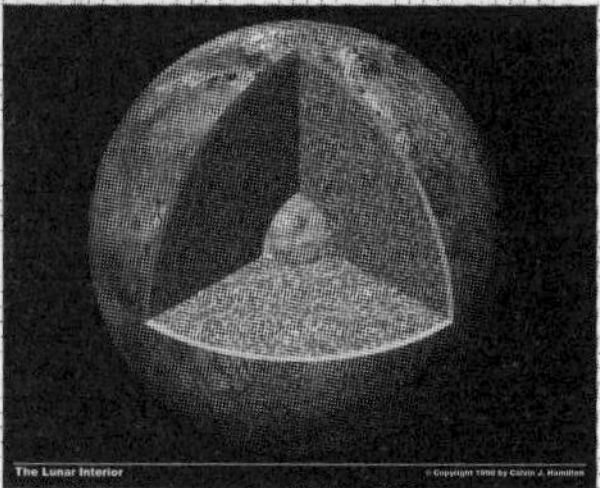

月内部の3Dイラスト。
月に空洞はあるのだろうか？

生命を維持する水も空気もある!?

では、その活動する者とはいったい何者なのか？　数百年も前から月面で、人類が総力を結集しても作りえないような巨大な構造物を作るには、かなりの知的な存在でなくてはならないことはだれにも否定できない。しかし、そのような知的な生命体が存在するための最低条件である、水と空気が月にないことは、子供でも知っている。月は完全に〝死の世界〟なのだ……。

ところが、アポロ11号の月着陸船と地球の管制センターの間で交わされた通信記録を詳細に見ていくと、奇妙な点を見つけることができる。月面着陸直前の会話に、「風速よし」「ホコリが舞い上がる」といった表現があるのだ。これはいったいどういうことなのか。大気がないはずの月の上空でなぜ……？

また、1972年4月16日、アポロ16号の月面着陸の際には、こんなシーンが衛星中継で放送された。ツィオルコフスキー・クレーターに降り立った宇宙飛行士が、月面のくぼみに足をとられてひっくり返りそうになったときのことである。

倒れまいとした彼は、もがいて片手をくぼみの縁にあてた。その瞬間、突然大きな声で叫んだ。

「ワァータ、ワァータ（水だ、水だ）」

このシーンは、日本の茶の間にもリアル・タイムで放送されていたが、日本の通訳者が一瞬とまどって通訳しなかったので、日本人の多くが気づかず見過ごされてしまったのは残念であった。

月の裏側にあるツィオルコフスキー・クレーターは、底一面が深い暗緑色をしているので、一部の研究者の間では水があるのではないかと噂されていた場所だ。アポロ16号のこの事件は、この噂がまったくの妄想ではないことを証明したのである。

まだある。アポロ宇宙船は、地震計のほかにイオン検出装置（SIDE）を月面上に設置しているのだが、

実験のため月に設置されたイオン検出装置。

まるで湖のようなツィオルコフスキー・クレーター。

そのＳＩＤＥが、１９７１年3月7日、信じられない現象をキャッチしたのだ。なんと、12時間にわたって噴出を続け、約16平方キロもの広範囲に拡散する水蒸気を検出したのである。

ＮＡＳＡはアポロが月面に残した水タンクの水が蒸発したと発表した。が、タンクの容量は60～１００ポンド（約27～45キロ）にすぎない。その程度の水が12時間も蒸発しつづけ、16平方キロもの範囲に拡散するとはとうてい考えられない。アポロ12号と14号が約１８０キロの距離を置いて別々に設置したＳＩＤＥが、同時に同量を検出しているのだから故障ではあるまい。

最後に、アポロ14号が持ち帰ったサンプルの中に〝錆びた鉄〟があったこともつけ加えておこう。その意味するところはいうまでもないだろう。

われわれはなぜか、月が大気も水もない死の世界だと信じ込まされているが、もはやはっきりした。月には間違いなく大気も水もあるのだ！ということは、月には生命維持のための条件が整っているのである。地球外生命体の生存は可能なのだ!!

月の謎を解決する人工天体説

月が空洞の人工天体であること、月に人工構造物があること、そして月に生命体が生存できる可能性があることがわかった。では、月に関する多くの謎についてはどう解決できるのか（２１６ページ【表】を参照）。

月がどのように生まれ、いかに地球周回軌道に乗ったのか、地球と月の大きさの比率が太陽系のほかの惑星に比べて、なぜけたはずれに大きいのか、さらに月の軌道に関する謎、地球から遠すぎるといった疑問も、月＝人工天体説によって一挙に解決できる。

では、もう一度、ふたりの天文学者の主張を聞いてみよう。

「月は地球の自然な衛星ではなく、小惑星を改造した巨大宇宙船であり、先進文明をもつ地球外知的生命体が操縦して、太陽系の外から地球の近くまで運んできた」

じつに明快である。先の疑問は決して不思議ではないし、偶然の一致でもなかった。地球外知的生命体がもっとも都合のよい地球周回軌道を計算して位置を決め、月＝宇宙船を操縦して意図的にいまの軌道に乗せたのである。

月の自転と公転の周期が一致しているのも偶然ではあるまい。おそらくなんらかの意図、たとえば人類に裏側を観測されたくない、といった意図が隠されているはずだ。

【表】主な「月の謎」一覧

1	太陽系の惑星とその最大衛星との比率を比べて、月が地球の衛星としては大きすぎるのはなぜか？
2	月の軌道が地球から遠すぎ、ほぼ真円を描いているばかりか、計算したかのような位置にあるのはなぜか？
3	月の自転周期と公転周期がほぼ一致しているのはなぜか？
4	月の石を分析したところ判明した月の年齢が、太陽系の起源よりも古いのはなぜか？
5	月面上の隣り合う石の年齢が何億年もかけ離れていたり、石とその石に付着している土の年代測定に10億年もの差があるのはなぜか？
6	月の海が高熱で溶けた岩石で覆われ、その岩石にチタニウムなどの耐熱性に優れたレアメタルが多量に含まれているのはなぜか？
7	月の海が表側（地球側）に集中している一方、クレーターは裏側に多いなど、表側と裏側の地形が極端に違うのはなぜか？
8	裏側が表側よりも6〜8キロも出っ張っているのはなぜか？
9	地球に比べて、月にクレーターが圧倒的に多いのはなぜか？
10	クレーターはその巨大な面積に比べて一様に浅すぎるのはなぜか。また、その底面が月の球面の曲率にしたがってふくらんでいるのはなぜか？
11	マスコン（質量集中部＝周囲より重力が強い地域）が存在し、それらが海の部分に集中しているのはなぜか？
12	月の平均密度が地球に比べて極端に低いのはなぜか？

また、太陽系よりも古い宇宙のどこかで形成された小惑星が宇宙船に改造され、太陽系誕生後のある時期に地球周回軌道まで操縦されてきたとすれば、月に地球や太陽系の起源以前の岩石があったとしても驚くにはあたらない。数万年あるいは数億年のオーダーで宇宙空間をさまよい、さまざまな〝時空間〟を通過したのだから、その間には無数の隕石や彗星の襲撃を受けたはずだ。その破片は月面に散乱する。当然、年齢がまったく異なる岩石が混在するのだろう。10億年以上も古い土がそれらの石に

付着してもおかしくはない。

さらに、月の表側と裏側の地形の極端な違い、裏側が出っ張っている謎、月に無数のクレーターが存在する謎、月の海についての謎も、一刀両断のもとに解決できる。

宇宙船・月号が宇宙空間を航行している状況を想像してみてほしい。宇宙は決して安全な場所ではない。火星と木星間に存在するような小惑星群、流星のシャワー帯、彗星の巣……といった数多くの危険地帯がある。〝月〟は地球へと飛来するまでには、幾度となくそうした危険地帯に遭遇したに違いない。

表側と比べてクレーターが異様に多い月の裏側。

となれば、月面に他天体の衝突跡と推測されるクレーターが無数にあるほうがむしろ自然なのだ。また、進行方向の片側の半球がより大きな衝撃を受けたはずで、その結果、裏表に〝別の顔〟ができた、と考えられるではないか。裏側の異常な出っ張りも、たび重なる小天体の衝突や接近遭遇した他天体の引力によるものと推理できよう。逆にいえば、宇宙船・月号はそれだけ頑強な船体をもっているということでもある。

データが実証する月の人工天体説

では、海の成因についてはどうだろうか。海は高熱で溶けた岩石で覆われ、その岩石にはきわめて融点の高いレアメタルが大量に含まれており、こうした溶岩を作るには4000度もの高熱が必要であることはすでに述べた。

旧ソ連のふたりの科学者はこう考えている。「月の外郭は二重構造になっている。外側の第1外郭は素石殻、内側の第2外郭は人工的に作られた堅固な金属殻で、海の部分では第1外郭がきわめて薄いか、まったくない場所もある」

いうなれば、第1外郭は宇宙船の塗装部分に相当し、第2外郭が真の船体であるとしてこう続ける。

「海は自然の形成物ではない、隕石などの衝突によって第1外郭が破損したので、第2外郭(船体)を強化するために、耐熱性金属成分を大量に含む溶岩状物質を人工的に作り、破損箇所に注ぎ込んだ。その結果できあがったのが海である」

海が片側に集中している理由も、これで納得がいく。進行方向(表側)がより大きく破損されるだろうことは、容易に想像できる。そこへ溶岩物質を流し込んでコーティングしたのだから、表側に海が集中してしかるべきなのだ。小惑星を宇宙船に改造するほどの知的生命体にとってその程度の作業は造作もないだろう。

レアメタルが耐熱性・防錆性に優れたきわめて堅い金属で、超音速旅客機や宇宙船の製造に欠かせないという事実は、彼らの仮説を傍証しているかのようだ。

こう考えれば、月にマスコンが存在し、それが海の部分に集中している謎の解明にもヒントが与えられる。

月の住人が第1外郭が破損して第2外郭が露出した部分を溶岩状物質でコーティングした。海の面積を考えると、とてつもなく大規模な補修工事であり、当然、巨大な設備と膨大な資材を必要としたはずである、それが現在も海の下部に残されていると考えてもおかしくはあるまい。

マスコンは正体不明の密度の大きい物質が原因、というのが科学者の一致した見解だ。その正体不明の物質こそ、それら巨大な設備と膨大な資材ではなかろうか。

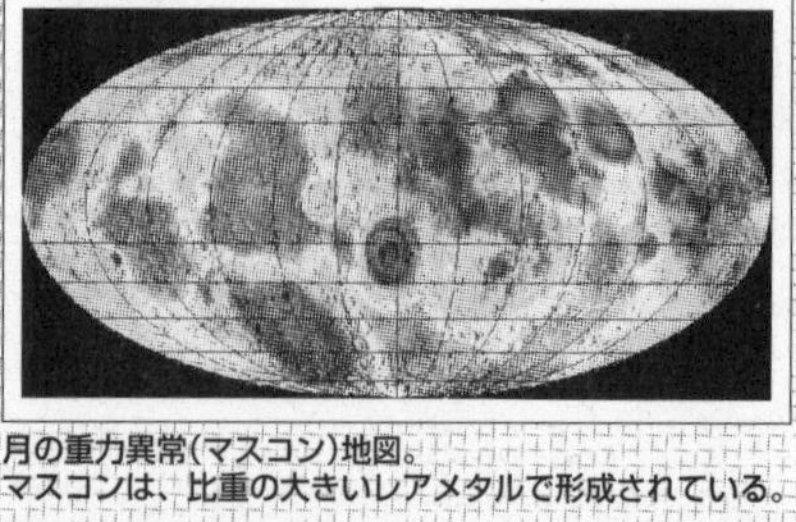

月の重力異常(マスコン)地図。
マスコンは、比重の大きいレアメタルで形成されている。

ここまで来れば、クレーターにまつわる謎も解けたも同然だ。
表側より裏側にクレーターが多いのは、表側のクレーターは補修工事によってその痕跡を隠されてしまったからだ。クレーターの深さが浅すぎるという謎も、月面に激突した隕石が第1外郭を破壊して突き進もうとしていも、第2外郭に阻まれるからだと説明できる。ちなみに、ヴァシンらの計算によれば、第1外郭の厚さは平均約4・8キロ、第2外郭の厚さは約32キロ。かりに衝撃がいかに強くても、第2外郭はわずかにへこむ程度であったろう。現に、月のクレーターがそのことを明確に証明している。クレーターの深さは、直径が200キロを超える場合でもせいぜい3〜5キロ、最深でもわずか6キロ強でしかないのだから。

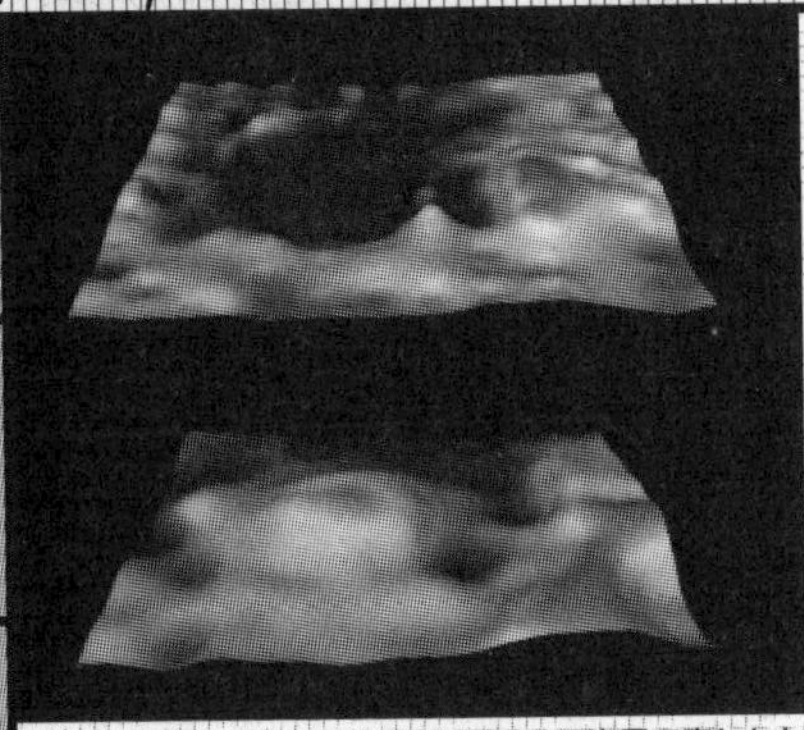
上は実際の地形、下は重力の強さを3次元で表したもの。マスコンはクレーターに集中していることが多い。

クレーターの底面が月自体の球面の曲率にしたがってふくらんでいるという不可解な事実も、クレーターの底面は露出した第2外郭の表面なのだから当然なこととして理解できる。むしろ、ふくらみをもっていないほうがおかしい。

ヴァシンとシュシェルバコフの推定によると、月の内部には「直径約3300キロの別の球体があり、その表面に諸施設が配されている、この内部球体と外郭の間には約43キロにおよぶ空洞部があり、そこに生命維持用あるいは工業用のガスがたくわえられている」としている。

あらためて月の不可思議な振動を思い出してほしい。月が中空の金属球体だからこそ、中空の鐘や銅鑼と同様の振動パターンを示したのである。不思議ではなかった、当たり前の振動だったのだ。

驚嘆すべき事実は、人智をはるかに超えて存在する。数々の事実を辻褄が合うように説明しようとすると、すべては月＝人工天体説に収斂された。データがそれを実証した。月はまぎれもなく、地球外知的生命体の手になる人工天体＝宇宙船だったのだ——！

SPACE Mystery 2 前編

巨大壁状構造を発見！

土星の衛星イアペタスの謎

明暗がくっきり！謎の陰陽衛星発見

土星の謎を解き明かすべく、NASAが宇宙空間に放った探査船カッシーニは、計画通り、タイタンをはじめとする土星の各衛星の詳細なデータを地球に送ってきた。

それらのなかで、多くの超常現象研究家の目を奪ったのが、衛星イアペタスの画像である。とくに、火星の人面岩研究家としても知られる科学ジャーナリストのリチャード・ホーグランドは、イアペタスの画像から驚愕の事実を発見したと公表した。

イアペタスは、現在までに確認されている土星の衛星33個のうち17番めの衛星で、大きさでいえば3番めにあたる。発見は1671年。ジャン・ドミニク・カッシーニによってなされたが、〝命名〟されたのはそれから170年もたってからだった。

イアペタスは、79日で土星を一周するので、地球から見た場合、ある期間、姿を消してしまうことになる。だが、このときなんとも奇妙な現象が見られるのだ。

土星から見て西側の空にあるときには、イアペタスの姿ははっきりと見えるが、周回軌道を進むにつれて輝きが失われ、土星から見て東側の空に入ると完全に消えてしまう。そして、かなり暗いまま再び姿を現すと、徐々に輝きを増しながら周回軌道上を進み、土星の西側の空に達した時点で最大の輝きを取り戻す。

発見者のカッシーニはこの現象について、イアペタスの半球がもう一方に比べてかなり明るいせいではないか、と考えていた。すなわち、西半球と東半球の明度に、大きな差があるというのである。

もしそうならば、地球と月の関係のように、土星とイアペタスの自転も同調しているはずだ。地球上の任意の地点から月を見たときに、月面の模様が常に同じになるように、イアペタスと土星は常に同じ面で向き合っていると仮定したのである。

310年後の1980年11月14日、NASAのボイジャー1号が送信してきた画像によって、カッシーニの仮説の正しさは証明された。驚いたことにイアペタスの半球は、もう一方に比べて10倍も暗かったのだ。

これはきわめて珍しい。たとえていうなら〝陰陽衛星〟とでも呼ぶべき天体だったのである。

衛星イアペタスの不可解な構造物群

そして2004年12月31日、ボイジャーよりもはるかに高性能なカメラを搭載した探査機カッシーニがイアペタスに接近した。

距離を4万マイルに保ち、撮影を開始。送信されてきたイアペタスの画像は、JPL管制室の期待を裏切ることはなかったが、同時に新たな謎も、次々と浮き彫りにされたのだ。

まず、イアペタスは完全な球体ではなかった。シルエットを比較すると、押しつぶされたようないびつな形をしている。通常、天体にかかる重力は本来備わっている抗張力を凌駕するので、天体は自然に球体になる。これが天体物理学上の通説だ。

しかし、それには例外もあって、天体の〝丸さ〟の度合いを推し量るための基準は、比重を計ることによって得られる組成の差ということになっている。例を挙げると、月の平均密度は3・3だ。この数値により、一番多い組成成分がケイ酸塩類であることがわかる。ケイ酸塩類は、岩

陰陽惑星を構成する白い部分は、2007年の最接近で、氷であることが判明した。

石に多く含まれる成分だ。

　したがって月は岩石質の天体であり、抗張力は非常に強いものの、直径が3500キロ近くあるため、重力の働きによって完全な球体に近い形状となる。

　これに対し、イアペタスの平均密度は、約1・27。水よりもわずかに高い数値だ。直径が1440キロあるイアペタスの大部分は、氷で占められている。しかし、自転周期がわずか79日なので、赤道部分に強大な遠心力がかかるとは思えない。

　ちなみに、ミマスやエンケラドゥスといった他の土星の衛星も、大部分を氷に覆われている。しかもこれらは、かなり小さいにもかかわらず、完全な球体をしている。

　ならばなぜ、イアペタスだけが完全な球体ではないのか？　急速に冷えて固まったという理由だけなのだろうか？

衛星を二等分する赤道の「万里の長城」

イアペタスはそれ以外にも、奇妙で異様な構造を持っている。

　衛星のカラー写真では、3つの異なるカラーフィルター（紫外線、緑、赤外線フィルター）で撮影が行われ、最終的にひとつの画像にまとめられるのだが、その結果、イアペタスは両極が白く、中心部が暗褐色というコントラストがはっきりとした衛星であることがわかったのだ。しかも、まるで赤道をなぞるように、高さ19キロもある壁のような突起構造が認められるのだ。

　NASAもこの突起構造について

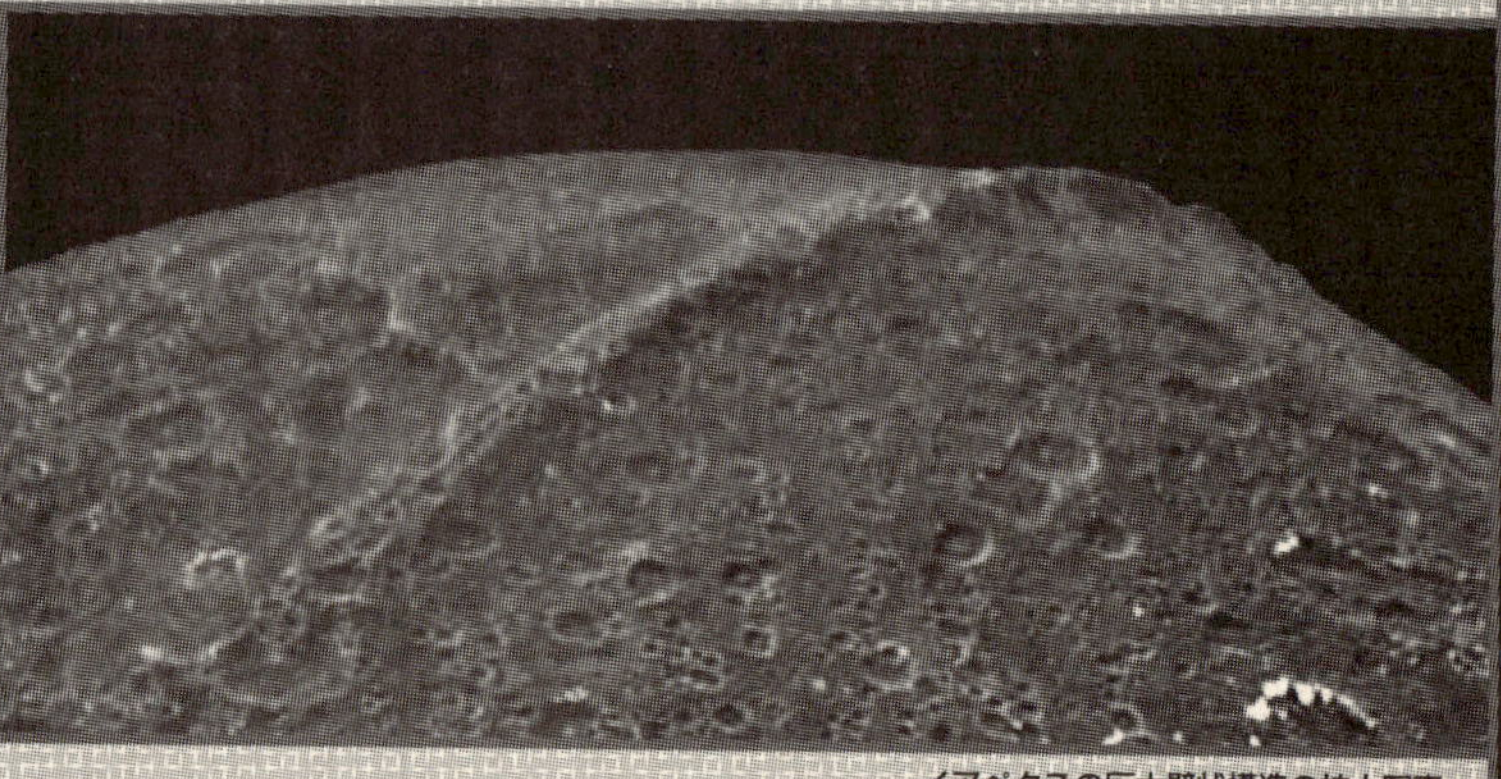

イアペタスの巨大壁状構造の拡大写真。

真円と比較したイアペタス。微妙にゆがんでいる。

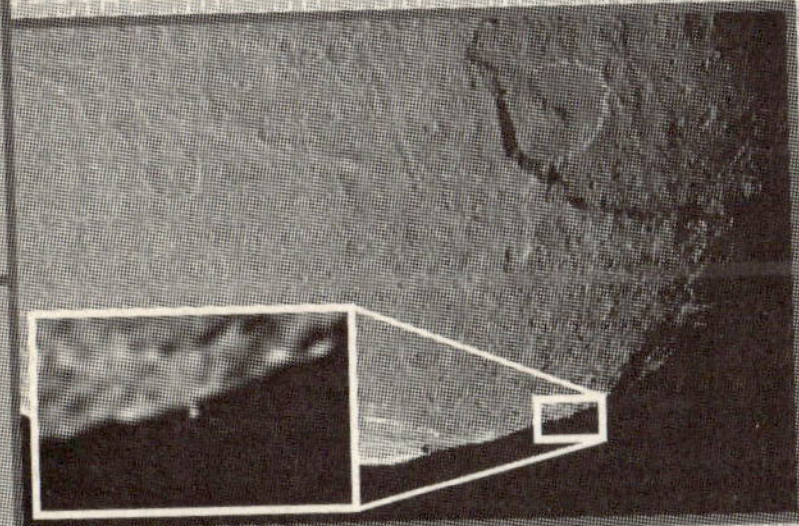
南側の地平線にある、塔のような超高層構造物。

は、「太陽系のいかなる衛星にも見ることができない変わった特徴」と形容しているほど奇妙なもので、長さ1300キロ近くにわたって連なり、イアペタスを二等分する境界線のようにも見てとれる。

「境界線」と表現したのは、あながち的外れではない。なぜなら1980年代には、イアペタスの反射能係数（反射光と入射光の比）があまりにも極端な数値になるため、「人工的な手法で光っているのではないか」という論議が巻き起こったのだ。

実際、NASAのドナルド・ゴールドスミスとトビアス・オーウェンは、『宇宙空間における知的生命体の探索』という本のなかで、次のように記している。

「このきわめて珍しい衛星は、太陽系内すべての天体において唯一、地球外知的生命体によって設置された道標である可能性がある。天体としてはごく自然な形で生まれたものの、高度な文明の技術力によって意図的に性質を変えられたのかもしれない」

なんと、NASAの両巨頭ともいうべき人物が、イアペタスに「地球外知的生命体の関与があった可能性」を論じているのだ。この発言の根底に、例の巨大な壁の存在があることはいうまでもないだろう。それほどこれは、人工構造物のにおいがする。

そもそも自然界で形成されたものは、直線構造になりにくいという定説がある。つまり、イアペタスの壁状構造は自然に形成されたものではない、ということになる。ましてや、赤道上をなぞるように連なる防御線のような構造には、明らかにひとつの規則的性質が見てとれるのだ。

実はわれわれは、地球上でこれに

よく似たものを知っている。そう、まさにこれは「超万里の長城」とでもいうべき存在なのである！

地表から内部に続く謎の層状構造とは

さらに驚くべきことがある。カッシーニの探索データから、イアペタスには他にも人工的な建造物が多数存在していることがわかったのだ。「超万里の長城」から1000キロほど北には、直線で囲まれた構造物がある。これは、イアペタスの明るい面の白い部分と茶色い部分の境界線あたりに位置するが、各辺はそれぞれ正確に東西南北に向いている。

拡大してみると、きちんとした計算をもとに組み立てられたものであることがわかる。というのも、一辺の長さが決められた、隣接する壁との角度が直角になった部屋状の構造が、びっしりと並んでいるからだ。

イアペタスの表面に点在する四角い穴も奇妙だ。部分的に拡大すると、同じ構造が何層にも折り重なっているような印象を受ける。つまり、地表に空いた四角い穴が、地下に向かって階層的に重なった構造に見えるのだ。また、氷冠の部分には、先のとがった建造物が規則的に並んでいることも判明している。

そんななかで特に奇妙なのが、2004年12月26日に撮影された北極の画像だ。なんとそこには、超高層構造物らしきものが存在しているのだ。さらに、南側の地平線に目を転じると、1600メートル以上もの高さの、塔のような物体を確認できる。これにはワッフルを思わせる幾何学的模様があり、非自然的要素＝人工物の可能性はさらに高まるのだ。

そしてもうひとつ、惑星といえばつきものの、クレーターの特徴も、

イアペタスの幾何学的構造物の数々。

いかにも人工的な様相を呈している。なにしろ円形というより、六角形をしているのである。しかも、直径384キロの六角形のなかには小さな六角形のクレーターが組み込まれていたり、そのすぐ隣に六角形のクレーターが配置されていたりと、まさに六角形の連続体となっている。

また、六角形の内部は長さが19キロもの急斜面になっており、表面には等間隔に配置されたノコギリの歯のような構造が見える。そして斜面の麓に広がる平地には、地表から90度に突き出た構造物が、やはり等間隔で並んでいるのだ。

これはまるで六角形の要塞、あるいは巨大な迷路ではないか！

同じような規模の構造は、イアペタスの表面に、少なくとも数個は存在するようだ。北西側斜面にも特徴的な構造があり、拡大すると、高度に幾何学的な性質をもつ構造であることがわかる。

と、並べていけばきりがないのだが、どうやらこうした幾何学模様の組み合わせは、イアペタスの〝基本設計〟を貫く重要なコンセプトになっているようなのである。

たとえば、小盆地に特定の角度から光が当たると、直線の組み合わせで構成される幾何学模様が浮かび上がってくる。建築現場でよく見るコンクリートの補強用鉄筋のように、しっかりと組み合わされた構造が出現するのだ。

ホーグランドは、こうしたイアペタスの構造を「バックミンスター・フラーが設計したジオデシック・ドームと酷似した構造」と指摘する。

確かに、お互いを支えあうような仕組みのこのブロック構造は、無数の小さな三角形がお互いを支えながらつながり、より強靭な構造物になるという、ジオデシック・ドームの原理と酷似している。

ならば、イアペタスとは、いったい何なのか。かつてNASAの首脳が示唆したように、超高度に発達した地球外文明の痕跡なのだろうか？

バックミンスター・フラーと、彼が考案したジオデシック・ドーム。

常識的に考えれば、土星の惑星という環境条件で、知的生物が存在できた可能性はきわめて低いはずだ。

だが――もしもその知的生物が、イアペタスの地表を活動の場としていなかったら？「超万里の長城」を造った存在が何であれ、彼らの生活圏が外側でなく、衛星の内部だったとしたらどうだろうか？

つまり、イアペタスそのものが、巨大な人工天体である可能性も浮かび上がってくるのだ。

衛星イアペタスは巨大な人工天体だ！

カッシーニが撮影したイアペタスの画像のなかに、土星の反射光に照らされたものがある。非常に興味深い写真で、地平線を拡大すると、衛星自体が無数の短い直線の連続によって構成されていることがわかる。

そこからホーグランドは、次のように推測する。

「イアペタスの地表は、少なくとも6つの、長さ数百キロにおよぶ〝側面部品〟が組み合わされる形で造られているのかもしれない」

にわかには信じがたいが、この画像に関するNASAからの公式コメントは以下の通りだ。

「この画像はイアペタスの光が当たっていない部分を中心として撮影されたものだが、カッシーニは移動しながら撮影を行ったため、光が当たって明るく写っている部分に関しても画像のぼけはほとんどないはずだ」

つまり、この画像に「見たままの姿が写っている」ことを認めているわけだ。したがって直線的な地表のラインも「見たまま」であり、ホーグランドの指摘も写真処理の問題だと片づけるわけにはいかない。

そこで、2004年10月20日と22日に撮影された画像を比較してみると、土星の反射光に照らされている部分の面積自体がかなり変化していることがわかる。

前述のように、自転は土星と同調して回っているので、向き合っている面は常に同じだ。それなのに明るい部分の大きさに変化が出るということは、イアペタスの表面に変化が

イアペタスの地平線の拡大写真。
直線の連続で形成されている。

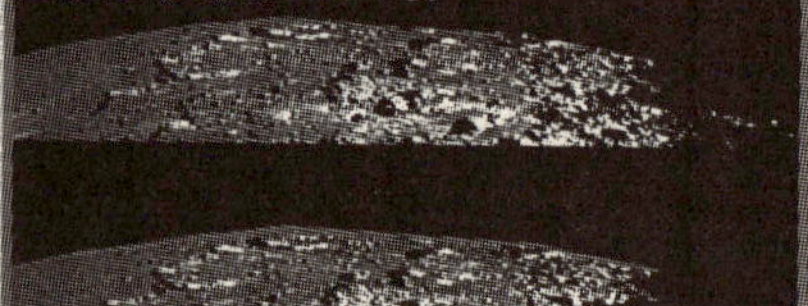

起きているとしか考えられない。しかもその変化は、二次元的（平面的）ではなく、三次元的（立体的）な形で起きている可能性が大なのである。

　ホーグランドは、昔読んだSF小説の表紙のイラストを引き合いに出して、こう説く。

「H・G・ウェルズが著した『月世界旅行』（1901年）の表紙に描かれた多角形の立体は、プラトン立体（正四面体、正六面体、正八面体、正十二面体、正二十面体の5つの正多面体）のひとつであり、完全な球体のなかに納まるという性質を有する。正十二面体に真上から光を当てると、下にできる影の形は十角形になる。イアペタスの土星を向いている面にも論理的には同じことがいえる」

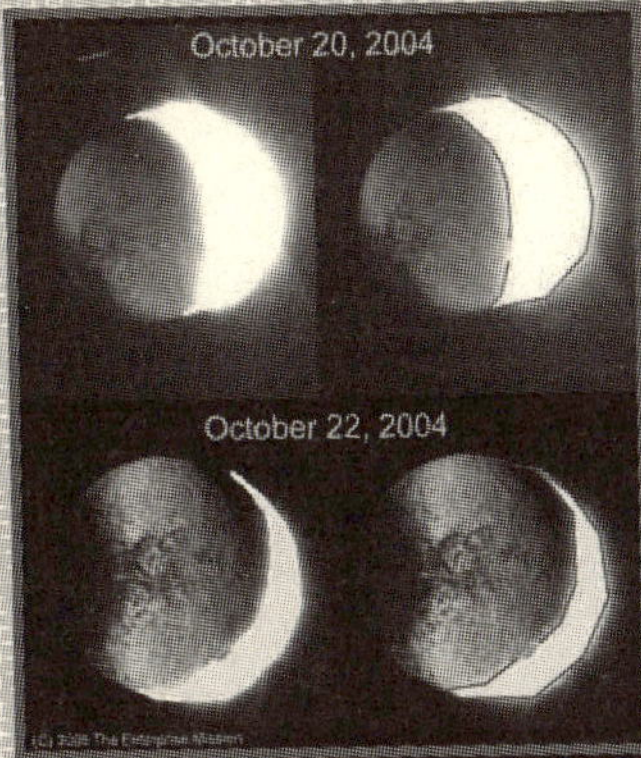

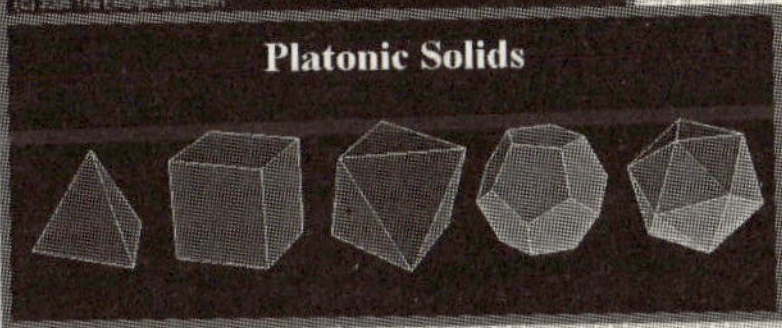

土星の反射光に照らされた輪郭の変化。下は5つのプラトン立体。

　イアペタスが巨大な人工天体だったなら、ホーグランドが主張するように、もともとの姿は正十二面体だったのかもしれない。

　実際、正十二面体のなかにイアペタスを納め、4つの頂点を選び、正四面体を作ってみると、暗黒の楕円盆地の東西の頂点と正四面体のふたつの頂点がぴったり一致する。まさにこれは、イアペタスがプラトン立体の概念を基本として設計されたことを示唆しているかもしれないのだ。

　もしもイアペタスのもとの姿が、さらに複雑な多面体だったとしても、長い年月の間に何百万という単位の微小隕石が激突し、文字通り「角が取れ」たということも考えられる。

　こうした過程をへて、球体に限りなく近づいた可能性も否定はできないのだ。

　だが――NASAとJPLには、まだ明らかにされていないデータが存在すると、ホーグランドは主張している。はたしてそれは、いったい何なのだろうか？

イアペタスは生命誕生の鍵を握る

SPACE Mystery 2 後編

ノアの箱舟か、破壊兵器か?

人工天体説を裏付けるイアペタスの軌道

イアペタスについての、もうひとつのデータ――それが軌道だ。

土星の衛星は、直径400キロのミマスから直径5120キロのタイタンまで、大小すべてが土星の赤道と平行する環に沿って広がる周回軌道上を移動している。ところが、イアペタスの軌道だけは、他と比べて15度も傾いているのである。

にもかかわらずイアペタスの軌道は驚くほど真円に近い。離心率はわずか0・0283という微小な数字でしかない。ちなみに、月の軌道の離心率は0・0549。イアペタスの離心率と比べると倍近くにもなる。

それだけではない。なんとも驚くべき数字がある。

今、筆者は、イアペタスの軌道の傾斜角度は15度だと書いたが、その軌道は一番遠い場所では土星から320万キロも離れる。この距離はちょうど、土星の半径の60倍にあたる。

そこで、この両者の数字をかけてみると、15×60＝900になる。イアペタスの直径は、ジャスト900マイル(約1448キロ)なのだ。

このように、イアペタスの大きさ、土星からの距離、そして軌道の傾斜角度、それらすべての数字が、密接に関係しあっている。しかも、ひとつひとつの数字には意味が盛り込まれている。これをもって、たまたま多くの数学的偶然が重なっただけだとは、だれにも考えられないだろう。

「だから、イアペタスは明らかな意図をもってデザインされた、〝巨大な人工天体〟なのだ」

そうホーグランドはいう。そして彼は、イアペタスの建造法についてまで言及する。

「イアペタスは、カーボン・ナノチューブを組み合わせた直径1440キロのバッキーボール(C60＝60元素からなるサッカーボール状の炭素分子)なのではないか。

イアペタスの究極の目的は、メッセージボードとして機能さあせることである。バッキーボールは正五角形の集合体だ。正五角形は火星のシドニア地区にある、D&Mピラミッドの形でもある。

レオナルド・ダ・ヴィンチの『ウィトルウィウス的人体図』は、D&Mピラミッドにぴたりと重なる絵柄である。正五角形は火星と生命の象徴のような図形だ、といえる。

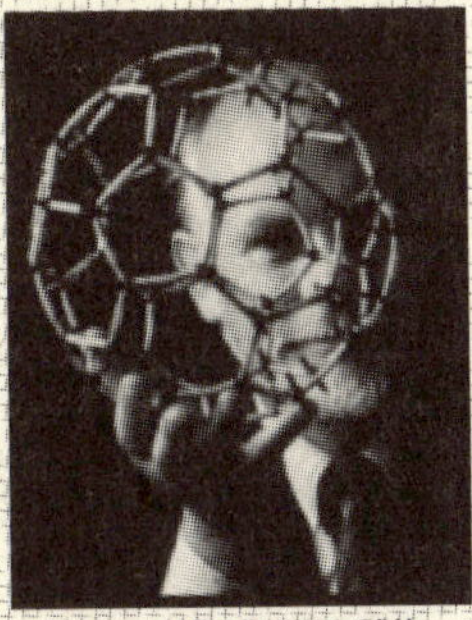
ナノチューブで作られた球体。イアペタスの基本構造もこうなっているのか？

巨大人工衛星であるイアペタスは、正五角形がもつ象徴性を最大限にまで表現する道標としても機能していた。形状から軌道の傾斜角、土星からの距離、そして構造に込められた数的な要素を考えれば、イアペタスが人工の物体であることは否定しようがない」

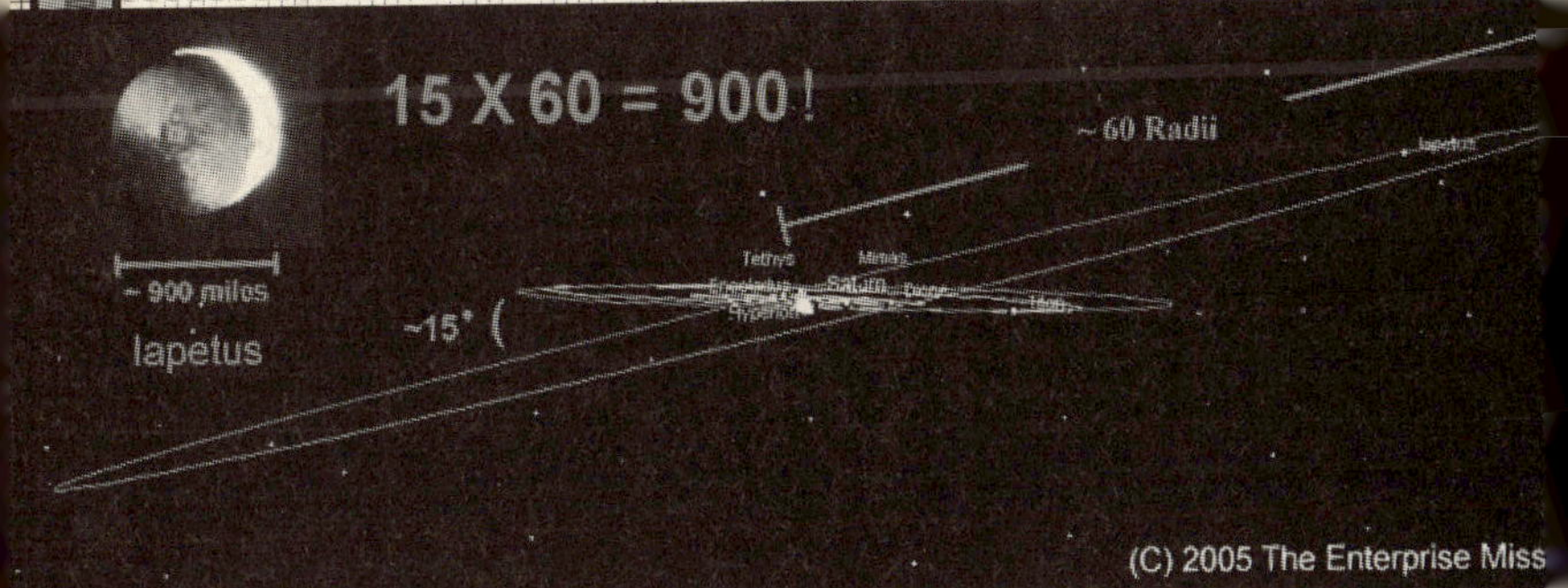

イアペタスの軌道だけ角度が15度もずれ、しかも直径が桁外れに大きい。

なるほど、確かにホーグランドが指摘したように、イアペタスの表面には、正五角形や正六角形の模様が点在している。これはまさに、イアペタスが巨大なバッキーボールである可能性示唆する重要な要素なのだ。

そしてもうひとつのキーワード、カーボン・ナノチューブ技術。

「サイエンティフィック・アメリカン」誌2005年2月号では、そのナノチューブの副産物について触れられている。

「ナノチューブには、大量の煤《すす》が含まれている。この煤の5パーセントは鉄分で、ナノチューブが使われる無塵室にとっては大敵となる。ナノチューブは実用化された瞬間から鉄分でできた煤をどれだけ減らすかが命題となった」

これは、注目すべき記述といっていい。なぜなら、カッシーニのVIMSプロジェクトチームによって明らかになった事実のひとつに、イアペタスには、鉄分を多く含んだ煤が

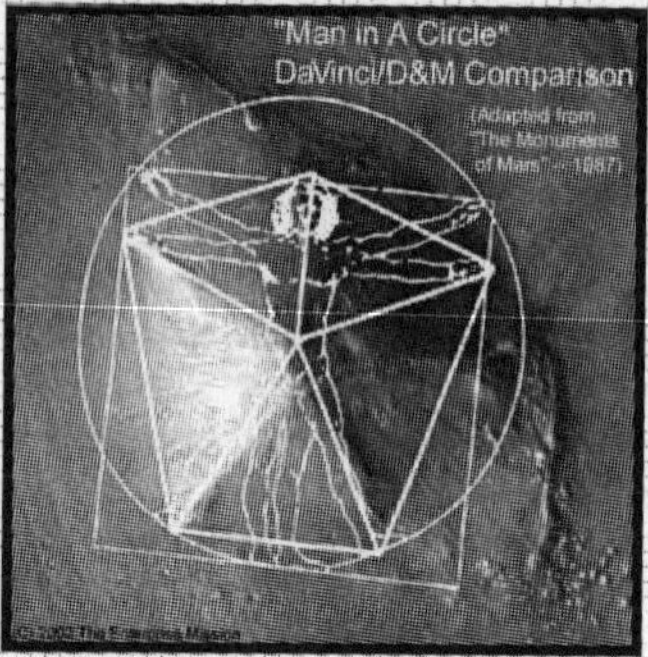

D&Mピラミッドとダ・ヴィンチ図形を重ねたもの。この基本構造がイアペタスにも見てとれる。

存在するということがあるからだ。

その鉄分の煤は、ナノチューブの生成過程で大量に出る……。

それだけではない。軍事利用においては、鉄分を含んだ煤で、意図的に皮膜をかける場合がある。ステルスなどの特殊な戦闘機が、レーダーをかいくぐるためだ。

そう、イアペタスはナノチューブの煤によって、コーティングされていた可能性もある――。

五角形ピラミッドと火星のつながり

さて、そうだとすれば、イアペタスが「造られた」理由とはいったい何なのだろう？　ホーグランドは、次のように説いている。

「太陽系における幾何学的構造と、数学的に見て精緻な配置……何か思い当たらないだろうか？

そう、イアペタスには、火星のシドニア地区と同じメッセージが込められているのである。たとえば、もっとも遠い距離が土星の半径60倍というイアペタスの周回軌道を、その傾斜角度15度で割ると、今度は4になる。そして太陽系〝第4惑星〟といえば――火星！

つまり、イアペタスは、タイムカプセルとして機能している。そこに盛り込まれているのは、〝太陽系ですべてが始まり、文明が生まれた場所は火星である〟というメッセージだ。イアペタスこそ、実在する火星年代記なのだ」

なんと、ホーグランドは、イアペタスを創った存在についての答えは、火星に隠されているというのである。

確かに、火星には正五角形の謎のピラミッドがあった。そのシドニア地区には、文明の痕跡も見られる。

ヴァン・フランダーン博士は、太陽系の歴史は破壊の歴史であると説き、火星と木星の間にある小惑星帯は、かつて存在した巨大惑星のなれのはてだという仮説を提唱している。

ちなみに『聖書』では、その星を「ラハブ」と記しているが、問題はそれが、歴史的事実だった場合だ。

いかに高度に進んだテクノロジーをもってしても全太陽系規模で起こる破壊が避けられないとしたら、そしてその大災害が火星系で起きたとしたら……そこに住む知的生命体は最大限有効な避難方法を考えだしたはずだ。

真っ先に考えられるのは、巨大な宇宙船を建造し、他の惑星へ逃げることだろう。そしてもうひとつ、あまりに壮大といえば壮大だが、できるだけ多くの固体を一度に避難させるために、近隣に巨大な衛星を丸ごとひとつ造ってしまう可能性もある……。ここで、ホーグランドの推理は、一気に躍《おど》る。

「イアペタスは、火星の先住民によって造られた〝惑星間のノアの箱船〟だったかもしれない。みずからのルーツが火星にあることを示すため、イアペタスの軌道には数字の4が隠されていたのだ」

ちなみに、ひとつの惑星やその衛星が爆発すると、局地的な災害ではすまない。何百万という数の破片が全太陽系に飛び散り、他の天体にまで雨あられと降り注ぐからだ。

これらをふまえてホーグランドは、イアペタスは、本来、直線構造が組み合わされて、ごつごつした外見をしていたと説く。だが、長期にわたる流星や隕石の激突によって角が削

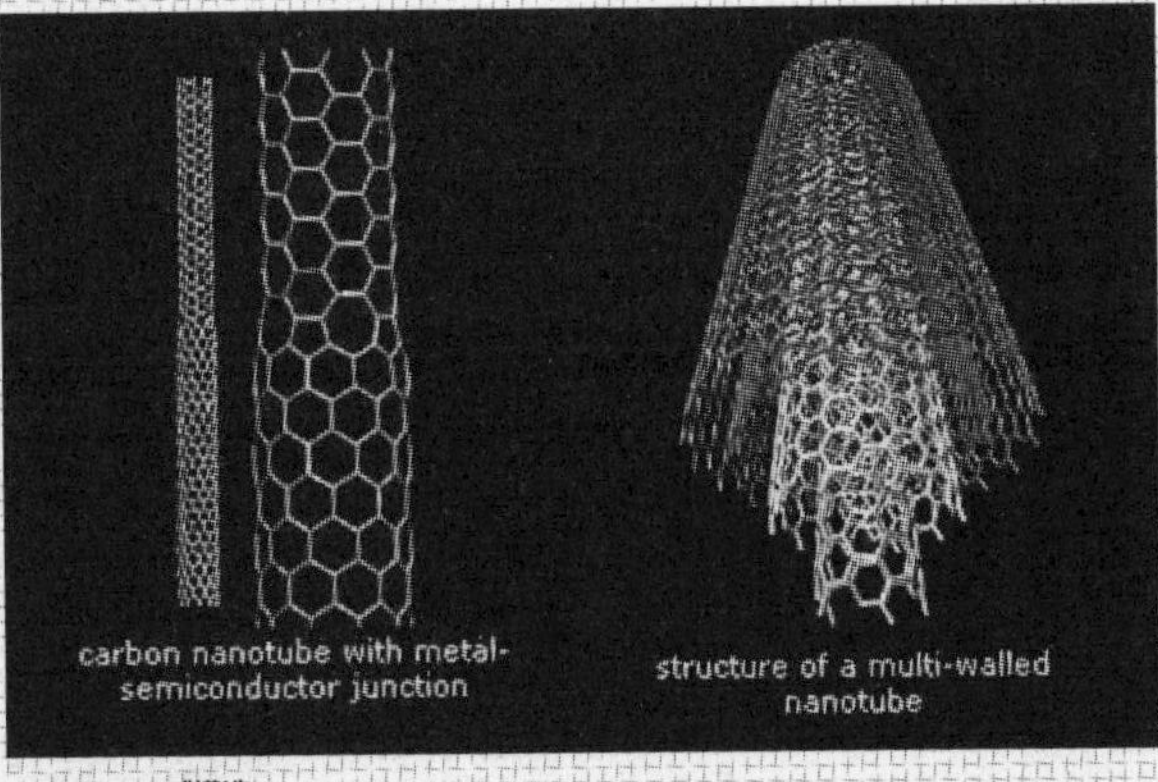

ナノチューブ構造。

られ、現在のような姿になったのではないかと主張しているのだ。つまり今、地表上に顕になっている謎の幾何学構造は、もともとは地表上にあったものが、表面が削られてむきだしになった状態だというのである。

ノアの箱船か？巨大な宇宙戦艦か？

だが、イアペタスが人工天体だったとすると、〝ノアの箱船〟以外に、もうひとつの可能性も考えられる。

それは、ステルス技術がいかされた〝見えない鎧〟をまとった、巨大戦艦である。

これは、ノアの箱船説の180度逆である。すなわち、イアペタス自体、超巨大な破壊兵器として製造された〝天空の大破壊〟の主人公だったかもしれないのである。

その場合、小惑星の爆発——それに、今も地球各地の神話に残る太古に起きたとされる神々の戦い——の中心にあったのは、この巨大戦艦イアペタスだったのではないだろうか。

ステルス戦闘機F117。

これは誇張でもなんでもない。イアペタスは真の意味で『スター・ウォーズ』のデス・スターだった可能性が高いのだ。すなわち、イアペタスの建造目的は、ずばり、太陽系の破壊だったということである。

だがこの戦いでは、イアペタス自身もかなりの損傷をこうむった。本来の運航機能が失われ、土星系で座礁してしまったのだ。そして、そのまま土星の引力につかまり、現在まで他の衛星とは異なる軌道を描いている、というシナリオである。

あまりに荒唐無稽に思えるかもしれないが、あながちそうともいえない。なぜなら、それを裏付ける「証拠」が存在するからだ。

ホーグランドはここで、第3のシナリオを描いている。

イアペタスの本来の姿はデススターそのものだ。

それはマイケル・クレモとリチャード・トンプソンが著した『禁断の考古学』で言及されている、南アフリカで出土した「表面に溝が刻み込まれた球体」を引き合いに出した大胆な仮説だ。

この球体は、完全に平行な3本の線が中央部分に刻まれており、鉄でも傷がつかないほどの硬度をもっているのだが、問題はこれが出土した地層が28億年前に堆積したものだということなのだ。

もちろんそんな時代には、地球上に知的生命体など存在しない。すなわちこれは、完全なる場違いな遺物＝オーパーツなのである。

だが、驚くべきはこれからだ。なんと、ホーグランドは「この球体の外見は、驚くほどイアペタスに似ている。壁状構造が溝になっているだけで、まったく同じ場所にクレーターのようなくぼみまで再現されている」と指摘するのである！

234ページの写真をよく見比べていただきたい。確かに両者はそっくりだ、まるでミニチュアモデルのようでさえある。

では、もしもこれがイアペタスのミニチュアだとしたら……太古の地球の歴史と、いったいどのようにかかわってくるというのか？

ホーグランドは、こう推理を展開する。

「地球の歴史上、もっとも長い間、知的生物でありつづけたのは、藻類である。そして、あるとき突然、爆発的な進化が始まった。〝進化のビッグバン〟だ。イアペタスと酷似した遺物が発見された地層は、28億年前という気の遠くなるような昔だ。

だが、遺物が発見された地層の古さと、進化のビッグバンをつなげるものがひとつだけある。それがイアペタスだ。そう、イアペタスは太古の地球にやってきて、生命の種を蒔いていったのかもしれない」

生命をもたらした アフリカの謎の球体

ホーグランドによれば、地球における進化のビッグバンは、28億年前、イアペタスによって「生命の種」が蒔かれたことで始まったわけである。

と同時に彼は、イアペタスそのものが実際には兵器ではなく、巨大バイオスフィアだった可能性も考えるべきだという。

生物はみずからの成育に適した環境に出会うと、爆発的に繁栄を始める。逆に環境が適していない場合、ときには環境そのものを作り変え、あるいは最初から造りださなければならなくなる。

もちろん、それは簡単に実現できるものではなく、だからこそ進化には膨大な時間が必要とされるのだ。

しかし、それもイアペタスのような巨大人工天体を建造できるような文明があるのなら、むしろ簡単なことかもしれない。

実はアフリカのこの奇妙な球体遺物は、複数個見つかっている。なかには、内部に海綿状の物体と木炭状の物質が入っているものもあった。

球体を「硬い容器」と見ると、遺物の第一の目的が、内容物の保存だったことは十分に考えられる。しかも、なかに大切に入れられていたのは、

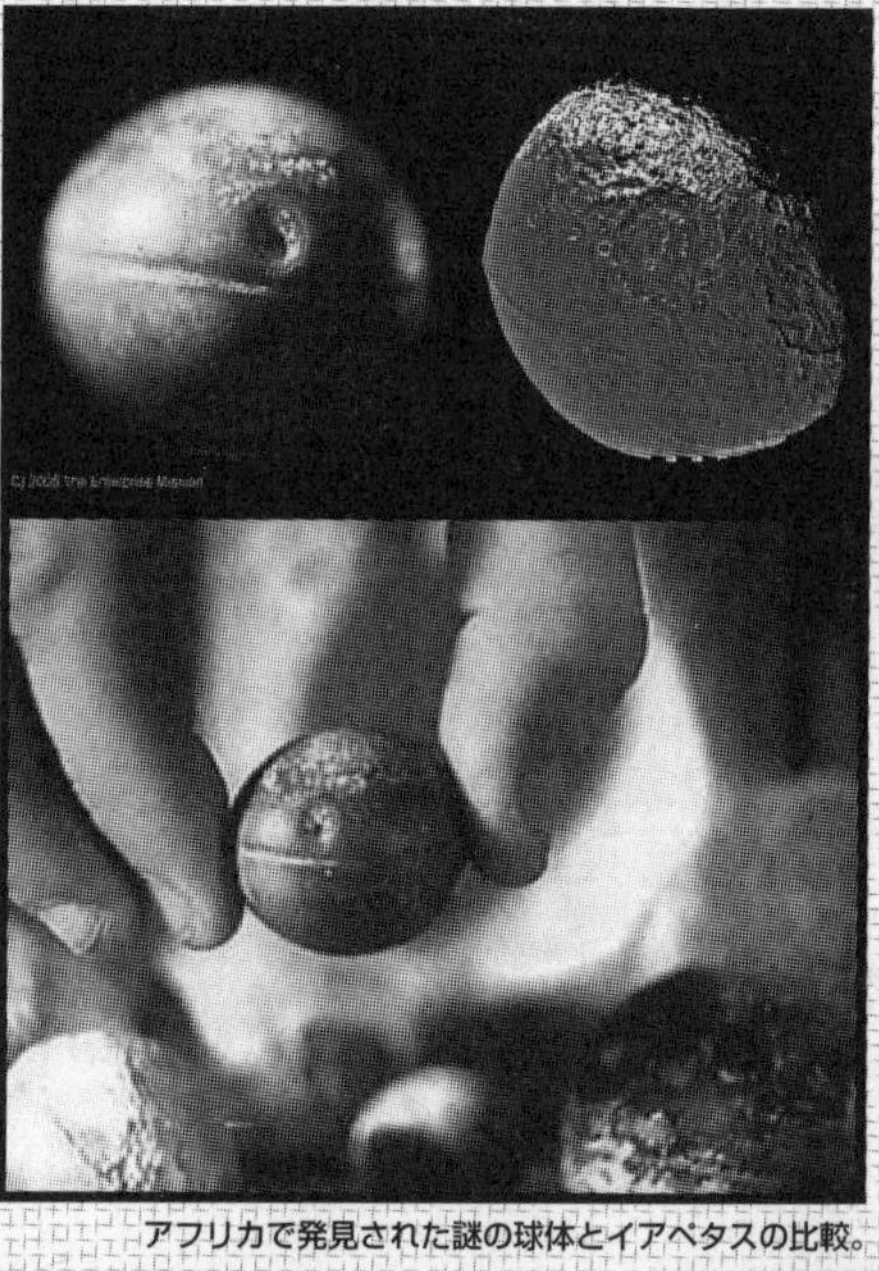

アフリカで発見された謎の球体とイアペタスの比較。

生命のもととなる「有機物質」なのではないか。もしかするとこれこそ、地球における生命の〝種〟だったのではないだろうか。

ホーグランドはいう。

「イアペタスをバイオスフィアとして、生命の種を銀河系に播く計画をもった古代宇宙の知的生命体が存在した可能性を、この遺物に見ることができる」

現代科学において、生命の発生はいまだ深い謎に包まれている。そんななか、1973年に、ノーベル医学賞受賞者の分子生物学者フランシス・クリックとレスリー・オーゲルが『管理型パンスペルミア説』という論文を発表した。地球に生命が誕生したのは、何者かによる意図的な胚種の頒布がきっかけとなったとする理論モデルである。

宇宙船を建造するだけの技術力をもった先進文明が存在していれば、地球の生物は自発的に生まれたのではなく、別の場所から運ばれてきて発達・進化した可能性があるという。

そう、謎の球体は、このときに地球上に蒔かれた「生命の種」かもしれないのだ。だとすれば、人類発祥の地がなぜアフリカなのかという疑問にも、答えることができる。

地球の生命は、イアペタスをバイオスフィアとして使っていた存在によってもたらされたのである。アフリカの遺物は、彼らの意思であり、みずからの行動を記した証拠、アリバイなのだ。

それにしてもイアペタスが、人工天体だったとしたら、そこにはどんなテクノロジーが駆使されていたのだろうか?

ホーグランドは、アインシュタインが唱えた統一場理論が母体となっているのではないか、と考えているようだ。ひとことでいえば、衛星まるまる1個ほどの大きさがある、反重力システムだというのである。

こうした推進システムならば、広大な宇宙空間内でも移動はきわめて簡単になる。そしてその場合、あの〝巨大壁状構造＝超万里の長城〟は、反重力システムの屋台骨となるコイルの集合体なのだと、ホーグランドは指摘する。

はたしてイアペタスは、われわれ地球人のルーツなのか？　まさに、謎とロマンの世界である。

その後、2007年にカッシーニはイアペタスへ最接近をはたしたが、壁状構造に関する新たな証拠は闇に覆われたままだ。

SPACE Mystery 3

探査機パイオニア減速の謎

ニュートン力学を覆す未知の力が原因?

史上最速の探査船パイオニア

１９７２年３月に打ち上げられたパイオニア10号、１９７３年４月に打ち上げられたパイオニア11号は、人類史上初めて太陽系の巨大ガス惑星・木星と土星に接近し、木星の磁場、放射能帯、オーロラなどを観測したほか、木星と土星で新衛星やリングを発見するなどの成果をあげた。

そして2機の探査体は、巨大惑星の近傍をスイング・バイすることでスピードをあげ、太陽の引力を振り切って恒星間宇宙に飛び出す最初の宇宙船となったのだ。

やがて搭載電源も尽き、データ収集と解析の予算もないことから、パイオニア10号の公式ミッションは97年3月に打ち切られた。11号は95年9月にミッションを終了している。

パイオニア探査体のミッションは当初、21か月で終了することになっていたから、予想外に観測装置と電源が長持ちしたことになる。

だが、公式の任務が終了した後も、わずかに残った電力を使って、パイオニアはデータ通信の実験用に使用されていた。そして10号は２００３年1月の通信を最後に、地球からの呼びかけにも応答せず、いよいよ最後の通信となったのだ。

現在、パイオニア10号は太陽に対して秒速12・2キロでおうし座のアルデバラン方面へ、パイオニア11号は秒速11・6キロでわし座のアルタイル方面へ向かいつつある。

ちなみに、これらの探査体に、カール・セーガンの考案により、地球人の男女の姿、太陽系の天体の配列などを記した銘板が積まれていたことは有名な話だが、それが次の星系に達するまでは、少なくとも２００万年はかかるとされている。

ともあれ、こうしてパイオニア探査体はわれわれに与えられるだけの情報をすべて与え、完全にその任務を果たし終えたはずだった。

海王星軌道にのったパイオニア10号の想像画。

ところが——今になってこれらの探査体が、ある奇妙な事実を伝えてきたのだ。しかも、あらゆる太陽系のデータを無にし、現代物理学の枠組みの再構築さえ迫るかもしれない驚愕の事実を！

突然始まった謎の減速

端的にいえば、これらの探査体は現在、未知の力によって太陽の方角に引っ張られ、コンスタントに速度が落ちてきている。つまり万有引力（重力）とは別の、もうひとつの謎の力が機体に働いているらしいのだ。

最初にこの事実が浮上したのは、1998年7月のことだった。ミッション終了後のパイオニア10号からの電波に微妙な変調が現れたのだ。

いわゆるドップラー効果と呼ばれるもを利用すれば、わずかな波長の変化によって、発信源が観測者に対してどのように速度を変化させているかを知ることができる。

パイオニア10号、11号打ち上げ時から計画を推進してきたNASAのジェット推進研究所では、冥王星の軌道を超えてもなおパイオニア10号の電波を追跡していた。

宇宙船の軌道速度は、厳密に計算することができる。そして、そのころまでに、パイオニア10号からの電波は微弱ながらはっきりとドップラー効果が現れ、宇宙船の速度が変化していることが観測されていたのだ。

ただしこれは、太陽からの放射圧によるものと考えられていた。太陽からは、常時強い光と大量の荷電粒子が放射されている。この圧力はけっこうばかにならず、太陽から遠く離れた場所でも決してゼロになるわ

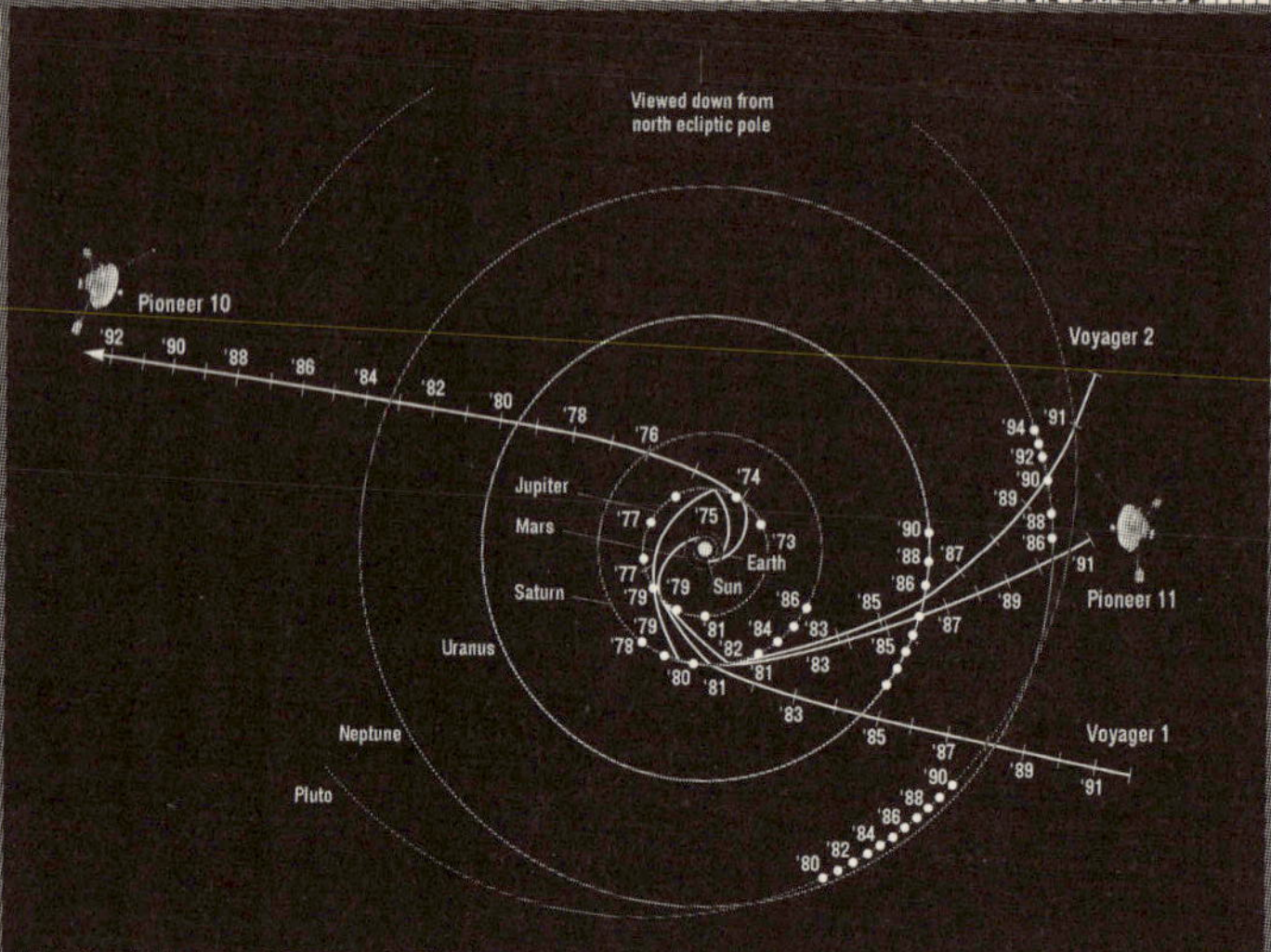

パイオニア10号と11号の最終的な進行方向。

けではない。

ところが、奇妙なことが起こった。なんとパイオニア10号は、太陽放射圧とは反対方向に減速されている疑いが出てきたのである。これには、パイオニア10号の自転や地球上のアンテナと宇宙船との間の周年的な（地球の運動による）距離変化などもあり、本当の速度変化がなかなかつかみにくいという事情もあった。

それを除去する解析プログラムもかなり複雑で、しかもそのプログラムにミスが含まれていたことまで98年に判明している。

だが、たとえそれらすべてを加味したとしても、やはり宇宙船が減速しているとわかったとき、研究者たちは色めきたった。

冥王星の外側に存在するかもしれないと考えられてきた、太陽系第10番惑星（惑星X）の引力のせいではないか、と考えたからである！

太陽系がもつ「第2の重力」？

ところが——まもなくそこに新たな謎が加わることになった。

パイオニア10号と同様、11号も公式ミッション終了後は遠距離通信の実験台として余生を過ごしていたが、こちらでも減速が見られることが判明したのである。パイオニア10号と

11号は、ほぼ宇宙の正反対方向へ遠ざかりつつある。もし、10号に新惑星の引力の影響が見られるとしたら、同じ力が11号に及ぶはずがない。

いったい何が宇宙船の足を引っ張っているのだろうか？

確かに、パイオニア10号と11号はまったく同じ設計・性能の探査体である。だから、もしも原因が宇宙船内部の機械的な問題によるものなら、同じ現象が両探査体に起こったとしても不思議ではない。

だが、通信機械回りの故障の可能性、宇宙船の燃料漏れによる減速、構造財に含まれていた放射性同位体からの放射による速度の変化から、「暗黒物質」との摩擦まで、およそ考えつくかぎりの要因が検討され、ひとつ残らず捨て去られたのだ。

そしてすべての可能性が除外されたとき、そこに残ったのは、一番信じがたく、しかし一番単純なものだった——それが第2の重力である。

われわれはこれまで、ニュートン以来の万有引力の法則に関する方程式だけを用いて、月や惑星の運行を記述し、天文現象を予測してきた。

ところが本当の万有引力はわれわれが考えていたものよりもわずかに弱く、実際にはふたつの力の合力をひとつの力として考えていたのかもしれない。いずれにせよ物理学上の根本を揺るがす大問題だ。

パイオニア10号、11号は、たまたまふたつとも同じ推進システム、同じ計測機器を搭載していたためデータを比較することができた。しかし、パイオニア以降に送り出された探査体、ボイジャー1号、2号などの場合、設計はまったく同じではないため、比較のしようがなく、未知の力の検出実験には使えそうもない。

われわれは現在、ただパイオニア10号、11号が与えてくれた針の穴のような小さなのぞき穴から、その向こうに広がる巨大な謎をかいま見ることしかできないのである。

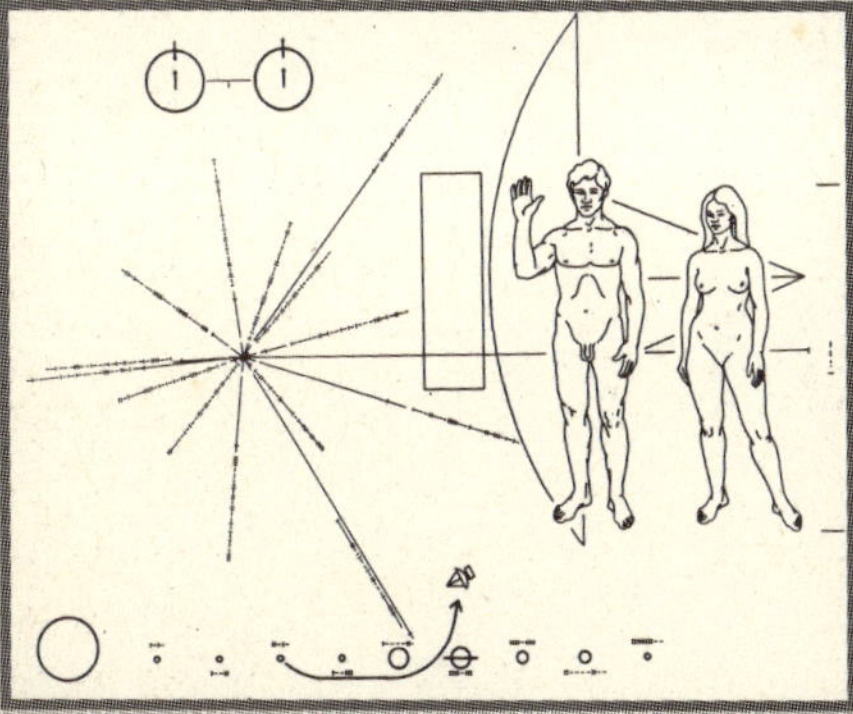

太陽系の天体の配列や人間の姿などを未知の生命体に知らせるための銘板。

SPACE Mystery 4

2012年12月地球は光の雲に突入する!?

フォトン・ベルトの謎

プレアデス星団の超大な電磁帯とは?

1961年、プレアデス星団に黄金色の光に満ちた奇妙な星雲が発見された。星雲は通常、ガスや宇宙塵が集まってできる巨大な雲のようなもので、質量はないに等しい。

ところが、このとき発見された星雲には、本来はない大質量が認められたのである!

この奇妙な星雲は、「ゴールデン・ネビュラ(黄金星雲)」と名づけられたが、この星雲の存在に人々が関心を示すようになるのは、さらに30年も後の20世紀末になってからであった。

ただ、1980年代初頭のアメリカで、「近い将来、太陽系全体が巨大な電磁波の雲と衝突する」という報道が、公共放送を通じて一度だけなされたが、この事実に関するデータは、なぜか、その後いっさい公表されていない。

この黄金星雲、あるいは電磁波の雲とはいったいなんなのか? 実は、これこそが「フォトン・ベルト」と呼ばれ、今、人々の注目を集めているものなのである。その存在については、科学者は明確に否定をしながらも、海外ではニューエイジ系の支持を集めているのだ。本稿は、その後者の情報に基づくものであることをおことわりしておく。

もともと、フォトン・ベルトは、ハレー彗星の発見者として知られるイギリスの高名な天文学者、エドモンド・ハリー卿によって18世紀に発見されたものだが、その後、彼の研究はフレデリック・ベルセル・ポール・ヘッセら、他の天文学者に引き

フォトン・ベルトの存在を予言した天文学者エドモンド・ハリー。

プレアデス星団にドーナツ状に縦にかかる「ゴールデン・ネビュラ」と呼ばれる奇妙な星雲。

継がれていった。

そして1961年、ポール・ヘッセは、人工衛星の観測データをもとにして、プレアデス星団の動き（100年につき約5・5秒の円を描く固有運動をしている）に対して、角度が90度の状態で、その厚みが2000太陽年（759兆8640億マイル）ある、巨大なフォトン・ベルトの存在を発見した、と発表したのである。

さらに1991年、アメリカの天文学者ロバート・スタンレーも、人工衛星の観測データから、プレアデス星団にフォトン・ベルトらしき存在を突き止めたとして「この濃密なフォトンは、われわれの銀河系の中心から発射されている。わが太陽系は、1万1000年ごとに銀河系のこの部分に進入し、それから2000年かけて通過し、そして2万6000年の銀河の軌道を完結させる」と報告している。

そしてついに、1996年12月20日、ハッブル宇宙望遠鏡がペガサス座メンカリナン星の方向を撮影した写真にフォトン・ベルトが写っている、としてインターネット上で公開されたのだ。

銀河の中心で生まれたフォトン・ベルト

フォトンといわれても、それが何かということを、すぐにわかる人はほとんどいないだろう。フォトンとは、反電子(陽電子)と電子が衝突して生まれるもので、最近の量子物理学では、電磁的エネルギーの最小の粒子である素粒子のことを指す。質量はゼロ、その寿命は無限大といわれている。

フォトン・ベルトを構成するのはこのフォトン、つまり光子で、電磁波が粒子の姿をとった状態のことである。では、フォトン・ベルトは、いったいどのようにして生まれたのだろうか。

宇宙空間は、中心から内部へ引っ張る力が働く渦によって均衡を保っている。渦はいくつも重なっており、基本的な構造はバスタブの栓を抜いたときにできる渦巻きと同じだ。

渦には、当然エネルギーが生じているが、このエネルギーによって時空連続体的な軌道が生まれる。

惑星の周囲を回る衛星の軌道、さらには銀河系の中の太陽系の軌道がこれにあたり、小さな渦がより大きな渦の中に含まれる形で、いくつも渦が重なっているという構図になっている。

当然のことながら宇宙全体には太陽系と同じような構造を持つ星系がいくつも存在する。これらがすべて、渦を巻きながら周回しているのだ。

たとえば先に触れた、同じわれわれの銀河系内にある、地球から約400光年離れたプレアデス星団も、みずから周回運動を行っている星系であり、また、プレアデス星団に属する星も、星団の内部でアルシオーネという星を中心として渦を描いている。

銀河の中心核から発生した円柱状の光は、くるくる回転しながら中心核を抜け、銀河自体の自転によってねじれ、幾層もの帯が重なって、ドーナツのような形を形成しているとされる。

この、中心核から発生したドーナツ状の光がフォトン・ベルトとなり、直径が400光年を軽く超えるほどの巨大な光の帯として、アルシオーネ星を取り巻いているのだ。

フォトン・ベルトが発見されたというプレアデス星団。

このフォトン・ベルトは現在、一方の端がペガサス座のメンカリナン星付近に位置しており、もう一方の端が太陽系に近づいているという。

フォトン・ベルトの実際の色は〝淡い青色〟で、「多相カラー分光器」で処理すると、その形を観測することができるという。

地球はこのプレアデス星団を取り巻くフォトン・ベルトに、1万～1万1000年ごとに出会い、2万4000～6000年で、その両端を横切っているのである。

地球はいつフォトン・ベルトに突入する?

1992年、世界中の天文学者たちは、太陽系がこのフォトン・ベルトに突っ込むのは、数か月から1年後であると算出した。しかし、現在では、早ければ2010年ごろだろうといわれている。

フォトン・ベルトはアトランダムな形でブレを起こすので、正確なタイミングを計ることは非常に困難なようだ。そのためそのタイミングに関しては、ほかにも1987～2003年、あるいは2011～2012年といった具合に、さまざまな仮説が唱えられている。

では、実際に太陽系がフォトン・ベルト内に入ったとき、いったい何が起きるのか。そして、人類や他の生物にどのような影響を与えるのだろうか。

研究者の間では、最初にフォトン・ベルトに入るのが地球か太陽かによって、異なる減少が起きると予想されている。もし太陽が先にフォトン・ベルトに入れば、太陽光が地球にまったく届かない日が3～5日続く、という可能性すら指摘されているのだ。

また、地球はかなりの速度でフォトン・ベルトに突入するため、人類は一種の電気ショックのような感覚を体験するともいう。だが、この感覚はごく短時間で終わる。具体的な数字にすれば10分の1秒ほどで、ほとんど危険はないという……。

しかし、高密度の光子が地球を取り巻くヴァン・アレン帯に与える影響は大いに懸念されている。なぜなら、ヴァン・アレン帯に変化が起きると、大気が圧縮されたり、逆に拡散されたりといった現象が起こりうるからだ。

このような現象が起きれば、一瞬のうちに空が明るくなり、裸眼でい

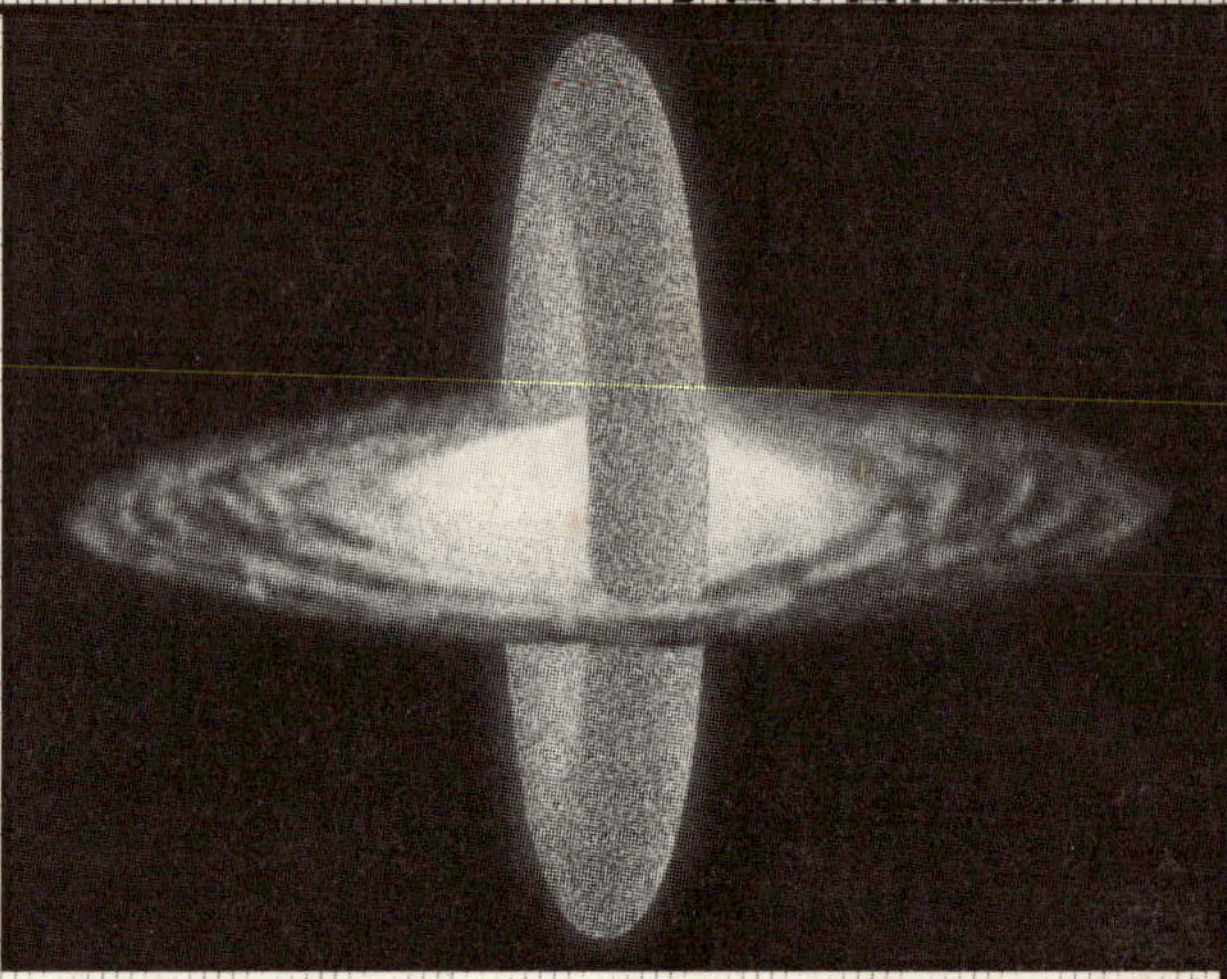

フォトン・ベルトの概念イラスト。中央のアルシオーネ星を中心にいくつかの惑星が公転し。そこに縦になったドーナツ状のフォトン・ベルトがかかっている。

る人々は網膜に無視できないほどの損傷を負う可能性が高い。目も開けていられないほどの閃光は、少なくとも3日間は続くと考えられている。

また、フォトン・ベルト本体は、高密度の電子と陽電子で満たされており、電子と陽電子が衝突するとそれぞれが破壊され、膨大なエネルギーを放出する光子が生まれる。

電流に作用をおよぼすのは陽電子であり、これも電子の流れによって左右される。地球がフォトン・ベルトに包み込まれたとき、極性の逆転＝ポールシフトも、起こりうる現象のひとつとして挙げられている。

さらに、そうした高密度の光子によって、物質の励起（原子や原子核が放射線により高エネルギー化する現象）が誘発され、すべての物質が蛍光発光することになる。しかも、その発光期間はなんと、2000年の長きにわたるというのである！

地球を襲うのは未曾有の大激変か!?

地球は今、フォトン・ベルトに入りつつあるという。

たとえば、太陽の黒点活動が近年に活発化しているのも、その現れだとも考えられる。この太陽の異常活動は、1998年から2001年にかけて始まり、2003年・2005年にピークを迎えている。ということは、フォトン・ベルトの端は、すでに太陽系にかかりかけているのかもしれない。

かつて、地球を大激変が襲ったのは、1万2000年前だという説が、最近になってにわかに注目されはじめている。地球に残る数多くの痕跡が、それを雄弁に語っているからだ。

1万2000年――それは、フォトン・ベルトに太陽系が突入し、そのまっただ中にいる周期と、ぴたりと一致する。

これまで、その原因は異常気象、火山の大噴火、小惑星の激突など、さまざまな説が唱えられてきた。だが、もしフォトン・ベルト突入が真の原因だとしたら、地球は再び大激変に見舞われるかもしれない。

これまでに明らかになった事実を総合的に考えてみると、地球自体が完全にフォトン・ベルトに入るのは2012年以降と思われる。

フォトン・ベルトのサイクルは、太陽系が2億2500万年をかけて銀河を公転するサイクルと同調している。

また、地球の歳差運動のサイクルは2万6000年、その4回分である10万4000年のサイクルが終わりを迎えるのも、2012年なのである。

さらに、ちょうどこのころには、宇宙の膨張が最大限になるともいわれている。

こうした要素ひとつひとつが共鳴しあって、未曾有のエネルギーが生じ、それが大きな変化をもたらす可能性は大いに考えられる。

2012年12月21日でマヤ暦が終わる。アトランティス人の末裔だといわれているマヤ人が、地球終焉の時期を暦に表したのは単なる偶然なのだろうか。どちらにしろ、マヤ人が残した予言とフォトン・ベルトへの突入の時期が一致しているのは、異常に興味深い事実である。

2012年、われわれは大きな試練を迎えるのだろうか?

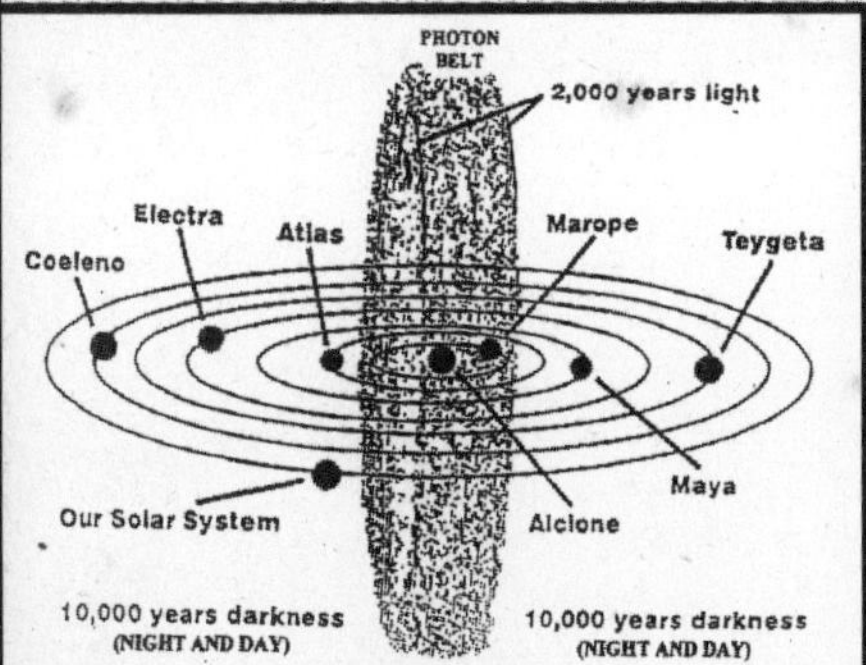

フォトン・ベルトの図解。フォトン・ベルトはまず、オーストラリアをはじめとする海外のニューエイジ系雑誌で話題になった。

SPACE Mystery 5

元宇宙飛行士が政府陰謀を暴露！
「アポロ疑惑」の真相

アポロ計画を巡る数々の疑惑

「アメリカ政府は過去60年近くにわたって異星人の存在を隠蔽してきた。彼らは小さな人々と呼ばれており、われわれ（宇宙飛行士）のうちの何人かは一部の異星人情報について説明を受けた」

衝撃的な爆弾発言をしたのは、1971年、アポロ14号に搭乗して月面に下り立ったエドガー・ミッチェル。2008年7月23日、イギリスの音楽専門ラジオ局のインタビューに応じたミッチェルは、こうコメントしたのである。

アポロ11号、月面を飛び立った着陸船。

2001年2月15日、アメリカのFOXテレビが放映した「陰謀のセオリー～人類は月に着陸したのか？」という番組も、別の意味で世界に衝撃波を走らせた。人類を月に送り込むという壮大な夢を実現した世紀のプロジェクト「アポロ計画」の偉業を真っ向から否定したのだから、世界が驚愕したのも無理はない。

アポロ14号に搭乗した宇宙飛行士のひとり、エドガー・ミッチェル。

同番組はいくつかの疑問を提起したが、多くの人が注目したのは、月面や宇宙飛行士を撮影した写真とムービー映像に関する疑惑だろう。

真空状態で大気がないはずの月面ではためく星条旗ほかの"怪しい"写真や映像は、じつはネバダ州の砂漠（エリア51）やスタジオ内で撮影されたものであり、アポロは月に行っていない、と同番組は結論づけたのである。

その詳細のいくつかは、第3章でご覧いただいた通りだが、この「アポロ計画陰謀論」の説得力は乏しい。

アポロの軌跡は世界中の天文台が逐一追跡した。月の石には地球には存在しない鉱物が含まれていた。月震のデータをはじめ多数の科学的データも得られている。アポロ計画で月面に設置されたレーザー光反射装置も機能している。

それら科学的事実は否定できないし、疑惑の写真や映像についても、良識ある科学者や米航空宇宙局（NASA）のスポークスマンたちが合理的かつ説得力のある反論をしており、人類が月面に降り立ったのはまぎれもない事実と見るべきだろう。

しかし、アポロ計画には別の巨大な疑惑がある。アポロ計画とはそもそも何だったのか。純粋に科学的な月探査を目的としたものだったのか。アメリカの一連の月探査計画にはぬぐいようのない不透明感がつきまとっているのだ。

計画中止でNASAが隠したものとは？

アポロ計画は、1961年5月、

ケネディ大統領による月面着陸宣言によって〝国家最優先計画〟としてスタート。そしてNASAはわずか8年後の1969年7月19日、アポロ11号による月面着陸を成功させた。

すさまじいまでのスピードだ。なぜ、それほど急ぐ必要があったのか。念のために書けば、アポロ計画スタート時、アメリカは地球の周回軌道にすら有人宇宙船を打ち上げてはいなかった。わずか3年前に、ようやく人工衛星の第1号を打ち上げたばかりだったのだ。

しかもアポロ計画に投じた資金は約300億ドル。ちなみにジェミニ計画は13億ドルだから、桁違いの巨費といっていい。ばかりか、ピーク時のNASAの職員数は3万4000人、契約社員数は41万人にものぼった。

不可解な謎はまだある。アポロ計画は17号の打ち上げを最後として、72年12月に突然中止された。アメリカの財政事情の悪化が原因と説明されているが、当初の計画では、17号のあとにまだ10回もの月飛行が予定されていた。しかも18号、19号のロケット代金は支払いずみで、宇宙飛行士の訓練も終え、いつでも打ち上げ可能な状態にあったのだ。

NASAが公表する情報量も異常に少ない。レインジャー計画からアポロ計画の終了時までに撮影された月の写真や映像は約14万枚。が、一般公開されたのは、わずか3・5パーセントの約5000枚でしかない。

さらに、宇宙飛行士と地上の管制センターとの交信記録の重要部分をカットしたり、通信チャンネルを極秘回路に切り替えたり、ディレイ・テープ操作を行ったり、公表した写真を修整したりしたことは、今や公然の秘密だ。

これはいったいどういうことなのか。だれしもが思い浮かべるのは、〝隠蔽工作〟や〝情報操作〟といった言葉だろう。

ひたすら隠す接近遭遇事件

では、NASAがトップシークレットとして、ひたすら隠蔽しなければならない極秘情報とは何なのか。

そのひとつがUFOとの接近遭遇事件であることはいうまでもない。宇宙飛行士たちがほぼ例外なく、宇宙空間を飛行中あるいは月面探査中に謎の未確認飛行物体を目撃していたのだ。数例をあげておこう。

★アポロ8号が飛行中、目もくらむ

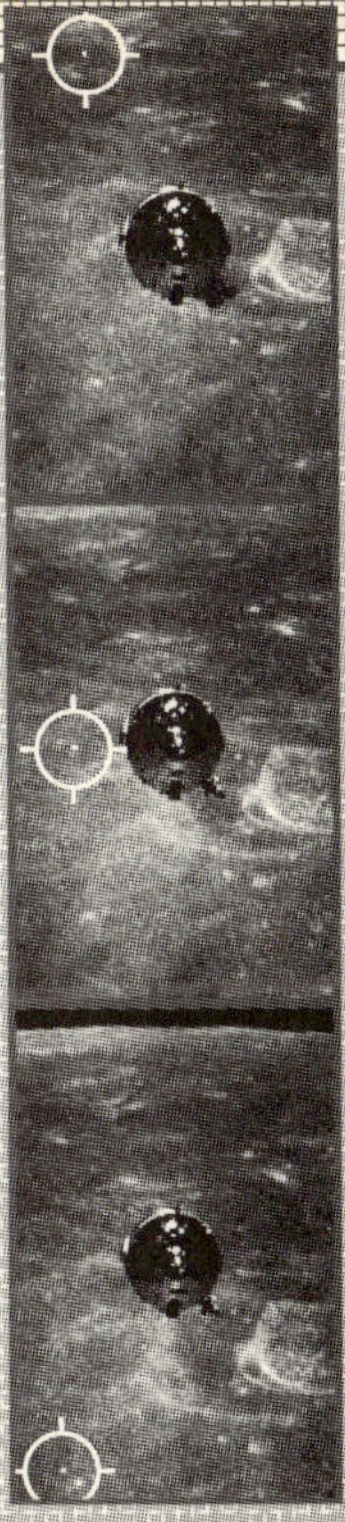
アポロ11号着陸船の至近距離を、猛スピードで通り抜けていくUFO。

ほどの強烈な光を放つ円盤形の飛行物体が数度も大接近した。

★アポロ10号が月の裏側の軌道を周回中、月面上空約32キロを移動していく巨大な飛行物体と遭遇。写真撮影もした。

★アポロ11号が月面で巨大な飛行物体と遭遇。

★アポロ12号が飛行中に3機の未確認飛行物体と遭遇。

★アポロ16号が月の周回軌道上を飛行中、月上空を高速移動する謎の発光物体を目撃。

もちろん、NASAやアメリカ政府当局は全面否定している。が、情報操作や隠蔽工作をいかに巧妙に行おうとも、情報の断片はいつしか漏洩する。冒頭に紹介したミッチェルの発言を思い起こすがいい。それらの断片をジグソーパズルの各ピースに見立てて丹念に組み合わせていくと、驚くべき秘密が浮き彫りになってくるのだ。

疑いえない月面構造物の存在

まずは漏洩情報の断片、アポロ17号の宇宙飛行士と管制センターの交信記録に耳を傾けてみよう。

シュミット　〝道〟が見える。クレーターの内壁に向かっている〝道〟が見える。

✣　✣　✣

管制センター　順路はピアースとビーズの間だ。ピアース・ブラバだ。ブラボー、ウィスキー、ウィスキー、ロメオへ向かえ。

✣　✣　✣

「ブラボー」「ウィスキー」「ロメオ」などは暗号と解するのが常識的な判断だろう。交信記録には「サンタク

アポロ14号の画像。背後の空間に謎の輝く物体が浮いている。

ロース」「ベイビー」「OMNI」といった意味不明の言葉も登場する。宇宙飛行士たちが〝目撃したもの〟をNASAが隠そうとしていることは明白だ。が、「道」という言葉がはしなくも露呈してしまったのである。

アポロ16号の宇宙飛行士がデカルト・クレーター付近を探索したおりの交信記録にも、彼らが目撃したものが登場する。

✣ ✣ ✣

デューク　ストーン山の頂上にいる。美しい光景だ。あの〝ドーム群〟は信じられないほどだ。

管制センター　了解。よく観察してくれ。

デューク　〝ドーム群〟の向こう側にも〝構築物〟がある。峡谷のなかへ延びているものと、頂上へ延びているものがある。北東のほうに複数の〝トンネル〟があり、北へ向かって約30度下方へ曲がっている。今、ストーン山のところで外を見ている。山腹は今までだれかが耕していたかのようだ。海岸から山腹にかけて〝テラス〟が連なっているようだ。

✣ ✣ ✣

「道」「ドーム群」「構築物」「トンネル」「テラス」などが月面に存在するというのか……!?

じつは存在する。NASAの陰謀を追究する組織「エンタープライズ・ミッション」の主宰者リチャード・ホーグランド、日本人研究家のコンノケンイチ、宇留島進、伊達巌らは、NASAが一般公開した写真やムービー映像を分析・検証し、衝撃的な事実を発見しているのだ。

彼らの研究成果を借用しながら、月の真の姿に迫ってみたい。

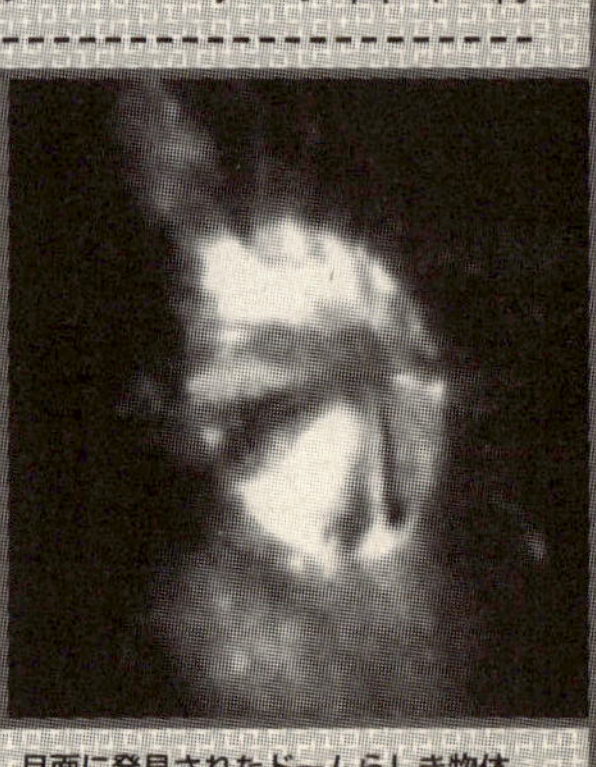
月面に発見されたドームらしき物体。

まずはアポロ10号がウケルト・クレーター付近を撮影した、「AS10―32―4822」と呼ばれる画像。山の連なりが写っているだけのように見えるが、左下に直方体が並ぶ幾何学的構造物を確認できるうえ、すぐ近くには怪光を発している部分のほか、巨大な橋に似た地形があり、画像の右の暗い部分には推定地上高50～70キロというとてつもない高さの三角形状構造物が見いだせる。

ホーグランドはこの一帯を「クリ

スタル・シティ」と命名し、幾何学的構造物に「クリスタル・パレス」、三角形状構造物に「キャッスル」の名を与えている。

　こうした人工構造物は、現在44か所で確認されているという。代表的なものをいくつか列挙しよう。

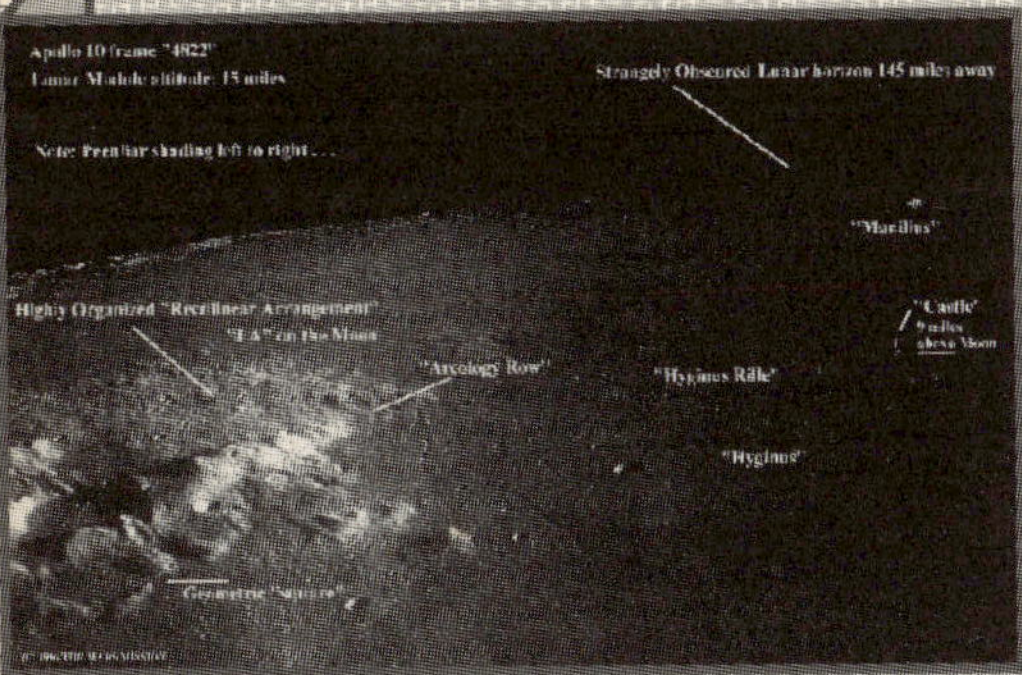

ウケルト・クレーター付近の画像。
右中央にキャッスルと命名された構造物が見える。

★アポロ12号のアラン・ビーン宇宙飛行士を撮影した写真に写り込んだ、ガラス質でできているとおぼしき半透明のドーム。

★同じアラン・ビーンのヘルメットのサンバイザーに写った、空中に浮かんでいるかのように見える幾何学的構造物。

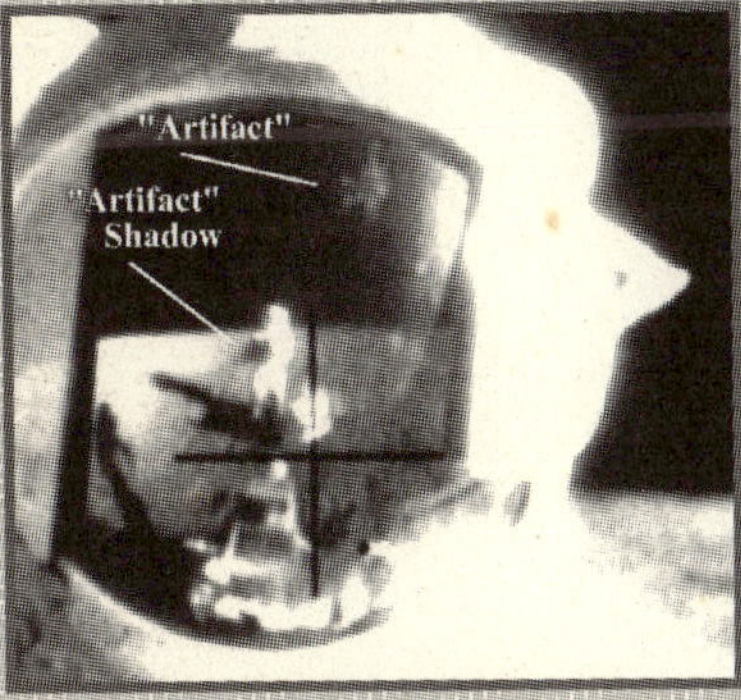

アラン・ビーンのヘルメットに写る幾何学的構造物。

★アポロ14号が撮影した、ねじれた塔のような構造物。「シャード」と呼ばれており、推定高は1600メートル。

★「シャード」の隣にそびえ、ホーグランドが「タワー」と名づけた構造物。推定高8000メートル。

★アポロの無人探査機が月面上空から、シメス・メディ地区を撮影した画像に見いだされるクモの巣状の都市遺跡らしきもの。光るドーム状構造物も写っている。

★ルナオービター2号が撮影したコペルニクス・クレーターに見出せる巨大なタワー状構造物。

　そのほか、X字形の奇妙な構造物、巨大掘削機らしき機械装置、蜿蜒とつづくパイプライン、尖塔群、ピラミッド状構造物、三角形・正方形・長方形などの幾何学的形状の構造物、掘削条痕……。

むろん、NASAはそれらを人工構造物とは認めない。が、想定外のことが起こった。1996年3月21日、ワシントンのナショナル・プレス・クラブで行われた会見の場で、ジョンソン宇宙センターに勤務し、アポロ計画で得られた画像を研究したケネディ・ジョンストンが暴露発言をしたのだ。

「宇宙飛行士たちは、月面に存在する遺跡、すなわち透明なピラミッドやクリスタルのドーム状構造物をその目で見た。NASAの機密情報保管庫には、ほかに何があるのか、だれにもわからない」

アメリカと熾烈な宇宙開発競争をつづけていた旧ソ連も月面の人工構造物を確認していた。2002年10月5日、ロシアの共産党機関紙「プラウダ」は次のような記事を掲載したのだ。

「月面上に都市発見！　地球外文明の活動が、地球に最も近い隣の衛星・月に認められたが、この発見はただちに超機密情報として位置づけられた。地球人類の社会原理を揺さぶりかねない重要かつ信じられない事実であり、私たちにそれを受け入れる心理的な準備がまだできていないからだ」

月は宇宙版 ノアの箱舟か!?

にわかには信じがたい話だが、死の星とされてきた月には〝先住者〟がいた。しかも宇宙飛行士たちによる未確認飛行物体の目撃は、彼ら先住者たちが現在も活動しつづけていることを明確に物語っていよう。

その先住者が地球人類である可能性は皆無といっていい。怪光現象、立ち昇る煙柱、出現と消滅を繰り返すドーム状隆起……など、月面の異常現象は望遠鏡が登場した17世紀初頭以来、400年間にもわたって観測されつづけているからだ。

となれば、月の先住者は地球外知的生命体と考えざるをえない。UFOも必然的に地球外知的生命体が操る飛行物体ということになる。月は異星人の中継基地である可能性がきわめて高いのだ。

現に、ロサンゼルスで1962年に開かれたアメリカ・ロケット学会で、当時NASAの顧問を務めていた宇宙物理学者カール・セーガンは次のような衝撃的発言をしている。

「地球は、外宇宙からの高度な文明を持つ知的生命体の訪問を受けている。知的生物たちは（地球上からはけっして見ることができない）月の裏側に中継基地をつくり、これを利用して地球に飛来していると思われる」

　その傍証もある。1968年12月21日、人類初の月軌道周回に成功したアポロ8号が月の裏側を回って表側へ出てきたとき、フランク・ボーマン船長は第一声でこう伝えた。

「サンタクロースは実在した！」

　この意味深長な発言は、UFOもしくはUFO基地をさす暗号だった、と研究家は指摘する。

　しかも先に簡単に触れたように、月の裏側を周回中のアポロ10号はUFOと遭遇し、フィルムにも収めた。月面UFO基地説はけっして荒唐無稽な妄説ではないのである。

　では、異星人はどこからやってきたのか。その謎の解明に大きなヒントを与えてくれる大胆な仮説がある。月＝人工天体＝巨大宇宙船説だ。

　旧ソ連の天文学者ミカイル・ヴァシンとアレクサンダー・シュシェルバコフが1970年7月、科学雑誌「スプートニク」に発表した仮説で、大略はこうだ。

「太陽系外宇宙に超高度な文明を持つ惑星があったが、あるとき潰滅の危機に瀕した。そこで、惑星の住人は小惑星の内部をくり抜いて巨大宇宙船に改造。長途の宇宙旅行に旅立ち、地球と遭遇して現在位置にとどまった。月は〝宇宙版ノアの箱舟〟である」

　この仮説の検証はおくとして、異星人が何らかのミッションを行うための活動拠点として月を利用していることは間違いないようだ。

　アメリカ政府はその衝撃的事実を知り、アポロ計画を国家最優先計画として強引に推進した。そしてその過程で異星人と接触し、何らかの密約を結んでアポロ計画を突然中止した。だからこそ、執拗な隠蔽工作と情報操作を行いつづけているのではなかろうか……。

月面に降り立った宇宙飛行士たちは、やはり何かを目撃したのだろうか？

SPACE Mystery 6

月面の古代遺跡を極秘探査!?

アポロ計画は20号まであった?

月の裏側で発見された巨大宇宙船！

2007年5月、思わず目を疑う驚愕の画像が、インターネット上で公開された。それは、「アポロ20号」が撮影したという月の画像である。それもただの画像ではない。

撮影地点は、地球からは見えない月の裏側だ。デルポート・クレーター付近の「Izsak－D」と呼ばれる地点だという。

公開された映像内にクローズアップされた物体。それは流線型の構造物である。周囲の地形と比べても、明らかに自然の産物ではない様子が見てとれる。

つまり、どう見ても人工物なのだ。また、いかにも凹地に不時着しているかのように見えるこの奇妙な構造物は、いったい何か？

いや、そもそもなぜ、アポロ20号なのか!?

周知のとおり、アメリカのアポロ計画は、米ソ冷戦下における軍事覇権競争の側面を帯びつつも、ケネディ大統領の声明により国の威信をかけて進行していたプロジェクトであった。

そして、1969年7月19日、アポロ11号が人類初の月面着陸に成功。以後、アポロ12号から1972年のアポロ17号までの約3年半、有人探査が実施され、種々の地質学的調査と、月の岩石が地球に持ち帰られ、科学の発展に多大な寄与を残した。

だがそうした成功の裏で、軍事産業に操られたアメリカが宇宙開発競争に莫大な費用を蕩尽している、という指摘もなされており、たて続け

情報とは別に流出したアポロ20号のロゴ。フェイクか？

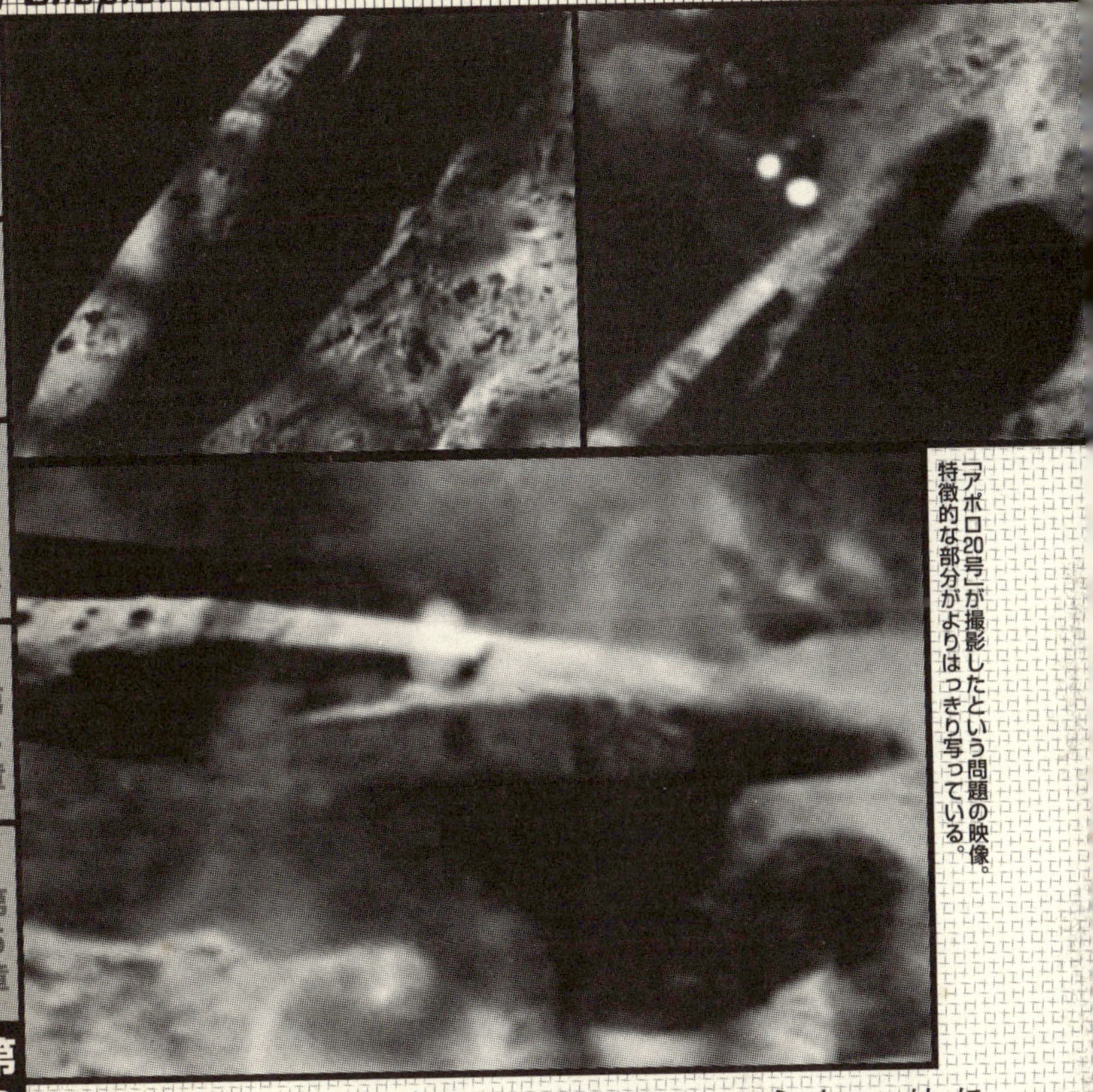

「アポロ20号」が撮影したという問題の映像。特徴的な部分がよりはっきり写っている。

に月面へ降り立つことの意義は、もはや見失われつつあったともいえる。国民が支持したケネディの夢は、とっくに果たされてしまっていたからだ。

いずれにせよこうした背景の中、アポロ計画はマスタープランにおいては20号まで予定されていたものの、公式には17号で終わっている。ただし、このアポロ計画には、不可解なことがいくつかある。それは計画の終結にまつわる経緯だ。

実はアポロ17号のあと、20号どころか、さらに10回もの月探査が予定されていたという。18号と19号にいたっては、乗組員の訓練も終了しており、いつでも打ち上げが可能な状態にあった。

にもかかわらず、唐突の中止決定については謎につつまれたままなの

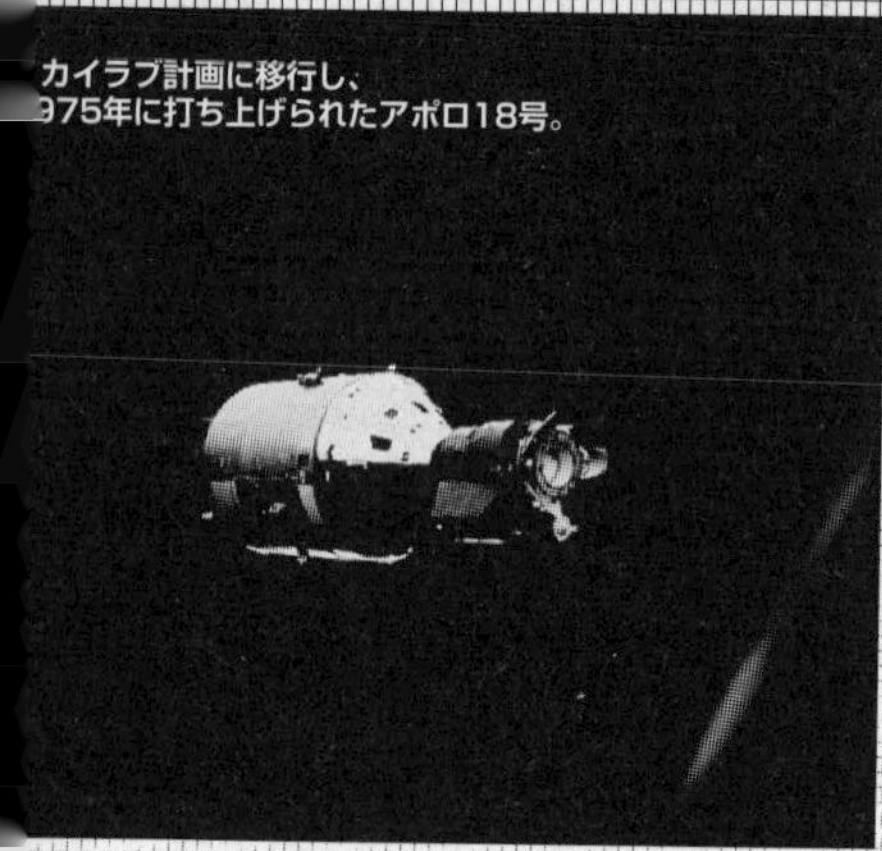

カイラブ計画に移行し、
975年に打ち上げられたアポロ18号。

である。

そこにきて、30年以上たったいま、存在するはずのない「アポロ20号」の登場だ。いったい、これはどういうことなのか？

ちなみにアポロ計画は、その終了後、スカイラブ計画に移行した。1975年に「アポロ・ソユーズテスト計画」が実施されている。実は、このときアポロ18号は軌道上を飛び、ソユーズ宇宙船とのドッキングを果たしている。長く宇宙開発の競争相手であったソ連との共同実験を行なっているのだ。

では、次の19号は、どうなったのだろうか。

米ソが仕組んだ極秘ミッション

ある情報によると、アポロ計画が終結後、アメリカとロシアとの間で、月探査の極秘ミッションが計画されたという。その白羽の矢が当てられたのが、アポロ19号とアポロ20号だったのである。

これは、アメリカと旧ソ連との合同ミッションで、最初のアポロ19号は、不測の事故を起こしてしまったらしい。そこで、このアポロ20号は満を持してのミッションだったのだという。

このにわかに信じがたい情報と映像を公開したのは、ウィリアム・ラトリッジ（偽名・76歳）という人物だ。現在、アフリカ中央部のルワンダに住んでいる。リタイアするまでは、アメリカのベル研究所で働いていた元宇宙飛行士だという。

そのラトリッジによれば、アポロ20号は、1976年8月16日、ヴァンデンバーグ基地からサターンV型ロケットによって打ち上げられた。

選ばれたクルーは、ウィリアム・ラトリッジ本人とレオナ・スニーディア。そして、アレクセイ・レオノフ（アポロ・ソユーズ計画の飛行士で、1975年7月、ソユーズ18号で、アポロ宇宙船とのドッキングに成功している）の3名だ。

その目的というのが、冒頭で触れた、月の裏側のデルポートクレーターの南西、「Ｉｓｚａｋ－Ｄ」と呼ばれる地点で発見された巨大な物体の調査だったのである。

巨大な構造物をアポロ15号が発見！

ラトリッジによれば、そもそも極秘ミッションが計画されたのは、アポロ15号が、巨大な異常構造物を発見したことにあるという。

その構造物は、ＮＡＳＡ関連機関であるアメリカの月惑星研究所の公式サイトで、実際にだれでも確認できる。アポロ15号が撮影した画像ナンバー「ＡＳ15－Ｐ－9625」がそれだ。

そこには、影になった暗い地表の凹地内に斜めに横たわっている何かがある。明らかに、自然の地形とは思えない、流線型の構造物が写っているのだ。

拡大してみると、その上部に角張った付属の幾何学的な構造物がある。いかにも人工的だ。

見ためは潜水艦のようであり、また先細りになった先端の形状は、まさしく巨大な宇宙航空母艦を彷彿とさせる。いや、まるで漂着したか、不時着でもしたかのような格好で、傾いて鎮座しているのである。

月の人工物として

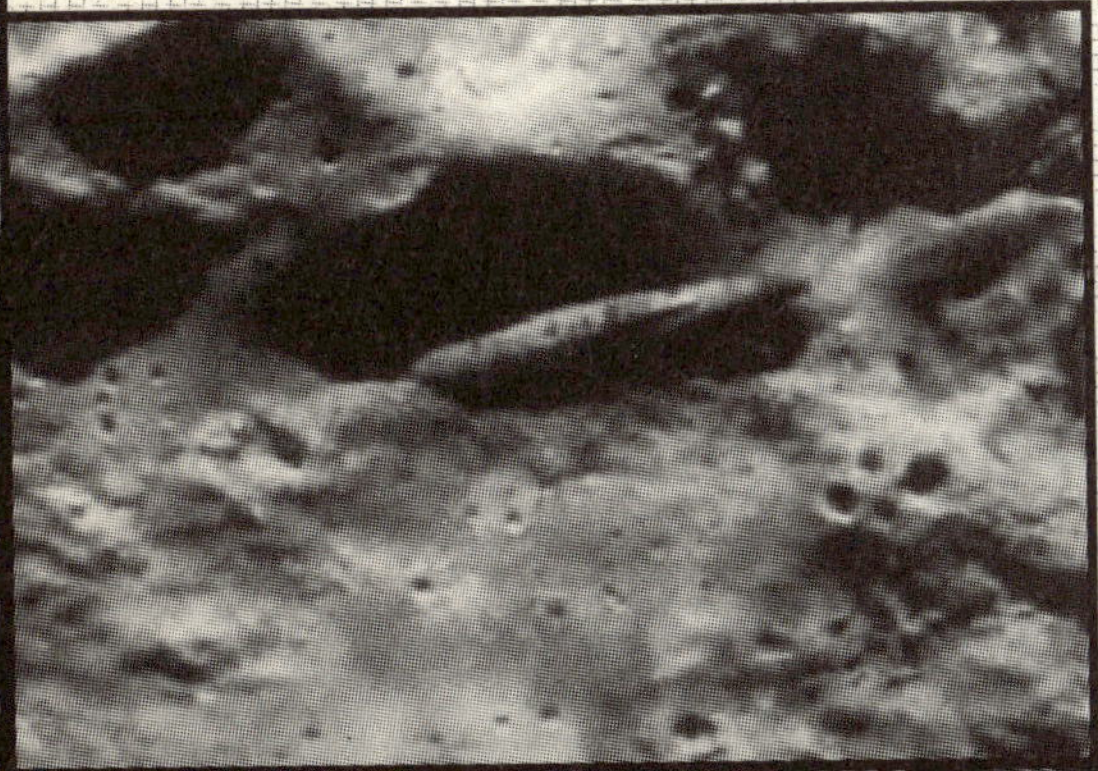

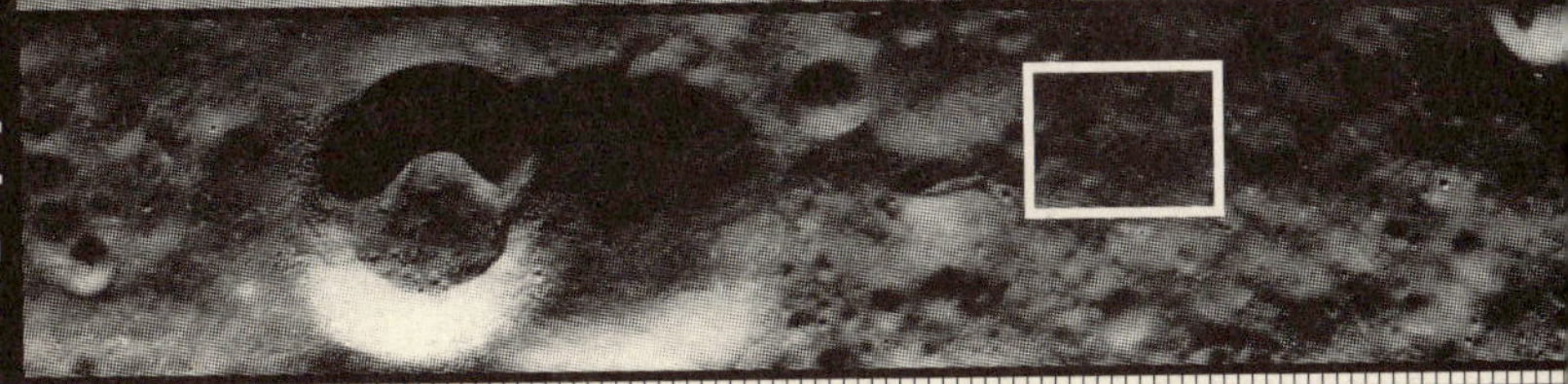

アポロ15号が撮影した月面とその拡大。確かに船体のような異物が見える。

は、これまでそれほど注目を浴びてこなかったものだったが、今回のアポロ20号の疑惑を機に一躍脚光を浴びたわけだ。

このアポロ20号の情報とは別に、実際にアポロ15号は、月の裏側に、とんでもないものを発見していたのである。いや、そもそもアポロ15号のミッションには、NASAの真の目的が隠蔽されていた、といっていいだろう。

なぜなら、この15号のクルーは月面車で、地表を探査しているが、その過程で人工的な道路らしきものを発見しているし、クレーター内部に、驚くべき光景を見たらしいことが飛行士たちの会話の中でうかがえたからだ。

そもそも当時、このミッションの目的は、月面の古代遺跡の調査およびその確認が、主な探査目的だったのではないだろうか。

そして、地球からは決して観測できない月の裏側に、いかにも人工的な物体を見つけ、それを撮影していたというわけだ。さらにその裏の探査目的は17号まで引き継がれていったのではないか。

月の裏側に残る朽ちはてた廃墟

そして、ここに公開したのがアポロ20号のカメラが捉えたという一連の画像である。公開された画像では、アポロ20号のカメラが、月面上空から地表をなぞっていくところからスタートしていく。

やがて、問題の謎の構造物が登場。その異様な姿がクローズアップされる。写しだされたのは、明らかに物体だ。その機体には埃が積もっており、また隕石の激突痕があちこちに残っている。後部は埋もれてしまっているらしく判然としない。

カメラは、なめるように機体を写しだしていく。いっさいの付属物がなく、のっぺりとして重厚さと頑強さを誇る装甲車のような物体だ。

もちろん、これは地球上の物体ではない。その正体は、異星の宇宙船だとしか考えられないのだ。ただし、埃の積もり具合や、機体のあちこちに残る隕石痕からして近年のものではないことがわかる。ラトリッジが明かしたところでは、推定1億5000万年前のものだという。

それにしても、なぜ、そこにあるのか。故障して不時着したのか？それとも戦いの最中、墜落してしま

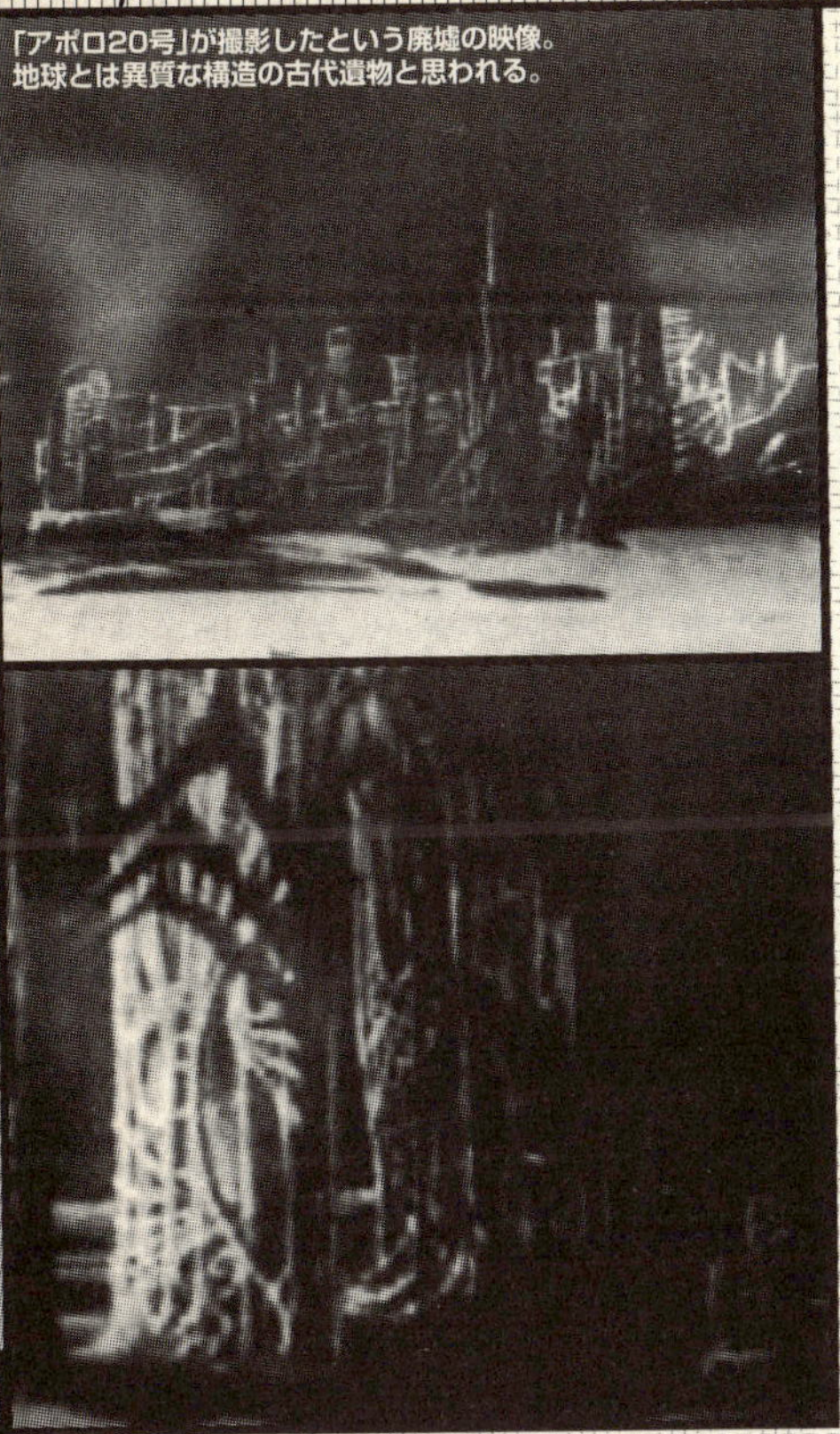

「アポロ20号」が撮影したという廃墟の映像。地球とは異質な構造の古代遺物と思われる。

ったのだろうか。あるいはまた、なんらかの理由で放棄されてしまったのかもしれない。

これらのことについては、まったくわからないし、その点についてラトリッジの情報はない。

また、アポロ20号に関しては、廃墟を撮った映像もある。

画像をご覧のとおり、いかにも地球上にある建物とは異なり、構造様式が異質で不気味だ。月面の一区画だけに建造されたもののようだ。かなり年代がたっていそうである。

あの宇宙船の所有者たちが、かつてはここに住んでいたのだろうか。

月の裏側に残る巨大宇宙船と廃墟の存在！　NASAは、すでに気づいているはずだが、無視を決め込んでいるのかコメントはない。NASA設立にあたっての指針となった「ブルッキングズ文書」に、月探査の過程で、人工構造物が発見されることが、示唆されているからだ。

もちろん、これだけの情報では、「アポロ20号」とその極秘ミッションが、真実かどうかはまではわからない。ただし、発端はアポロ15号が撮った、どうみても人工構造物としか思えない物体は実在しそうだ。

いずれにせよ、こうした画像が次々と登場してくるのも、それだけアメリカのアポロ計画が、謎と陰謀に満ちているという証左ではないだろうか。

冥王星格下げで難問続出！

「惑星X」が発見される日

太陽系の新惑星が10年以内に発見か？

2008年2月、神戸大学の研究チームが、太陽系に新たな惑星が存在する可能性が高いという衝撃的な発表を行った。まずはその内容を、簡単に説明しよう。

そもそも太陽系では、すべての惑星が太陽を中心とした平面上に集中している。これを「黄道面」と呼ぶが、その黄道面をさらに遠く（太陽系の外側）まで延長した面の上に、「カイパー・ベルト」、正確には「エッジワース＝カイパー・ベルト」（略称EKB）と呼ばれる領域がある。

これは、太陽系誕生当時に形成された、おもに二酸化炭素や水などの揮発性物質の氷でできた無数の小天体（EKBO）が群れ集まる領域で、海王星軌道のすぐ外側の30天文単位（1天文単位は地球の平均公転半径。およそ1億5000万キロ）から、外側はもっとも狭くとった場合で、

おそらくは、分厚い氷で覆われているであろう、新惑星の想像イラスト。
右に輝いているのは太陽(©Ferando D'Andrea-Soythlogic Studios)。

48天文単位、広く考えた場合は100天文単位以上の範囲にまで及ぶ。

すでにこの領域では、1300以上もの天体が発見されている。もちろん多くは直径数キロという小粒さだが、なかには直径2400キロという、かつて太陽系9番惑星と呼ばれた冥王星よりも巨大な天体もある。

これらの天体の軌道を詳細に調べたところ、黄道面に対して大きな軌道傾斜角を持ったものや、非常に離心率の大きい、細長い軌道を持ったものも少なくないことが判明した。後者は特に「散乱円盤天体」（略称SDO）と呼ばれ、近日点（太陽に最接近した点）距離が30天文単位あるのに対し、遠日点距離が数百天文単位に達するものもある。

問題は、なぜこのように奇妙な天体が存在するのかで、従来の太陽系生成理論ではどうやってもその理由を説明することができなかったのだ。

ところがたったひとつ、すべてをうまく説明する方法があった。

EKBと一部重なる軌道をもちながら、軌道傾斜角の大きな未知の惑星が存在し、その引力がEKB天体の軌道をゆがませている――と仮定すればいいのである。

神戸大学の彼らは、この前提のもとに、太陽系外縁部の天体の軌道進化の過程を、太陽系の誕生から40億年にわたってシミュレートしてみた。

その結果、この仮想の惑星は、近日点距離が80天文単位以上、遠日点距離が100~175天文単位、軌道傾斜角が黄道面に対して20~40度で、質量は地球の0.3倍から0.7倍と算出されたのだ。

もちろんこれはあくまでも、EKB内の天体に見られる軌道異常を説明するための仮説にすぎず、実際にそんな天体が発見されたわけではない。ただ、もしも見つかるとすれば、それは10年以内のことだろうと彼らは述べている。

太陽系と「エッジワース＝カイパー・ベルト」。最果てにある海王星のさらに外縁から外に向かって広がるこの領域が、すべての問題の発端だった。

どうして冥王星は惑星降格したのか

太陽系外縁に存在する未知の惑星という話になると、どうしても避けて避けて通ることができない話題がある。2006年8月に、冥王星が国際天文学会によって惑星ではないと認定され、「準惑星」と呼ばれる地位に格下げされた事件である。

では、どういう条件を満たしたとき、天体は「惑星」と呼ばれるのだろうか？　神戸大学が存在を予想した新しい「惑星」は、その基準におさまるのだろうか？　まずはそこをはっきりさせておかなければ、話は始まらないのだ。

よく知られているように、冥王星は海王星の軌道の予測値とのずれから存在が予言され、1930年にようやく存在が確認された天体だ。しかし、軌道が大きく偏心し、近日点距離が海王星軌道より内側にあるのに対し、遠日点距離はその1・64倍もあること、軌道傾斜角が17度もあることなど、奇妙な点が多かった。そのため発見当初から、どうもこれは他の惑星とは起源が違うのではないか、との説が絶えなかったのだ。

1978年、冥王星に巨大な衛星が発見され、冥王星が事実上の二重惑星であることが判明すると、さらにその出自の謎は深まった。

そして1992年以降、冥王星軌道の外側にカイパー・ベルト天体が続々と発見されるにおよび、いよいよ冥王星の地位は怪しくなってきた。

EKB天体のなかには、冥王星のように偏心したり、軌道傾斜角の大きなものがたくさんある。であれば、冥王星もまたEKB天体のひとつにすぎないのではないか、ということになってきたのだ。ならば、冥王星だけが特別に惑星とされるべき理由はどこにもない。さもなければEKB天体はみな惑星ということにしなければならないのである。

そこで、1999年、冥王星に小惑星としての登録ナンバーをも与えようという話がいったん浮上したが、やはり冥王星は惑星であるという結論を国際天文学会が採択し、いったんその話は沙汰止みになった。

しかし、2005年、EKB天体のなかでも最大の天体で、冥王星より巨大な「エリス」が発見されると、これを「第10番惑星」と呼ぼうという提案がなされた。この時点においてまだ、「惑星とは何か」という明確な定義は存在しなかったので、太陽系

太陽系の各惑星の大きさを比較。水星、金星、地球、火星はかなり小さいが、それでも同一軌道周辺では「圧倒的」に巨大なのだ。(©2004 Calvin J.Hamilton)

の惑星の数が激増しそうな気配となってきたのである。

そこで、２００６年、国際天文学会は、次の惑星の定義を採用した。

＊太陽の周囲を公転する
＊自己重力で球形に収縮する
＊公転軌道周辺では圧倒的に巨大

惑星は、これら3条件を満たすもの、となったのである。

残念ながら冥王星は、最初のふたつの条件こそ満たしたものの、最後の条件を満たすには小さすぎた。こうして冥王星は惑星から除外されたのである。

惑星を定義する曖昧さと矛盾点

だが、よく考えてみると、この定義もかなり場当たり的である。

確かに、大型のＥＫＢ天体でもまだ直径２０００キロを超えるものは見つかっていないから、「圧倒的に大きいものが惑星」という定義さえつけておけば、ほとんどは外れてしまうだろう。

しかし、それならば具体的にどれだけ大きければ惑星と呼んでもいいことになるのだろうか？

将来、直径４～５０００キロ、あるいはそれ以上のＥＫＢ天体が見つかり、それが新しい太陽系第10番惑星として認定されたとしよう。そしてその後、それよりもやや小粒な天体が次々に見つかったら、それらはもう惑星とは呼べないのだろうか？

さらに、公転軌道周辺では圧倒的に大きい、という部分も問題を残しそうである。

ＥＫＢ天体は、先にも述べたよう

に、狭義の意味では黄道面の延長上に存在するものをさし、軌道傾斜角の大きいものは含まれない。冥王星も、厳密には少々軌道傾斜角が大きすぎるので、EKB天体とはいえないのだ。ただ、同じように傾斜角と離心率の大きな軌道をもち、かつ冥王星より大きなエリスが見つかったから惑星ではなくなった、ということにすぎないのである。

では、黄道面からどれだけ軌道が外れれば、独自の軌道ということになるのだろうか？　いわゆる散乱円盤天体でも、黄道面に垂直になるほど大きく傾斜した天体は見つかってはいないが、いずれはそういうものが見つからないともかぎらない。

そしてまた、従来の散乱円盤天体との境界線上に多数の中間型の天体が見つからないとも……。

また、古典的な固体の惑星と、ガス惑星、つまりEKB以遠の天体の内惑星候補になりうるものを、一括して同じ「惑星」の名で呼ぶことの妥当性そのものも問われてくる。

今回の（あくまでも仮定の上での）新惑星は、質量が地球の0・3倍から0・7倍——つまり、質量の上限値をとれば、その天体は火星よりもかなり大きく、そのぶん非揮発性の岩石成分もかなり含有していなければならない。

そのような天体は、形成過程でいったんどろどろに溶けているから、表面は厚い氷に覆われていても、内部にはまだかなりの地熱を蓄えている可能性がある。いわゆる地球型惑星や、木星のような巨大惑星の大型衛星と同じ構造をもっているわけで、そうであれば、これこそまさに「惑星」と呼ぶにふさわしいのだが……。

「惑星X」の存在を追求する科学者たち

今のところ、本当に存在するのか否かさえ定かでないこの天体は、仮に「X」という、仮名とすら呼べないような符丁で呼ばれている。

実をいうと、惑星「X」の名で呼ばれた仮想の天体は、今回がマスコミの前に初めて登場したというわけではない。四半世紀も前に、やはりXと呼ばれた天体が世間を騒がせ、本気でそれを捜そうと試みた研究者たちが現れたことがあった。

恐竜の絶滅を語るときには（少なくともマスコミ的には）、巨大隕石が地球に激突したため、というのが今日の定説とされている。しかし、

80年代には、これに対抗するいくつもの仮説が乱立し、混戦模様だった。

その当時、過去の地球の大量絶滅が、およそ2600万年周期でやってくるという主張が展開されていた。

シカゴ大学のジョン・セプコウスキーらは、過去の地球を襲った海洋生物の絶滅に関する統計データを解析し、それが2600万年周期で起こっていることを発見した。そして、ここから次の仮説を導きだした。

恐竜が絶滅したのは天体の衝突が原因であるという仮説が70年代末に提示されたが、その主役は隕石だったという。だが、隕石が地球に衝突するのはあくまでも偶発的な出来事であり、そこに周期性が生じるはずはない。だとすれば、その犯人は隕石ではなく彗星であるはずだ、と。

1950年、オランダの天文学者ヤン・オールトは、太陽系の外側を球殻状にとりまく彗星核の希薄な集合体（いわゆる「オールト雲」）が存在するという仮説を提唱した。

彗星の大半は、一度太陽系のなかまで落ちてきたら、放物線軌道を描いてそのまま二度と戻ってこない。そして、その軌道傾斜角はまったくランダムである。

ということは、太陽系の外側を非常に大きな公転軌道半径をもって公転する彗星核の雲が球殻状に取り巻いているとしか考えられず、その内部に重力的な擾乱、たとえば天体の接近や通過が起きると、それによって軌道を乱された彗星核が太陽系の内部に落ちこんでくるに違いない。

そこで――もしもそのような擾乱を2600万年ごとに引き起こすメカニズムがあるとしたら？　大量の彗星核が太陽系内部に雨のように降り注ぎ、地球もその爆撃を受けることになるだろう。天体衝突による大量絶滅と周期性を結びつけるには、この仮説しかないというわけだ。

ならば、そのメカニズムとは何なのか？　ここで惑星Xなどの説が続々と登場したのである。

イリジウム層と惑星X仮説の凋落

そのひとつが「太陽系メリー・ゴー・ラウンド仮説」とでも呼ぶべきものだ。原型はすでに1957年に登場していたが、要するに銀河系内を公転する太陽系の軌道は必ずしも銀河の赤道平面に一致してはおらず、銀河平面の上や下へ飛び出しては引き戻され、反対側へ突き抜けてはま

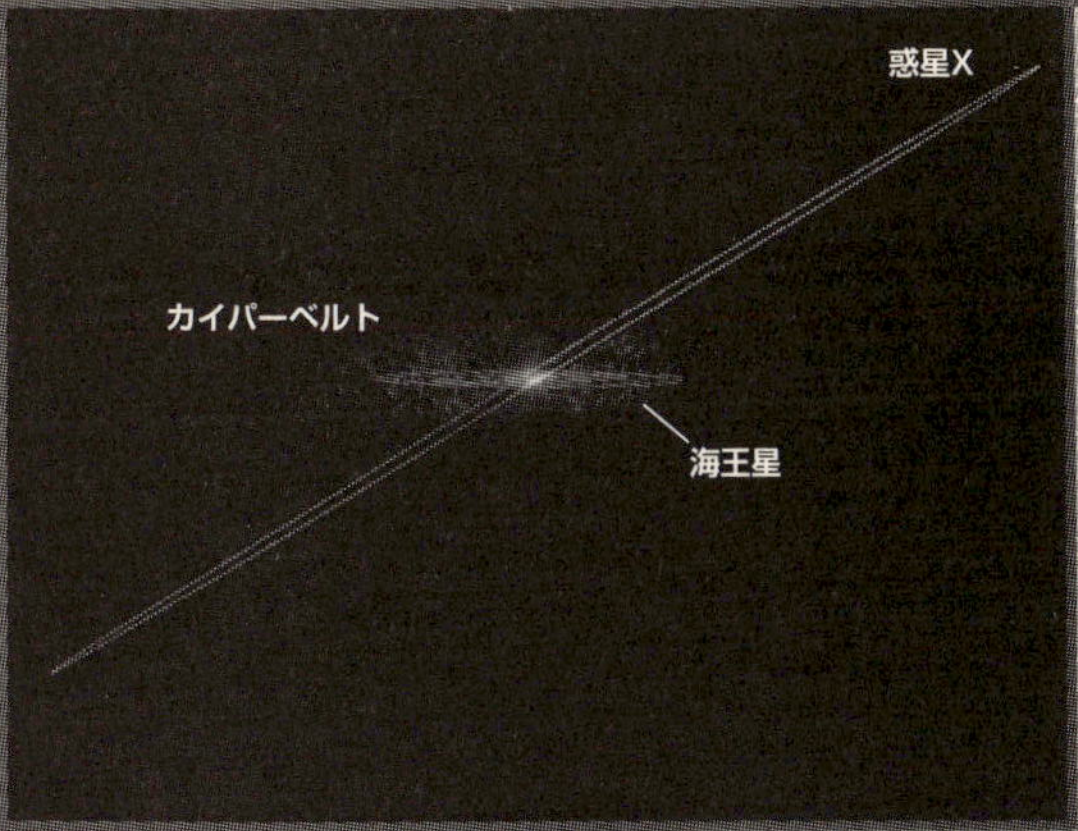

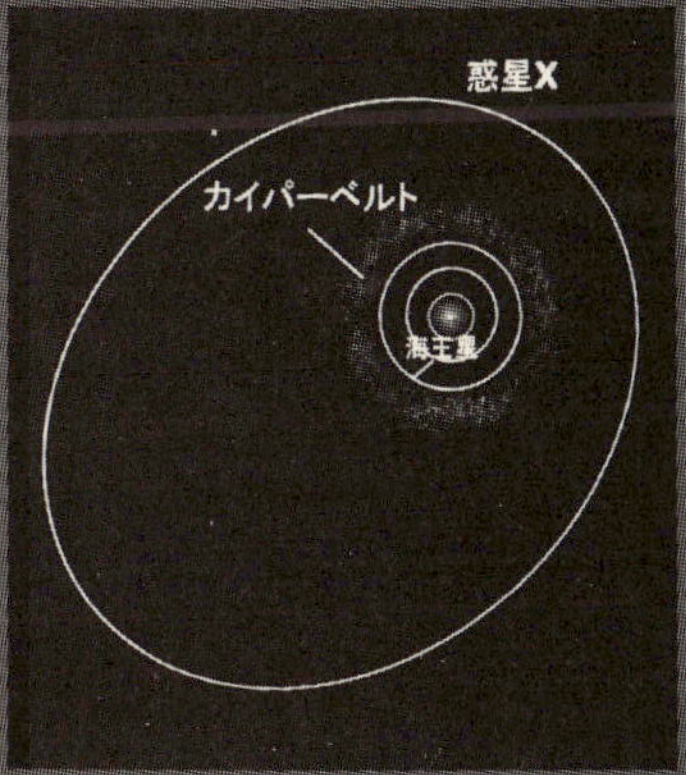

新惑星Xの軌道。それぞれ、上から見たものと、横から見たものだ。かなり長大な楕円軌道で、しかも角度も斜めにずれていることがよくわかる。

た引き戻されるという、メリー・ゴー・ラウンドの馬のような運動を繰り返している、というのだ。

こうして太陽系が物質の濃密な銀河平面を横切るたびに、オールト雲がかき乱され、彗星核の雨が降ってくるというのである。

もうひとつは、われわれの太陽が実は単独の恒星ではなく相互の距離の大きい伴星をつれており、これが２６００万年ごとにオールト雲内を突っ切って彗星の雨を降らせるというもので、そして最後が惑星Ｘこそ事変の主因であるとするものだった。

この説は１９８４年にサウスウエスタン・ルイジアナ大学のダニエル・ウイットマイアによって唱えられた。

彼によると、太陽系内には非常に軌道傾斜角が大きく、黄道平面に対してほとんど垂直に、離心率の大きな楕円軌道をめぐる未知の惑星Ｘが存在する。

そして、その惑星の春分点は、太陽系内の大型惑星の引力によって徐々にずれていき、ちょうど２６００万年に１回、エッジワース＝カイパー・ベルト（当時は未発見で、あくまでも過程の存在にすぎなかったが）のなかを横切るようになる。このとき、ＥＫＢから引きだされた彗星核が、太陽系内部に雨のように降り注ぐのだ、というわけである。

前のふたつがオールト雲、最後が

ＥＫＢという違いこそあれ、何らかの天文学的メカニズムによって周期的に彗星の雨が太陽系内部に降り注ぐという点では、みなうまく説明できている。

もちろん、この説にも大きな難点はある。そもそも天体衝突仮説が恐竜絶滅理論の世界に登場したのは、世界各地の中生代白亜紀〜新生代暁新世の境界をなす粘土層から、イリジウムという地球上では痕跡的にしか存在しない重元素が、高い濃度で見つかったことが発端だった。

イリジウムは、宇宙からやってくる隕石中に高濃度で含まれている。だからこれは隕石が持ちこんだものに違いない、というのが仮説の根拠なのである。ところが、揮発性物質の塊である彗星核には、最初からイリジウムなど含まれてはいないのだ。

さらに当時、全天を赤外線望遠鏡で捜索していた天文衛星ＩＲＡＳの調査でも、太陽系の伴星や未知の惑星は見つからなかった。そして、やがて仮説の中心が彗星から隕石の衝突説に移っていくにつれて2600万年周期説は影が薄くなり、惑星Ｘ説も忘れ去られてしまったのである。

新惑星の存在が宇宙進出の鍵となる

しかし、当時の技術で発見できなかったからといって、そのような天体が存在しないということにはならないことは明白だ。

ウイリアム・ハーシェルが巨大な光学望遠鏡を観測に投入するまで、だれも天王星の存在を知らなかったように、新しい観測装置の登場によって未知の惑星が発見される可能性はまだ十分に残されているのだ。

神戸大学の研究チームによれば、予測される惑星Ｘの明るさは、近日点付近にある場合で14・8〜17・3等級であると予測している。これは、今後予定されている観測装置による全天捜索計画なら、確実に見つけられる明るさだ。今後10年以内に発見という根拠も、そこにある。

では、もし太陽系に9番目の未知の惑星が存在したら、いったいどういうことになるのだろうか？

学術的には、もちろん非常に大きな意味をもつ。

ＥＫＢの発見によって太陽系の外縁部のイメージは大きく変化し、そこには思いがけず大型の、少なくとも自己重力で丸く収縮できるほどの天体がたくさん存在することが明らかとなった。そして、その内部または外側に、惑星と呼べるほど大きな天体が存在するとなると、そもそも太陽系がそこで終わりという保証さえなくなってしまうのである。

　ひょっとしたら、われわれの太陽系に関する従来の形成モデルは、太陽系の内側のごく一部だけを説明するものにすぎなかったのかもしれなくなる。太陽系のずっと外側には、われわれがまだ気づいていない方法で、大型の惑星を進化させるメカニズムが作用している可能性が生まれてくるのである。

　さらに、もしも惑星Xが本当に大きな軌道傾斜角を持っていたとすれば、それは黄道面上に存在する天体とはまったく違う過程を経て誕生したもの、という可能性も視野に入れなければならない。

たとえば、太陽との引力の結びつきが非常に弱い領域では、われわれの想像以上にほかの太陽系との物質的交流が激しく、惑星クラスの天体が「交換される」という事態が起こることも考慮しなければならなくなるのである。

　また、もしも将来、人類の活動領域がEKBにまで到達するようなことがあれば、そこにはいくらでも必要な物資を供給することのできる「ガス・スタンド」——惑星——が多数存在するという事実は、きわめて大きな意味を持つ。

　いずれ人類は、太陽系内部の小惑星帯の数百倍におよぶ質量を持つという、これら太陽系外縁の天体群を貴重な資源とし、飛び石伝いに恒星間宇宙へ進出していくことになるのである。

　そのとき、地球の0・7倍の質量を持つ天体なら、長期居住の最適地として、はかりしれない可能性を持つ。いや、もしかするとそこは、われわれと同様に飛び石伝いに宇宙進出を続ける異種知性体との出会いの場、大使館の役割を果たすことになるかもしれないのである。

地球と新惑星X、冥王星とエリスの大きさの比較。最大で地球の0・7倍というこの新惑星Xは、「十分な大きさ」をもつ(©Patryk Sofia Lykawka-Kobe University)。

あとがき

水星、金星は灼熱であり生命は一瞬たりとも存在できない。火星は原始的な生命が発生したかもしれないが確認されていない。木星以遠の惑星は寒すぎるうえに大地すらない。太陽系で唯一生命が反映して文明が存在するのはこの地球だけである。これが太陽系の一般的な認識であり、そう教えられてきた。しかし、本書の読者は「本当にそうなのだろうか」と多くの疑問を抱かれ「そこに行って確かめたい」と思われたに違いない。厚い雲に覆われ、地表はわずかな光しか届かない暗い世界と考えられた金星やタイタン、希薄な大気ゆえに暗いと考えられていた火星の空、しかし、探査機によってこれらの考えは覆され、天文学者は明るい世界であることを説明するために頭を悩ませることになった。月でさえ空は暗黒ではなかった。しかし、もし公表されている大気圧が違ったものであれば、そこには明るく地球と変わらぬ環境がごく自然に存在しうるのである。そして、もし火星やタイタンに生命の痕跡が発見されることになれば、生命の種子は宇宙で造られ、太陽系の至る所に撒かれたたという、ハンスペルミア理論が注目されるのではないだろうか。

私が宇宙に関心を持ったのは、幼い頃に土星の輪の本当の姿を知りたい。そこまで行って見てみたいという憧憬からであった。この想いは今もまったく変わっていない。ムック『宇宙のオーパーツ』を刊行してから三年、その間にも火星、月、水星、土星では数々の新たな発見と同時に、新たな謎が生まれている。本書は、編集部の全面的な協力のもと、宇宙のオーパーツを骨子に、ムック『火星の謎』、月刊「ムー」の記事を加筆、修正したものであり、まさに「決定版」とよぶにふさわしい内容となっている。この場をお借りして、牧野嘉文氏をはじめ編集部の方々、ずばらしい記事を提供いただいたリチャード・ホーグランド氏、並木伸一郎氏、北周一郎氏、ジョゼフ・スキッパー氏、重久勇氏に感謝するとともに、本書のきっかけとなるムー執筆の機会をいただいた遠藤昭則氏にはあらためて感謝したい。

主な参考文献

- 月刊「ムー」各号
- ムー謎シリーズ『宇宙のオーパーツ』学習研究社、2001年。
- ムー謎シリーズ『火星の謎』学習研究社、2001年。
- ムー謎シリーズ『増補改訂版　月の謎』学習研究社、2006年。
- 並木伸一郎『マーズ・ミステリー　火星超文明の謎』学習研究社、1998年。
- 並木伸一郎『火星人面岩の謎』学習研究社、2004年。
- 泉保也『世界不思議大全』学習研究社、2004年。
- 南山宏『宇宙のオーパーツ』二見書房、1995年。
- 伊達厳『[NASA公認]火星の巨大UFO証拠写真』徳間書店、2005年。
- コンノ・ケンイチ『UFOとアポロ疑惑 月面異星人基地の謎』学習研究社、2004年。
- ジョン・ノーブル・ウィルフォード『火星に魅せられた人々』河出書房新社、1992年。
- リチャード・ホーグランド『火星のモニュメント』学習研究社、2003年。
- リチャード・ホーグランド『ＮＡＳＡの陰謀』学習研究社、近刊。
- メアリー・ベネット、デヴィッド・パーシー『アポロは月へ行ったのか？』五十嵐友子訳、雷韻出版、2002年。
- グラハム・ハンコック『惑星の暗号』田中真知訳、翔泳社、1998年。

[写真協力]

＊

- All Photo Courtecy of NASA/JPL/ESA

＊

- 並木伸一郎
- 重久 勇
- 遠藤昭則
- 深沢久夫
- Richard C. Hoagland
- Joseph P. Skipper

編著者
PROFILE

深沢久夫　Hisao Fukazawa
東京都出身。情報処理技術者の資格を持つ。コンピュータによる惑星探査情報の考察のかたわら、研究結果を雑誌やＨＰで発表。2003年４月号より、月刊「ムー」で執筆を開始。共著に『宇宙のオーパーツ』（学研、2005年）がある。
ＨＰ（きち　http://kiti.main.jp/）

【決定版】
宇宙の古代遺跡FILE

2008年11月11日　第1刷発行

編著者　深沢久夫
発行人　大沢広彰
編集人　土屋俊介
編集担当　牧野嘉文
デザイン　井上則人デザイン事務所
編集長　宍戸宏隆
発行所　株式会社 学習研究社
〒145-8510 東京都品川区西五反田2-11-8
印刷・製本　岩岡印刷 株式会社

この本に関する各種お問い合わせ先
【電話の場合】
◎編集内容については　03-6431-1506（編集部直通）
◎在庫、不良品（落丁、乱丁）については　03-6431-1201（出版販売部）
◎学研商品に関するお問い合わせは下記まで。
03-6431-1002（学研お客様センター）
【文書の場合】
〒141-8510 東京都品川区西五反田2-11-8
学研お客様センター『決定版 宇宙の古代遺跡FILE』係

ANCIENT REMAINS in SPACE: The Best